土肥水资源高效种植制度
优化与机理研究

逄焕成　李玉义　著

中国农业科学技术出版社

图书在版编目（CIP）数据

土肥水资源高效种植制度优化与机理研究／逢焕成，
李玉义著. —北京：中国农业科学技术出版社，2017.4
ISBN 978-7-5116-2886-2

Ⅰ.①土… Ⅱ.①逢… Ⅲ.②李… Ⅲ.①土壤管理—研
究②肥水管理—研究 Ⅳ.①S156②S365

中国版本图书馆 CIP 数据核字（2016）第295044号

责任编辑	贺可香	
责任校对	李向荣	
出 版 者	中国农业科学技术出版社	
	北京市中关村南大街12号　　邮编：100081	
电　　话	（010）82106638（编辑室）　（010）82109702（发行部）	
	（010）82109709（读者服务部）	
传　　真	（010）82106650	
网　　址	http://www.castp.cn	
经　　销	各地新华书店	
印　　刷	北京科信印刷有限公司	
开　　本	710 mm×1 000 mm　1/16	
印　　张	19.5	
字　　数	350千字	
版　　次	2017年4月第1版　　2017年4月第1次印刷	
定　　价	98.00元	

《土肥水资源高效种植制度优化与机理研究》
著者名单

主　著　逄焕成　李玉义

副主著　王　婧　于天一　董建新　丛　萍

著　者　（按姓氏笔画排序）

于天一　王伯仁　王　婧　丛　萍　卢　闯　刘　明

刘高洁　张　莉　张宏媛　李玉义　杨　波　赵长海

逄　博　逄焕成　董建新　董鲁浩　蒋其鳌　翟　振

前　言

土、肥、水是"农业八字宪法"的前三位要素，说明其在农业生产中的重要性。我国地域广阔，土壤类型多样，不同土壤对水肥的利用状况必然有一定的差异。因此，深入研究我国不同土壤条件下的水肥互作效应，并探明其机制，不仅可以提高水肥利用效率，而且还可以为从宏观上把握水肥投入的区域性差异提供决策依据。

依托于国家973项目、948项目、公益性行业（农业）科研专项、中央级公益性科研院所专项基金等项目的支持，研究团队于2003—2011年，以小麦、玉米为研究作物，运用室内盆栽和大田长期定位相结合方法，对三类土壤进行了土、肥、水互作试验比较研究，探明不同区域土、肥、水交互效应的异同点，并结合研究小麦、玉米在不同生育阶段的光合指标和主要衰老生理指标的变化规律，揭示不同区域土、肥、水交互效应的生理机制，为实现小麦—玉米种植制度下的高产稳产和土肥水资源高效利用的协调发展提供科学指导。

全书共13章，各章主要撰写人员如下：

第一章　逄焕成　李玉义

第二章　逄焕成　李玉义　丛　萍　王　婧　董建新

第三章　刘　明　李玉义　逄焕成　丛　萍　逄　博

第四章　赵长海　逄焕成　李玉义　逄　博　丛　萍

第五章　刘　明　逄焕成　李玉义　王　婧　董建新

第六章　赵长海　逄焕成　李玉义　翟　振　卢　闯

第七章　逄焕成　李玉义　刘　明　丛　萍　张　莉　张宏媛

第八章　逄焕成　李玉义　赵长海　丛　萍　逄　博　张　莉

第九章　李玉义　逄焕成　董建新　刘　明　赵长海　张　莉

第十章　刘高洁　逄焕成　李玉义　王　婧　逄　博　翟　振　蒋其鳌

第十一章　于天一　董鲁浩　逄焕成　李玉义　王　婧　杨　波

第十二章　于天一　董鲁浩　逄焕成　李玉义　王　婧　王伯仁

第十三章　李玉义　逄焕成　于天一　刘高洁　董鲁浩　王　婧

全书由逄焕成、李玉义统稿并审核定稿。

由于著者水平有限，不妥之处，敬请批评指正。

著　者

目　　录

第一章　研究背景

　　我国疆域广阔、人口众多，但耕地面积很少，目前我国以20.25亿亩的耕地面积，人均近225kg的粮食产量养活了14亿多人口（穆怀中，张文晓等，2014），是一个突破，但也面临着挑战。提高粮食产量以应对全面建设小康社会（2020年）以及人口高峰期（2030—2040年），最根本在于耕地质量上（封志明，2007），而以肥养地、以水促肥是提高土地质量、增强土壤肥力的重要手段（温延臣，李燕青等，2015）。本书利用盆栽以及长期定位试验，跨地域选择不同土壤类型进行水肥交互的比较研究，明确不同地域耕地的最合理水肥搭配方法，阐明其作用机制，以期为作物种植的灌溉施肥管理提供理论依据，为粮食增产工作打下坚实的理论基础。

第一节　研究背景与意义

一、研究背景

　　粮食是关系国计民生的重要战略物资，近几年我国粮食连续丰收，供需基本平衡，但随着将来人口的快速增长和耕地的减少，粮食供需有可能出现较大的缺口（封志明等，2007），提高粮食产量仍是目前我国亟待解决的问题。从长远来看，我国耕地面积的增加有限（赵晓丽，张增祥等，2014），只有通过提高粮食单产才能满足这种需求。而作物产量的形成，不仅与作物本身的遗传特性和生理机能等内在因素有关，而且与水、土、肥等外界环境因素密切相关。众多研究表明，在作物增产中，土肥水等条件是关键，而在一定条件下，养分和水分是最容易人为调控的因素（高卫，2015；韩霜，2012）。长期以来，提高农田生产力水平一直是世界各国普遍关注的问题。通过水肥综合措施，改善土壤水分和营养状况，实现水肥交互，达到高产稳产，已成为共识。水肥的正确、合理使用不仅关系到国家的粮食安全、生态环境改善等宏观问题，而且与千家万户农民的切身利益密切相关。"有收无收在于水，收多收少在于肥"这一传统经验道出了水肥是农业生产基本要素的实质。

据有关专家研究，我国因不合理水肥管理致使水肥利用率低下。水资源紧缺已成为严重制约我国国民经济可持续发展的瓶颈（张依章，刘孟雨等，2007）。农业是我国的用水大户，全年用水总量4 000亿m³，占全国总用水量的70%，其中农田灌溉用水量3 600亿~3 800亿m³，占农业用水量的90%~95%，农业用水中的浪费现象相当严重（李保国，黄峰，2010）。首先是农田灌溉水的利用率低，灌溉水的利用率仅30%~40%，而先进发达国家达到70%~80%；其次是农田对自然降水的利用率低，仅56%；最后是农业用水的效率不高，其中农田灌溉水的利用效率仅为1.0kg/m³左右，旱地农田水分利用效率为0.60~0.75kg/m³，而发达国家为2.0kg/m³，以色列达到2.35kg/m³（张明生，王丰等，2005）。

化肥作为粮食增产的决定因子在我国农业生产中发挥了举足轻重的作用，但近20多年来，我国化肥用量持续高速增长，粮食产量却始终增加缓慢。张福锁等（2008）总结了近年来在全国粮食主产区进行的1 333个田间试验结果，分析了目前条件下中国主要粮食作物水稻、小麦和玉米氮磷钾肥的偏生产力、农学效率、肥料利用率和生理利用率等，发现小麦和玉米的氮肥农学效率分别为8.0kg/kg和9.8kg/kg，氮肥利用率分别为28.2%和26.1%，远低于国际水平，与20世纪80年代相比呈下降趋势。造成肥料利用率低的主要原因包括高产农田过量施肥，忽视土壤和环境养分的利用，作物产量潜力未得到充分发挥以及养分损失未能得到有效阻控等（杨青林，桑利民等，2011）。目前，我国化肥的施用量和生产量均居世界首位，在占世界9%的耕地上施用了占世界32%的化肥，单位面积施肥量是世界平均水平的2.6倍，但化肥利用效率比发达国家低10%~20%。当前，我国按可耕地面积计算的施肥水平为266kg/hm²，远超过世界平均水平的91kg/hm²，在FAO所统计的162个国家中居第10位。2001—2008年小麦和玉米的单位面积化肥用量分别增加5.4%和29.0%，而水稻减少4.3%，全国粮食作物化肥消费总量增加1.3×10^6t，但占全国化肥消费总量的比重从68%下降到50%（李红莉，张卫峰等，2010）。根据我国化肥网5 000多个田间试验结果表明，我国土壤磷素和钾素营养状况正向两个相反的方向发展：自20世纪70年代中期以来，土壤磷素开始积累有所盈余，土壤中钾素则因每年施用大量氮、磷化肥，产量不断提高，而钾素投入少，产出多，土壤钾肥呈亏缺趋势，目前N、K_2O肥配比为1∶0.16。此外，我国目前各种微量元素缺乏面积累计达

1.575亿hm²，其中缺锌面积达4 866万hm²，缺硼面积3 280万hm²，缺钼面积4 453.3万hm²。由于所缺养分限制作物对其他养分的吸收，造成了化肥利用率和肥效的下降。从2005年以来，在生产成本增加导致化肥价格上涨的客观条件下，过量施肥、肥料利用率低等因素直接导致每亩土地施肥成本增加十几元。肥料利用率不高，不仅造成了施肥的增产效果和经济效益下降，而且也对生态环境造成了威胁。

在过去的几十年中，人们已经对农田生态系统中的养分、水分循环观测做了大量的研究工作，提出了许多针对性的养分、水分管理措施。随着粮食、资源、环境压力的加大，需要在原有工作的基础上，加强针对不同区域土壤类型的水分、养分供给之间的交互影响研究，以实现作物高产稳产和资源高效利用的协调发展。小麦、玉米是目前我国主要的粮食作物，在我国具有重要的战略意义。我国地域广阔，土壤类型多样，不同土壤对小麦、玉米水肥的利用状况必然有一定的差异。因此，结合长期定位施肥试验和联网观测的方法，从不同时空尺度开展土肥水交互效应研究，并从微观角度揭示其机制，对指导合理施肥、提高作物产量和资源利用效率具有重要研究意义。

二、研究意义

（一）解决13亿人口粮食问题的迫切需要

小麦、玉米是目前世界上主要的粮食作物。2000—2004年世界冬小麦和玉米的年平均产量分别为5.86亿t和6.31亿t（世界粮农组织粮农统计数据库）。小麦是我国最为主要的三大粮食作物之一，在当前我国的口粮消费总量中，小麦占到43%左右，小麦在粮食安全中的地位极为重要。我国小麦生产以冬小麦为主，冬小麦种植面积占全国麦田面积达82%以上，总产量占全国小麦总产量的90%左右。冬小麦因其高产、稳产性好、品质好、营养价值高，是我国北方人民的主要口粮（李军等，2002）。从我国粮食生产的历史来看，玉米一直是我国重要的粮食作物之一。目前，玉米产量在我国粮食作物生产中位居第二。随着畜牧业和玉米深加工业的发展，玉米已经成为我国最为重要的粮食和饲料作物，在农业生产和国民经济发展种占有越来越重要的地位。1978—2008年，玉米产量由5 594.5万t上升至16 591.4万t，占粮食作物总产量的比重由18.36%上升至31.38%。从播种面积来看，玉米生产虽然有一定的变动，但是，总的趋势是上升的。1979年我国玉米播种面积为2 013.3万hm²，占粮食作物总播种面积的16.9%，至2008年玉米播种面积扩大到2 986.37万hm²，占全国粮食播种面积的28%。鉴于小麦、玉米在我国粮食生产中的重要地位，以其为研究对象开展农业科学试验是非常必要的。

（二）提高肥料利用率，降低环境污染的迫切需要

目前我国化肥在使用过程中存在着许多问题，首先，化肥利用率普遍偏低，损失严重；化肥当季利用率普遍在30%左右，而发达国家高达50%~60%。我国大田生产中，氮肥的当季利用率在30%~35%，磷肥的当季利用率为10%~25%，钾肥的当季利用率为35%~50%，化肥的损失非常严重，据推算我国从1985—1996年，仅仅氮肥的损失就达1 980亿元（杨青林，桑利民等，2011）。其次，施用化肥所带来的环境污染问题、农产品安全问题，例如水体富营养化，农田N素逸出对大气层特别是臭氧层的影响等。再者，施肥结构不合理，养分使用不平衡问题（朱兆良，金继运，2013），农作物正常生长需要一个合适的养分比例，这主要决定于作物的营养特性、土壤养分的供应能力和所施用肥料的农化性状，忽视任何一个方面，都会引起作物养分失调。因此开展水肥协同效应的研究不仅可以达到增产的目的，而且能提高水肥利用率，节约资源，减少环境污染。

（三）基于水资源紧缺的背景，改变农业灌溉水利用率低的迫切需要

根据权威部门的预测结果，在不增加现有农田灌溉用水量的情况下，2030年全国缺水高达1 300亿~2 600亿m³，其中农业缺水500亿~700亿m³（李勇，杨宏志等，2009）。若将农田灌溉水的利用率由目前的45%提高到发达国家70%的水平，则可节水900亿~950亿m³，如通过施肥等措施同时提高水的利用效率，农业节水后不仅可以满足7亿t左右的食物生产用水，还能节约400亿~500亿m³的水量用于国民经济的其他重要行业，这无疑会对未来的国家经济持续发展和社会安全稳定做出重大贡献。通过合理施肥措施，提高土壤肥力对于改善水分利用效率有很大影响，但一直没有受到足够的重视。因此，研究不同降水区域长期施肥的水肥效应具有重要意义。

（四）实现科学施肥技术研究取得重大突破的迫切需要

水分、养分供给之间的交互效应不仅有地带性差异，而且具有长期累积性，因此国际上十分重视长期定位试验的联网研究。联网长期定位施肥试验可以对比研究不同降水区域、不同降水年景表现出各施肥处理不同的产量效应，能对水分、养分供给之间的交互影响及其机制等问题进行全面的研究（聂胜委，黄绍敏等，2012），已经成为人们全面了解影响农田生态系统的水肥之间相互作用的重要手段。相对于短期试验，联网长期定位施肥试验具有时间上的长期性，气候上的重复性，检测项目上的定位性等特点，信息量丰富，数据准确可靠，能够解释许多短期试验不能解决的科学问题。我国地

域辽阔，区域间降水量差别较大，开展水肥交互效应研究具有特殊性和不可替代性。因此，通过长期定位试验和联网观测的方法可以系统地研究不同区域水肥交互效应及其生理机制，从而为科学合理施肥提供科学依据。

第二节　国内外研究进展

Amon于1975年首先提出了旱地作物营养的基本问题是如何在水分受限制的条件下合理施用肥料、提高水分利用效率，之后水肥之间的互作效应才开始引起重视。

水肥互作效应（Interaction effects between water and fertilizers）是指在农业生态系统中，土壤矿质元素与水两个体系相互作用、互相影响而对作物的生长发育产生的结果或现象。水肥对作物的互作效应可产生三种不同的结果或现象.即协同效应、叠加效应和拮抗效应。通过调节水分和肥料，使它们处于合理的范围，使水肥产生协同作用，达到"以水促肥"和"以肥促水"的目的，对节约水、肥资源和保护环境将有重要意义（Muhammed S H，1989）。

一、作物生产中的水肥关系机制

（一）水分对作物生长发育的影响

水分既是作物生长发育必需的要素之一，又是营养元素吸收、合成及运转的媒介，也是植株体内生理生化活动的参与者和介质。所以，土壤和作物的水分状况对作物的生长发育有着重要的影响（张福锁，1999）。研究表明，水分亏缺引起作物生长发育出现异常反应（Gan Y T，2000）。轻度土壤干旱引起小麦叶片出现萎蔫、平行于太阳辐射、卷曲等形态反应，这些形态反应的发生可预防植外体过热和水分的过分蒸腾对植株产生的危害。当水分胁迫解除时，以上形态反应可得到部分或全部恢复。但是，因过分干旱引起的形态反应则难以恢复，会对作物生长产生严重危害（杨安中，朱启升，2007）。也有研究认为，旱后复水对小麦生长有补偿或激发效应（蔡永萍，2000）。但到目前，国际生物学界对作物旱后复水的补偿作用尚未达成共识。尽管旱后复水是对干旱胁迫的一种补偿措施，可完全或部分补偿因水分胁迫对植株造成的不利影响，但补偿的程度取决于水分胁迫程度和胁迫持续时间，这方面的研究工作还需要深入开展。作物根系生长发育对水分的反应。根系是作物重要的吸收、合成、固定和支持器官，土壤中水分和养分的吸收主要依赖于根的扩展。在土壤水分条件较好的情况下，作物根系多分布在养分集中的表层土壤。当土壤水分出现亏缺时，虽然根系向下生长得到加强，但根芽生长能力降低。随着水分胁迫程度的加剧，根系体积、比表面积、活跃吸收面积均减小，根系长度缩短、水势降低、呼吸作用加强，对养分的吸收能力降低（崔四平等，2006）。

土壤水分对肥料效果的影响，首先表现在作物吸收养分的影响上（孙文涛等，2005）。作物根系对土壤氮素的吸收与土壤水分状况及根系吸水是密切相关的。硝态氮通过质流达到根系的数量与作物吸收的水分和养分浓度呈正比。通过渗池和田间试验表明，作物吸收硝态氮的多少取决于硝态氮的浓度和供水多少。土壤供水情况好，作物的伤流量多，伤流液中硝态氮含量亦高，供水良好，还使作物的蒸腾量大，促进了作物对水分的吸收从而促进了作物对养分的吸收（胡承孝等，1996）。水分对肥料的影响最终表现在于提高其利用率。灌水能提高玉米产量、养分吸收量，使氮肥利用率显著提高。而低肥力土壤上的小麦灌水后氮肥的利用率并未提高，在高肥力土壤上灌水明显提高了氮肥利用率。王喜庆等的研究也得出一致结果，灌水150mm氮肥利用率从41.5%（不灌水）升至64.8%，籽粒增产率为111.2%，干物重增长率为52.0%。而李韵珠等提出供水量过高或不当情况下，水和氮的损失加大，氮的利用率降低。由此可见，针对不同作物、不同肥力土壤提供适量水分才能促进作物对养分的吸收利用，最终在产量上反映出来（刘荣根等，1999）。

土壤水分状况与作物产量的关系非常密切，而且较为复杂。长期以来，存在着两种不同的观点：一种观点认为，在任何时期，任何程度的水分亏缺都会造成作物减产。为了高产，作物整个生育期都必须保持充足的供水，这种观点构成了充分灌溉的理论基础。而另一种观点则认为，在作物特定生长阶段，如小麦和玉米的苗期，适度水分亏缺有利于根系向土壤深层延伸，吸收深层土壤水分，对作物后期的生长更为有利。充足供水与适度控水交替，对作物产量形成更为有利，这种观点则构成了有限补灌的理论基础（关军峰，李广敏，2002）。在水资源日益紧缺的今天，第二种观点无疑更多地为人们接受，它也成为节水农业的理论基础之一。但是，要用它来指导农业生产实践，尚需做更深入的研究工作，如准确制定作物的有限灌溉制度，需确定作物的水分亏缺时期和亏缺程度的敏感性，以确定灌水时期和灌水量等。

（二）养分对作物生长发育的影响

养分对作物的生长发育起着极为重要的作用，而不同的营养元素对作物的影响作用不同（King L D，1990）。其中，氮素营养可促进作物根、茎、叶等营养器官的生长。氮素对作物地上部营养生长的促进作用明显，氮素缺乏使作物茎叶细弱，植株矮小，叶面积减小，叶色淡黄；氮素过多会引起茎叶徒长，抗倒伏能力降低，贪青、晚熟，易染病虫害（张殿顺等，2006）。磷素营养有利于作物的生殖生长，使叶色深绿。养分对作物生长发育的作用常常受到土壤水分状况的影响。干旱条件下，磷素营养有利于改善作物水分状况，提高作物抗旱能力，延缓叶片衰老，增大气孔导度，束缚水含量增加，膜稳定性增强，提高植株持水能力（刘作新，尹光华，2005；文宏达，刘玉柱，2002）。

　　水分胁迫引起作物光合作用的减弱是干旱条件下作为减产的一个主要原因（尹光华，刘作新，2006）。施用氮肥能明显地促进光合作用，其机理见于杜建军（1999）的报道：在水分供应比较充分的条件下，施用氮肥能明显增大冬小麦的叶面积，提高净光合速率和叶片糖分浓度，结果光合速率提高；水分供应不足、作物受到水分胁迫时，施肥处理的叶片气孔阻力较未施肥处理的增大，对光合作用有不利影响，但由于叶肉细胞的光合活性增强，净光合速率仍然提高，糖分浓度依然增加。蒸腾作用的强弱是作物水分代谢的重要生理指标，干物质的形成，作物的产量高低都和蒸腾量和蒸腾效率有关。施用氮肥不仅提高了作物的蒸腾量，减少了土壤水分蒸发量，增高T/ET比值，而且提高了蒸腾效率，增加了叶片的糖分含量，使形成的产物增加，使蒸腾的水分得到更有效的利用（张恩平，李天来，2005）。

　　氮磷营养对根系生长也具有明显的促进作用（Bennicelli R P，1998）。磷营养可提高根系比表面积、根水势、根长、根干重，降低根呼吸作用，在严重干旱条件下的调节能力较高。缺磷胁迫诱导小麦根数增加，主根增长，使根系从更大范围吸收磷素营养。在水分胁迫条件下，施用磷肥，可以明显增强作物对干旱缺水环境的适应能力（Cahoonl L B，Ensign S H，2004）。氮、磷营养配合施用，可明显促进冬小麦根系生长，扩大觅水空间，利用深层土壤水分（张礼军等，2005）。土壤水分条件较好时，氮对根水势具有明显的正向调节作用。轻度水分胁迫条件下，施氮对小麦根系的生长发育有明显的促进作用，而严重水分胁迫，施氮则引起根水势下降，导致根干重和根体积明显减小。氮素营养可以使根呼吸作用明显加强，适量施氮可增加总根重和深层土壤中的根产量，改善根系的水分状况，提高细胞膜的稳定性，有助于提高小麦的抗旱性。但在严重水分胁迫条件下，过量施氮会导致根细胞膜伤害率明显增加，根系保水能力下降，使小麦抗旱性降低。总之，水肥对作物生长发育的影响受到人们的普遍关注，进行了大量的研究，结论比较一致。但是，也可以看出，研究工作较多的放在了水分和养分亏缺胁迫对作物的影响方面，而对于水分过量和适量施用产生水肥交互效应研究比较薄弱。

作物产量与养分调节的程度有关，而养分调节状况又受水分状况和土壤肥力的影响（AronI，1975）。水分对氮肥的反应敏感，所以土壤含水量较高，则必须相应增加施肥量，特别是氮肥的施用量，作物才能够获得较高的产量。而在干旱条件下，低量氮肥比高量氮肥对冬小麦的产量效应好。在缺水少磷条件下过量施用氮肥，或水分充足条件下氮磷肥施用不足都会造成作物严重减产（李法云等，2000）。在不同的降水年型，磷肥对小麦的增产效应的大小顺序为：欠水年>平水年>丰水年。氮磷合理配合施用，能够改善作物地上部生物学性状，促进地下部根系发育，对作物产量效应大于氮磷单施效应。长期春小麦氮、磷、水交互控制试验表明，水肥配合的产量效应是：中水中肥配合效应最高，高水高肥效应次之，低水低肥配合效应最低。长期玉米氮、磷、水、秸秆交互控制试验表明，四个因素对产量的影响随着水温年型的不同而变化，在丰水年各因子对产量影响顺序为：氮>磷>水>秸秆；在平水年为：氮>水>秸秆>磷；在干旱年为：水>氮>磷>秸秆。可见，在丰水年和平水年，氮肥的作用均居第一位，在干旱年，水分居于第一位，而氮肥居于第二位。四个因子对产量的影响是相互促进、相互制约的。施磷能够促进玉米更多的吸收土壤水分，增强作物的抗旱能力。在水分条件较好的情况下施用氮肥能大幅度提高作物产量，但在水分胁迫的情况下过多施用氮肥不仅增加生产成本，而且加重水分胁迫程度，造成减产。所以，各因子的投入量有一定的范围，低于范围下限，因子间交互增产效应不明显，高于范围上限，水肥交互效应减小，只有这个范围内，水肥交互增产效应才显著。

（三）水肥交互对作物生长发育及水肥利用效率的影响

水分和养分各元素对作物的作用和功能各有不同，它们之间不可替代。但在一定范围内，由于元素间的协同作用，水肥某因子在数量上的不足可以由另一因子在数量上的加强而得到补偿。减小作物由于该因子数量上不足所引起的损害与减产。因子的协同补偿作用是以肥调水和以水促肥的基础。

王小彬、高绪科（1988）研究表明，由于水肥相互影响关系复杂，旱地土壤施肥必须考虑多种因素，既要根据旱地年际降水变异特征，又要考虑土壤水分和养分有效性因深度和时间变化以及作物不同生育阶段对水分要求特点来确定施肥用量、方式和时间。陈培元等（1992）报道，水分条件不同的年份，施肥的效果不一样。极端干旱年份，施肥越多，受旱越严重，减产越多。汪德水等（1995）认为根据自然降水和土壤水的变化规律，合理调配水分养分是旱地麦田肥调水，以水促肥，达到增产增收，提高水分和养分利用效率的主要措施。潘新社等（1996）在滦平试区的研究表明，在中等肥力条件下，水分—产量效应接近显著水平，而肥料在任何水分条件下均为正效应。贾恒义等（1996）的研究结果表明，水肥协同效应能促进N、P、K的吸收。徐福利等（1996）研究了不同作物对水分和养分的响应度，并提出用水肥效应指数（CRIWF）的概念来表示这种响应度，冬小麦和春玉米的水肥效应是水分大于肥料，而谷子则是肥料大于水分。谷洁等（1997）的研究认为，增加施肥量后，向日葵耗水量增幅较少，而水分利用效率和产量增幅较大。王立秋（1997）等对春小麦的水肥效应研究表明，在N、P比例一定时，低水分需要一个较低的施肥量，高水分需要一个较高的施肥量才能获得较好的品质。孟兆江等（1997）在研究夏玉米水肥耦合时发现玉米产量随着灌水量的增大而增加，且增幅随灌水量的增大有减小的趋势。康玲玲等（1998）研究表明，水分的增产效果与氮肥有密切关系，施氮量越高，水分的增产效果越大。但在试验范围内，氮量正常供水条件下超过240kg/hm^2，干旱条件下超过180kg/hm^2，其增产效果不明显。上官周平等（1999）认为施肥可明显改善冬小麦叶片水势状况，增加光合速率，延缓叶片衰老，有利于小麦后期维持一定的光合面积和作用时间，有利于籽粒灌浆和增加每穗粒数，也减少了土壤水分不足对产量的影响。肥料增产不仅在于肥料本身，更重要在于与土壤水分的互作。党廷辉等（2000）在黄土高原长期定位试验研究表明，根据小麦年降雨量施用氮肥能更好地发挥肥料效应。丰水年，平水年氮肥增产效果明显，而干旱年氮肥受到抑制，应减少施用量。宋耀选等（2001）研究认为，施肥因土壤水分含量不同效果也各异。土壤水分很低时，增施氮肥，对玉米产生一定的危害；土壤水分适中或高水分时，氮肥的协同效应明显，此时增施氮肥能明显提高其生物量。灌水量、氮肥与磷肥施用量对玉米耗水量的作用大小依次是灌水量>氮肥>磷肥，说明过多的灌水量势必导致耗水量的增加，而磷肥有减少耗水量的作用。宋海星等（2002）认为水氮同时供应提高了养分最大吸收速率，增加了养分的吸收量，促进营养体养分向籽粒的运转，提高了养分在籽粒中的分配比例，从而提高了产量。

我国开展水肥互作研究的时间较晚，但也取得了相当多的成果：① 对水肥互作的机理研究进行了深入地探讨和摸索，如水分对养分有效性，土壤水分对养分的矿化，养分对水分利用效率的影响，水分胁迫和养分胁迫对作物生理方面的影响如代谢，光合，营养物质的转运与分配，光合产物的流向等；② 通过水肥互作研究，建立了许多水肥协作模型，这些模型表征了水分养分及产量之间的数量关系，对农业生产具有指导性；③ 研究的作物范围从粮食作物玉米、小麦、谷子到经济作物向日葵、花生、棉花以及蔬菜果树上，说明这项技术具有广泛的生命力。

二、国内外肥料长期定位试验研究情况

长期定位试验，是指在同一试验区中长期实施同一处理的试验方法。试验处理可以是肥料、轮作方式等。由于近年来人们对肥料试验的重视增加，长期定位试验有被长期定位肥料试验所取代的趋势。某些长期定位试验进行到一定年限后，各处理因农艺措施或研究目的的改变，其原有处理会发生相应变化。因此，现在多数长期定位试验应称为长期位点试验（Jenkinson，1991）。

（一）国外肥料长期定位试验研究情况

国际上十分重视长期定位试验的联网研究，涉及农业生态系统的联网研究始于1980年由美国国家科学基金会资助开展的长期生态学研究项目（Long-Term Ecological Research，LTER，http://www.lternet.edu）（Risser，1991），在此基础上建立了长期生态学研究网络，包括24个站点，代表森林、草原、农田、湿地、荒漠、冻原、湖泊、海岸等生态系统。在过去20年中重点研究初级生产力的格局和调控，不同结构的生物种群的时空分布，地表和沉淀物有机质的积累和分解的模式和控制，土壤、地下水、地表水的养分运动的无机物输入的模式，自然界或人为影响对生态系统的扰动频率和模式（LTER Program 20-Years Review Committee，2002）。随后在20世纪90年代国际上开始建立国家尺度的研究网络，包括英国的环境变化监测分析网络（ECN）、德国的陆地生态系统研究网络（TERN）、加拿大生态监测分析网络（EMAN）。这些研究和监测网络针对不同区域的生态系统和环境进行全面的观测和实验，为区域资源利用和社会经济的可持续发展提供了数据、管理方法和政策。1993年，LTER发展为国际长期生态学研究网络（International Long-Term Ecological Research Network，ILTER），主要目的是促进跨国和跨地区的长期比较研究和试验，建立长期生态研究合作项目，解决尺度转化方法等问题（赵士洞，2001），其中环境变化和人为因素影响下生态系统养分和水分循环仍是主要的研究内容（Halada，2001），近期通过在全球尺度对不同生态系统氮循环过程的联网对比研究，发现在不同气候条件下驱动凋落氮分解的主要控制因素是其中的氮含量以及残留量（Parton et al.，2007）。总体上，国外的联网研究以森林和草地生态系统为主，对农田生态系统的研究较少；虽然开展了联网的长期观测和研究，但关于长期试验中对水分和养分的交互作用考虑较少，同时也缺乏关于长期定位施肥对作物产量形成和水肥高效利用的生理机制方面的研究。

世界上公认的第一个长期定位试验由年轻的英国贵族Laws和分析化学家

Gilbert博士共同设计的（Jenkinson，1991）。洛桑实验站的长期定位试验中，现有8个仍在继续，表1-1列出了实验站现存的长期定位实验。自从Laws设计了第一个长期定位试验，同时取得重要的研究成果之后，法国、美国、德国、丹麦、荷兰、苏联、波兰、捷克、奥地利、比利时、印度、日本等相继建立了长期肥料试验站。到目前为止，全世界仍然存在，年限超过100年的长期试验已经不多，但仍然以洛桑实验站为主（沈善敏，1984a，1984b，1984c；林葆等，1994），而持续30~50年的长期试验难以计数。西方现代农业正是由于长期肥料试验的巨大成功而奠定了其基本格局：现代西方农业的四大支柱是机械、农药、种植和化肥，其中后两项的可靠性及实用性便来自于长期肥料试验的研究结果。如今，世界上长期肥料试验的研究，已经渗透到农业生态、环境科学等相近领域，为促进农业生产的可持续发展和调控营养元素的合理循环提供了可靠的保证。

表1-1　洛桑实验站现存长期定位试验

Table 1-1 Existing long-term field experiments on Lausanne experiment station

开始时间	试验名称	作物	引用文献
1843	Broadbalk Wheat	冬小麦	Dykeetal，1983
1852	Hoosfield Barley	春大麦	Warrenand Johnston，1967
1854	Garden Clover	红三叶草	MeEwen et al，1984
1856	Hoosfield Alternate Wheat and allow	冬小麦	Garner，1957
1856	Park Grass	干草	Wrren and Johnston，1964
1883	Broadbalk Wilderness	落叶林	Jenkinson，1971
1886	Geesecoft Wilderness	落叶林	Jenkinson，1971
1901	Exhaustion Land l	春大麦	Johnston and Poulton，1977

注：引自Jenkinson，1991

（二）国内肥料长期定位试验研究情况

国内在建立农业长期试验方面起步比较晚，但目前已经形成了长期试验网络，主要包括3个（杨林章，孙波，2008）。第一个是中国农业科学院1980年以来建立的全国化肥试验网，研究不同种植制下长期施用化肥或有机肥或两者配合施用条件下作物的产量和土壤肥力的变化。由分布在22个省（区）的70个长期肥料试验组成，覆盖了黑土、黄土、潮土、褐土、红壤、灌漠土、栗钙土、黄绵土、潮褐土、紫色土和水稻土等土壤类型，包括8个处理（CK、N、P、K、NP、NK、PK、NPK），前期主要研究氮、磷、钾配施以及化肥和有机肥配施的增产作用（林葆等，1996）。

第二个是中国农业科学院主持于1990年建立的国家土壤肥力和肥料效益长期监测基地网，长期监测不同农区的轮作系统中施用化肥和有机肥对作物产量和土壤肥力的长期影响。包括9个基地，代表了黑土、灰漠土、黄土、潮褐土、潮土、红壤、紫色土、赤红壤，代表东北、甘新、黄土高原、黄淮海、长江中下游、华南和西南7个农区，设置了统一的试验处理（没有重复），主要包括11个处理［CK1、CK2（不施肥）、N、NP、NK、PK、NPK、NPK+有机肥、1.5倍NPK+有机肥、NPK+有机肥+种植方式、预备］。前期研究在明确氮、磷肥以及有机肥增产效益的基础上，明确了钾肥在南方施用3~5年后的增产效果；证明了长期偏施氮肥的氮素利用率低（10年利用率低于5%），而合理利用氮、磷、钾化肥以及增施有机肥提高了氮素利用率（前者平均30%左右，后者可超过40%）（赵秉强和张夫道，2002），而且长期施肥可以显著提高土壤养分的含量，特别是有机肥和化肥配合施用的效果更好（徐明岗等，2006）。

第三个是中国科学院在20世纪80年代起陆续在16个农业生态试验站建立的农田氮、磷、钾养分长期试验，1989年在不同生态区开展了农田养分循环与平衡的长期定位联网研究。中国生态系统研究网络（CERN）自1988年开展了"农田生态系统水分、养分循环与生产力研究"，在我国东部和西部农田生态系统中开展了养分循环和生产力研究（沈善敏，1998）。2001—2005年开展了"农田NPK养分迁移状况和调控的研究"（杨林章等，2002），以农田养分平衡机制和调控为核心，兼顾产量、经济和环境效应：以联网试验对比研究为主要的研究方法，结合实验生态学和经济学研究方法，挖掘农田养分地理分异规律及其综合驱动机制，揭示农田养分循环的长期变化及其影响。郝明德等（2004）利用长武农业生态试验站1984年建立的旱地轮作和施肥试验，研究了提高作物产量、土壤肥力及水分利用率的施肥和轮作方式。宇万太等（2003）利用海伦、沈阳和桃源3个站的长期农田养分再循环试验，研究不同气候条件下施肥和养分再循环对粮食产量的影响的地理分异规律，定量分析了热量对养分再循环增产率的促进作用。近期，基于封丘生态试验站的长期施肥试验（钦绳武等，1989），研究者拓展了研究内容，研究了长期施肥的植物营养诊断（蔡祖聪和钦绳武，2006）、温室气体排放（孟磊等，2005）和农田杂草多样性（尹力初和蔡祖聪，2005），特别是利用微生物分子生态学方法开展了长期施肥对土壤氨氧化细菌群落演变影响的研究（Chu et al.，2007）。总体上，国内农业试验的联网研究主要集中于养分循环与平衡方面，在利用长期试验综合研究区域长期施肥的水肥交互效应及其生理机制方面仍然不足，因此从不同时空尺度开展长期不同施肥处理的水肥交互效应研究，并从微观角度揭示其水肥交互效应的机制是极有必要的。

　　中国长期定位试验与国外的同类试验相比，具有非常鲜明的特色：第一，结合了一年两熟或三熟耕作制度，极具中国特色；第二，设置了比较全面的试验处理，不仅包括有机肥和无机肥的单独施用，而且还集中设置了有机无机肥配合施用的处理（姚源喜等，1991），用以研究和阐释有机肥和无机肥配合施用的优势，相比之下，国外研究多为有机肥或无机肥长期单独施用的效果。

　　目前我国正承受着人口增加与耕地有限的双重压力，这就决定了在今后相当长的一段时期内，增加复种指数和肥料的投入，不断提高农业生产技术水平等仍是我国农业生产的重要措施。长期施肥对作物产量、品质和土壤肥力及质量的影响，仍然是我国长期肥料试验的主要研究内容。同时，保护耕地的数量，提高土壤质量，实施"沃土工程"，都离不开长期肥料试验研究结果的指导。

　　综上所述，虽然国内外开展了联网的长期观测和研究，并得到了很多有价值的结论，但总体上关于长期试验中对水分和养分的交互作用的研究仍然不足，特别是缺乏水肥交互效应生理机制方面的长期综合研究。本项目将针对上述问题，通过室内盆栽试验结合长期定位施肥试验联网观测的方法，从不同时空尺度开展土肥水交互效应研究，并通过分析作物在不同生育阶段的光合指标（Pn、Tr、PAR、Gs、Ci）和主要衰老生理指标（SOD、POD、MDA、CAT、NR、脯氨酸）的变化规律，探讨土肥水交互效应的生理机制，以期为科学合理施肥提供科学依据。

参考文献

蔡永萍，杨其光，黄德义.2000.水稻水作与旱作对抽穗后剑叶光合特性、衰老及根系活力的影响［J］.中国水稻科学，14（4）：219-224.

蔡祖聪，钦绳武.2006.作物N、P、K含量对于平衡施肥的诊断意义［J］.植物营养与肥料学报，12（4）：473-478.

陈培元，李英，陈建军，等.1992.限量灌溉对冬小麦抗旱增产和水分利用的影响［J］.干旱地区农业研究（1）：48-53.

崔四平，刘子会，李运朝，等.2006.冬小麦根系干重对水分的反应类型［J］.华北农学报，21（4）：455-457.

党廷辉.2000.旱源冬小麦氮磷肥效及其利用率的变异性研究［J］.生态农业研究（4）：45-48.

杜建军，李生秀，高亚军，等.1999.氮肥对冬小麦抗旱适应性及水分利用的影响〔J〕.西北农业大学学报（5）：1-5.

封志明.2007.中国未来人口发展的粮食安全与耕地保障〔J〕.人口研究，31（2）：15-29.

高卫.2015.我国主要粮食作物产量影响因素分析〔D〕.秦皇岛：河北科技师范学院.

谷洁，刘存寿，方口尧.1997.半湿润偏旱区施肥对冬小麦水分利用效率和产量的影响〔J〕.西北农业学报（4）：62-64.

关军峰，李广敏.2002.干旱条件下施肥效应及其作用机理〔J〕.中国生态学报（10）：59-61.

韩霜.2012.土壤、施肥及气候因素对作物产量贡献的研究〔D〕.哈尔滨：东北农业大学.

郝明德，王旭刚，党廷辉，等.2004.黄土高原旱地小麦多年定位施用化肥的产量效应分析〔J〕.作物学报，30（11）：1108-1112.

胡承孝，邓波儿，刘同仇，等.1996.氮肥水平对蔬菜品质的影响〔J〕.土壤肥料（3）：34-36.

贾恒义，穆兴民，雍绍萍.1996.水肥协同效应对沙打旺吸收氮磷钾的影响〔J〕.干旱地区农业研究（4）：20-24.

康玲玲，魏义长，张景略.1998.水肥条件对冬小麦生理特性及产量影响的试验研究〔J〕.干旱区农业研究，16（1）：21-28.

李保国，黄峰.2010.1998—2007年中国农业用水分析〔J〕.水科学进展（4）：575-583.

李法云，宋丽，官春云，等.2000.辽西半干旱区农田水肥耦合作用对春小麦产量的影响〔J〕.应用生态学报，11（4）：535-539.

李红莉，张卫峰，张福锁，等.2010.中国主要粮食作物化肥施用量与效率变化分析〔J〕.植物营养与肥料学报（5）：1 136-1 143.

李军，王力祥，邵明安，等.2002.黄土高原地区玉米生产潜力模型研究〔J〕.作物学报，28（4）：555-560.

李庆逵.1983.磷灰石肥效试验第二次报告〔J〕.土壤学报，2（37）：167-177.

李勇，杨宏志，李玉伟，等.2009.关于现状农业灌溉水利用率的思考〔J〕.内蒙古水利（2）：79-80.

林葆，林继雄，等.1994.长期施肥的作物产量和土壤肥力变化〔J〕.植物营养与肥料学报，1（1）：6-18.

林葆，林继雄，李家康.1996.长期施肥的作物产量和土壤肥力变化［M］.北京：中国农业科技出版社.

刘荣根，吴梅菊，周敏，等.1999.不同施氮量及分配对小麦生长发育和产量的影响［J］.土壤肥料（2）：20-22.

刘作新，尹光华.2005.作物水肥耦合研究现状与发展趋势.中国科学院沈阳应用生态研究所.农业工程学报，21（1）：41-45.

孟磊，丁维新，蔡祖聪，等.2005.长期定量施肥对土壤有机碳储量和土壤呼吸的影响［J］.地球科学进展，20（6）：687-692.

孟兆江，刘安能，吴海卿.1997.商丘试验区夏玉米节水高产水肥耦合数学模型与优化方案［J］.灌溉排水，16（4）：18-22.

穆怀中，张文晓.2014.中国耕地资源人口生存系数研究［J］.人口研究，03：14-27.

聂胜委，黄绍敏，张水清，等.2012.长期定位施肥对土壤效应的研究进展［J］.土壤（2）：188-196.

潘新社，苏陕民，张安静，等.1996.滦平试区春玉米水肥—产量效应研究［J］.自然资源（6）：72-75.

钦绳武，顾益初，朱兆良.1989.潮土肥力演变与施肥作用的长期定位试验初报［J］.土壤学报，35（3）：367-375.

上官周平，刘文兆，徐宣斌，等.1999.旱作农田冬小麦水肥耦合增产效应［J］.水土保持研究（1）：104-107.

沈善敏.1998.中国土壤肥力［M］.北京：中国农业出版社.

沈善敏.1984.国外的长期肥料试验（二）［J］.土壤通报，15（3）：134-138.

沈善敏.1984.国外的长期肥料试验（三）［J］.土壤通报，15（4）：184-185.

沈善敏.1984.国外的长期肥料试验（一）［J］.土壤通报，15（2）：85-91.

宋海星，李生秀.2002.不同水、氮供应条件下夏玉米养分累积动态研究［J］.植物营养与肥料学报（4）：399-403.

宋耀选，肖洪浪，冯金朝.2001.土壤水肥交互作用与玉米的响应［J］.中国生态农业学报，9（1）：23-24.

孙文涛，张玉龙.2005.滴灌条件下水肥耦合对温室番茄产量效应的研究［J］.土壤通报，36（2）：202-205.

孙文涛，张玉龙.2005.滴灌条件下水肥耦合对温室番茄产量效应的研究［J］.土壤通报，36（2）：202-205.

汪德水.1995.旱地农田肥水关系原理与调控技术［M］.北京：中国农业科技出版社.

王立秋，曹敬山，靳占忠.1997.春小麦产量及其品质的水肥效应研究［J］.干旱地区农业研究，15（1）：58-63.

王小彬，高绪科，蔡典雄.1993.旱地农田水肥相互作用的研究［J］.干旱地区农业研究（3）：6-12.

温延臣，李燕青，袁亮，等.2015.长期不同施肥制度土壤肥力特征综合评价方法［J］.农业工程学报（7）：91-99.

文宏达，刘玉柱.2002.水肥耦合与旱地农业持续发展［J］.土壤与环境，11（3）：315-318.

徐福利，王渭玲，张冀涛.1996.渭北旱塬西部主要作物水肥效应指数的研究［J］.西北农林科技大学学报（自然科学版）（5）：96-100.

徐明岗，梁国庆，张夫道.2006.中国土壤肥力演变［M］.北京：中国农业出版社.

杨安中，朱启升，张德文，等.2007.始穗期喷施抗旱剂对地膜旱作水稻后期光合性能及产量的影响［J］.安徽科技学院学报，21（1）：13-17.

杨林章，孙波，刘健.2002.农田生态系统养分迁移转化与优化管理研究［J］.地球科学进展，17（3）：441-445.

杨青林，桑利民，孙吉茹，等.2011.我国肥料利用现状及提高化肥利用率的方法［J］.山西农业科学（7）：690-692.

姚源喜，杨延蕃，刘树堂，等.1991.长期定位施肥对作物产量和土壤肥力的影响［J］.莱阳农学院学报，8（4）：245-251.

尹光华，刘作新.2006.水肥耦合条件下春小麦叶片的光合作用［J］.兰州大学学报，42（1）：40-43.

尹力初，蔡祖聪.2005.长期定位试验小麦田间杂草生物多样性的变化研究［J］.中国生态农业学报，13（3）：57-59.

宇万太，张璐，殷秀岩，等.2003.农业生态系统养分循环再利用作物产量增益的地理分异［J］.农业工程学报，19（6）：28-31.

张殿顺，董翔云，刘树庆.2006.不同施氮水平对春小麦生长发育及其氮素代谢指标的影响［J］.华北农学报，21：42-45.

张恩平，李天来.2005.钾营养对番茄光合生理及氮磷钾吸收动态的影响［J］.沈阳农业大学学报，36（5）：532-535.

张礼军，张恩和.2005.水肥耦合对小麦/玉米系统根系分布及吸收活力的调控［J］.草业学报（4）：102-108.

张明生，王丰，张国平.2005.中国农业用水存在的问题及节水对策［J］.农业工程学报，S1：1-6.

张依章，刘孟雨，唐常源，等.2007.华北地区农业用水现状及可持续发展思考［J］.节水灌溉（6）：1-3，6.

赵秉强，张夫道.2002.我国长期肥料定位实验研究［J］.植物营养与肥料学报，8（增刊）：3-8.

赵士洞.2001.国际长期生态研究网络（ILTER）——背景、现状和前景［J］.植物生态学报，25（4）：510-512.

赵晓丽，张增祥，汪潇，等.2014.中国近30a耕地变化时空特征及其主要原因分析［J］.农业工程学报（3）：1-11.

朱兆良，金继运.2013.保障我国粮食安全的肥料问题［J］.植物营养与肥料学报（2）：259-273.

Bennicelli R P，Zakrzhevasky D A，Balakhnina T I，et al. 1998.The effect of soil aeration on superoxide dismutase activity，malondialdehyde leval，pigment content and stomatal diffusive resistance in maize seeding［J］.Environmental and Experimental Botany，39（3）：398-406.

Cahoon1 L B，Ensign S H. 2004.Spatial and temporal variability in excessive soil phosphorus levels in eastern North Carolina［J］.Nutrient Cycling in Agroeco systems，69：111- 125.

Chu H Y，Fujiii T，Morimoto S，Lin Z G，et al. 2007. Community structure of ammonia-oxidizing bacteria under long-term application of mineral fertilizer and organic manure in a sandy loam soil［J］.Appl. Environ. Microbiol.，73（2）:485-491.

Frank G，Viets Jr.1972. Plant Responses and Control of Water balance［M］. New York：Academic Press.

Gan Y T，Lafond G P，May W E. 2000.Grain yield and water use：relative performance of winter VS. spring cereals in east-central Saskatchewan［J］.Canadian Journal of Plant Science，80：533-541.

Halada L. 2001. Long term ecological research : Current state and perspectives in the Central and Eastern Europe［J］. 2001. Ecology（Bratislava），20（suppl 2）:1-139.

Jenkinson D S. 1991.The Rothamsted long-term experiments: Are they still of use?［J］Agron J，83:2-10.

King，L D，Bums J C，Wester man P W.1990. Long-term swine lagoon effluent application on "Coastal" bermudagrass: I. Effect on nutrient accumulation in soil [J]. J. Environ. Qual, 19: 756-760.

Muhammed S H. 1988. Phosphorus response try barely and its relation with the soil moisture under rain feed condition [J]. Agriculture and water, 9 (5): 259.

Parton W, Silver W L, Burke I C, et al. 2007. Global-Scale similarities in nitrogen release patterns during long-term decomposition [J]. Science, 315:297-396.

Risser P G. 1991. Long-term ecological research : an internation perspective [M]. New York: John Wiley & Sons.

第二章 研究内容与方法

长期以来，通过水肥综合措施，改善土壤水分和营养状况，实现水肥交互，达到高产稳产，已成为共识。对于水肥互作效应的研究一直以来都在不断深入，其中的一些新方法新技术也在不断总结完善。我国地域广阔，土壤类型多样，不同土壤对水肥的利用状况必然有一定的差异。因此，深入研究我国不同土壤条件下的水肥互作效应，并探明其机制，不仅可以提高水肥利用效率，而且还可以为从宏观上把握水肥投入的区域性差异提供决策依据。

第一节 研究目标

本研究依托室内盆栽和长期定位试验两大方法，以小麦、玉米为指示作物，选择不同水热梯度的具有代表性的土壤类型进行土肥水互作试验比较研究，探明不同区域土肥水交互效应的异同点，并结合分析测定作物在不同生育阶段的光合指标（Pn、Tr、PAR、Gs、Ci）和主要衰老生理指标（SOD、POD、MDA、CAT、ABA、NR、脯氨酸）的变化规律，揭示不同区域土肥水交互效应的生理机制，为实现作物高产稳产和资源高效利用的协调发展提供科学依据。

第二节 研究内容

一、三种土壤类型下小麦玉米水肥交互效应盆栽试验研究

盆栽试验中的水肥条件人为可控，操作方便，可以为长期定位试验研究提供基础。该部分研究中选择三种不同水热条件下发育而成的土壤，分别为河南封丘站的潮土（黄淮海平原的河流沉积物受地下水运动和耕作活动影响而形成的土壤）、陕西长武站的黑垆土（由深厚的中壤质马兰黄土发育而

来）、湖南祁阳站的红壤（高温高湿的环境经过脱硅富铝化发育而来）。由于它们自身所携带的水肥条件不同，人为施加的水肥处理对作物的影响也不尽相同，因此在不同土壤上水肥的互作效应会有所差异。主要内容包括：

● 潮土下小麦水氮磷钾互作效应
● 潮土下玉米水氮磷钾互作效应
● 黑垆土下小麦水氮磷钾互作效应
● 黑垆土下玉米水氮磷钾互作效应
● 红壤下小麦水氮磷钾互作效应
● 红壤下玉米水氮磷钾互作效应
● 三种土壤类型水氮磷钾互作效应比较

二、不同土壤类型下长期定位施肥对小麦玉米生长及生理生化特性的影响

由于土壤本身的复杂性和多样性，任何一个肥力因子对土壤肥力对作物生理生化指标的影响都是长期积累的结果（Malkin，1986；林葆，1996；毛知耘，1997）。所以研究施肥对作物生理生态特性的影响仅靠短期试验是无法完成的，而长期定位肥料试验是研究不同施肥条件下作物生理生态反应特性的准确可靠的方法。因此，以肥料长期定位试验为平台，其数据结果稳定可靠，与大田实际生产接轨，对农业生产的指导性强。本部分研究依托中国科学院封丘农业生态国家实验站（河南省封丘县）、国家褐潮土肥力与肥料效益长期监测基地（北京市昌平区）、中国农业科学院红壤试验站（湖南省祁阳县），选择小麦玉米两大主要粮食作物，针对不同施肥处理长期观察评价其作物生长状况、产量指标以及水肥利用效率等，探明不同区域土肥水交互效应的异同点，并结合分析测定作物光合指标和主要衰老生理指标的变化规律，揭示其生理机制。主要内容包括：

● 封丘潮土长期不同施肥对冬小麦与夏玉米的物质生产及生理特性的影响
● 昌平褐潮土长期不同施肥对冬小麦与夏玉米的物质生产及生理特性的影响
● 祁阳红壤长期不同施肥对冬小麦与夏玉米的物质生产及生理特性的影响
● 三种土壤类型长期不同施肥对冬小麦与夏玉米水肥利用效率影响差异比较

第三节 技术路线

采用盆栽和田间定位试验方法，研究在不同的土壤类型下小麦、玉米土肥水交互效应的差异，并阐明其生理机制。本研究实施的技术路线具体见图2-1。

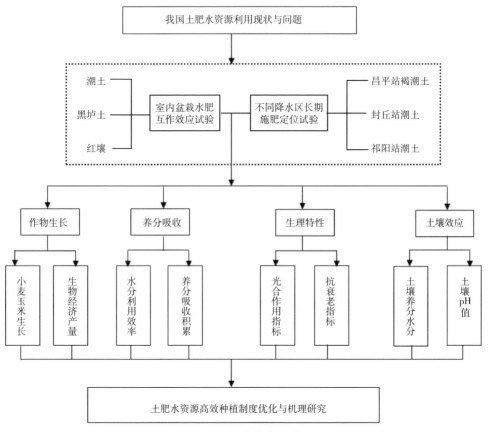

图2-1 研究技术路线

第四节 试验方案与测定指标

一、室内盆栽试验研究

选择不同的土壤类型进行盆栽试验的模拟研究，主要探讨土肥水互作效应的机理。在中国农业科学院可控温室条件下，选取陕西长武的黑垆土、河南封丘的潮土、湖南祁阳的红壤这三种在不同水热梯度下形成的土壤，采用盆栽试验种植小麦玉米，从而明确不同土肥水条件下小麦玉米的生长状况、养分吸收以及生理过程。

（一）温室试验概况

1. 试验地点

中国农业科学院作物科学研究所控制温室。

2. 土壤类型

盆栽试验所用的三种土壤分别为采自河南封丘站的潮土、陕西长武站的黑垆土、湖南祁阳站的红壤。土样经风干后，过2mm孔径筛。三种土壤基础理化性质见表2-1，三种土壤的水分特征曲线见图2-2。

表2-1 三种供试土壤的理化性质
Table 2-1 Physical and chemical properties of three soils

土壤	pH值	有机质（g/kg）	全氮（g/kg）	全磷（g/kg）	全钾（g/kg）	速效氮（mg/kg）	速效磷（mg/kg）	速效钾（mg/kg）
封丘潮土	7.96	9.46	0.45	0.55	13.08	42.06	2.36	54.22
长武黑垆土	7.83	13.04	0.77	0.45	15.10	37.00	2.70	183.69
祁阳红壤	4.23	15.41	0.97	0.58	9.05	140.42	6.01	126.72

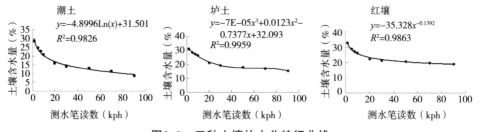

图2-2 三种土壤的水分特征曲线

（二）小麦水氮磷钾互作效应试验方案

1. 试验目的

通过在不同土壤类型下对小麦施以不同的水氮磷钾互作调控处理，比较其生长状况、光合作用、保护酶活性以及植株氮磷钾含量等指标，以期筛选出在不同土壤类型下小麦合理的水肥管理模式，明确其生理机制。

2. 试验设计

盆栽所用塑料盆的上直径为17.5cm，下直径11.5cm，高15.8cm，上开口下封底，每盆装土2.5kg。以尿素作氮源，磷酸二氢钙作磷源，硫酸钾作钾源，无离子水为水源。试验为四因素完全随机区组设计。氮素处理分3个水平：分别按每千克土含氮量0.05g（N_1）、0.15g（N_2）、0.45g（N_3）；磷素处理分3个水平，分别按每千克土P_2O_5含量 0.00（P_1）、0.05g（P_2）、0.20g（P_3）；钾素分3个水平，分别按每千克土K_2O含量0.00（K_1）、0.10g（K_2）、0.40g（K_3）；肥料均为一次性底施。水分处理分2个水平：水分胁迫（W_1：即从出现萎蔫后开始灌溉，灌溉至田间持水量的75%）与适水（W_2：与W_1同期灌溉，灌水至田间持水量的90%）2个水平。依据所测定的3种土壤的水分特征曲线（图2-2），确定W_1与W_2处理每次的灌溉量分别为150ml/盆和200ml/盆。试验为水氮磷钾四因素随机区组设计，重复4次。供试作物为小麦，品种为陇春24。播种后每盆均留麦苗10株。于小麦苗期、抽穗期测定其株高、叶面积状况、光合指标、叶片保护酶和MDA含量，收获时测定其生物产量、产量及植株氮磷钾含量。

3. 测定项目

（1）作物生长发育指标的测定。于小麦苗期、抽穗期测定其株高、叶面积，收获时测定其生物产量、产量等，均采用常规农学测定方法。

（2）光合指标的测定。于小麦苗期、抽穗期在小麦旗叶部位利用Licor-6400便携式光合作用测定系统进行测定。

（3）叶片保护酶活性测定。在小麦苗期、抽穗期，称取叶片研磨离心后取上清液进行超氧化物歧化酶（SOD）、过氧化物酶（POD）、过氧化氢酶（CAT）、丙二醛（MDA）的测定。

（4）植株全氮磷钾的测定。小麦收获后对其进行消化，进而测定植株全氮、全磷、全钾含量。

（三）玉米水氮磷钾互作效应试验方案

1. 试验目的

通过在不同土壤类型下对玉米施以不同的水氮磷钾互作调控处理，比较其生长状况、光合作用、保护酶活性以及植株氮磷钾含量等指标，以期筛选出在不同土壤类型下玉米合理的水肥管理模式，明确其生理机制。

2. 试验设计

盆栽试验所用塑料盆的上直径为17.5cm，下直径11.5cm，高15.8cm，上开口下封底，每盆装2.5kg土。供试玉米品种为郑单958，由北京市农林科学院种子库提供。供试肥料为尿素（99%，60.06，分析纯）；硫酸钾（99%，174.25，分析纯）；磷酸二氢钙（92%，252.70，分析纯）。试验以去离子水为水源，按照各处理灌水定额统一进行浇灌；以尿素为氮源，磷酸二氢钙为磷源，硫酸钾为钾源，以溶液形式一次性底施，确保肥料在土壤中的均匀性。2007年7月7日播种，从玉米五叶起每隔一定叶龄期采样，共进行5次采样测定记录，10月21日收获，最后一次收获测定植株氮磷钾含量。采用4因素5水平二次回归通用旋转组合设计，共31个处理，3次重复。以干物质积累量为目标函数，以灌溉量、施氮量、施磷量、施钾量四因素为自变量，构建盆栽试验数学模型。各因素水平及编码见表2-2，试验结构矩阵与因素施用量见表2-3。

表2-2 二次通用旋转组合试验设计因素水平编码
Table 2-2 Factors and level designed for the experiment

试验因子（X_j）	因子设计水平					间距
	−2	−1	0	1	2	
X_1（W）（灌溉量）（ml）	100	150	200	250	300	50
X_2（N）（施氮量）（g/kg）	0	0.075	0.150	0.225	0.300	0.075
X_3（P）（施磷量）（g/kg）	0	0.075	0.150	0.225	0.300	0.075
X_4（K）（施钾量）（g/kg）	0	0.10	0.20	0.30	0.40	0.10

表2-3 试验结构矩阵与因素施用量
Table 2-3 Experiment structure matrix and amount of Factors applied

试验号	编码值				因素施用量			
	X_1	X_2	X_3	X_4	灌溉量（ml）	N（g/kg）	P（g/kg）	K（g/kg）
1	−1	−1	−1	−1	150	0.075	0.075	0.1
2	−1	−1	−1	1	150	0.075	0.075	0.3
3	−1	−1	1	−1	150	0.075	0.225	0.1
4	−1	−1	1	1	150	0.075	0.225	0.3
5	−1	1	−1	−1	150	0.225	0.075	0.1
6	−1	1	−1	1	150	0.225	0.075	0.3
7	−1	1	1	−1	150	0.225	0.225	0.10
8	−1	1	1	1	150	0.225	0.225	0.30
9	1	−1	−1	−1	250	0.075	0.075	0.10
10	1	−1	−1	1	250	0.075	0.075	0.30
11	1	−1	1	−1	250	0.075	0.225	0.10
12	1	−1	1	1	250	0.075	0.225	0.30
13	1	1	−1	−1	250	0.225	0.075	0.10

续表

试验号	编码值				因素施用量			
	X_1	X_2	X_3	X_4	灌溉量（ml）	N（g/kg）	P（g/kg）	K（g/kg）
14	1	1	-1	1	250	0.225	0.075	0.30
15	1	1	1	-1	250	0.225	0.225	0.10
16	1	1	1	1	250	0.225	0.225	0.30
17	-2	0	0	0	100	0.15	0.15	0.20
18	2	0	0	0	300	0.15	0.15	0.20
19	0	-2	0	0	200	0	0.15	0.20
20	0	2	0	0	200	0.30	0.15	0.20
21	0	0	-2	0	200	0.15	0	0.20
22	0	0	2	0	200	0.15	0.30	0.20
23	0	0	0	-2	200	0.15	0.15	0
24	0	0	0	2	200	0.15	0.15	0.40
25	0	0	0	0	200	0.15	0.15	0.20
26	0	0	0	0	200	0.15	0.15	0.20
27	0	0	0	0	200	0.15	0.15	0.20
28	0	0	0	0	200	0.15	0.15	0.20
29	0	0	0	0	200	0.15	0.15	0.20
30	0	0	0	0	200	0.15	0.15	0.20
31	0	0	0	0	200	0.15	0.15	0.20

3. 测定项目

（1）生长发育指标的测定。采用常规农学测定方法测定株高、叶面积，并采集地上部鲜样称取叶片、茎鲜重，采后置于105℃烘箱内杀青30 min后降至70~75℃烘干至恒重，称取叶片、茎干重。

（2）光合生理指标。按照采样日期测定光合生理指标，采用Li－6400型便携式光合作用测定系统测定顶部第一片完全展开叶的净光合速率（Pn）、蒸腾速率（Tr）、气孔导度（Gs）等指标。

（3）叶片保护酶活性。在8叶期、15叶期采集顶部第一片完全展开叶测定抗衰老指标：①超氧化物歧化酶活性（SOD）；②过氧化物酶活性（POD）；③过氧化氢酶活性（CAT）；④丙二醛含量（MDA）。

（4）植株全氮磷钾的测定。小麦收获后对其进行消化，进而测定植株全氮、全磷、全钾含量。

二、长期定位试验研究

长期定位肥料试验具有时间上的长期性，气候上的重复性，检测项目上的定位性等特点，信息量丰富，数据准确可靠，能够解释许多短期试验不能解决的科学问题。本研究选择在不同类型土壤上进行长期肥料定位试验，以冬小麦、夏玉米为指示作物，通过研究不同施肥处理对农作物生长、生理生化以及水分、养分利用等指标的影响，为科学合理地利用土肥水资源，提高现有耕地单位面积产量提供科学依据。

（一）试验点的分布及代表性

1.昌平潮褐土肥力长期监测基地

该监测基地位于北京市昌平区（40°13′N，116°14′E），海拔高度43.5 m，年平均温度11℃，≥10℃积温4500℃，年降水量600mm，年蒸发量1065mm，无霜期210 d，灾害性天气主要是春旱和夏季暴雨。于1990年年底开始长期肥料定位试验研究。实行小麦、玉米轮作一年两熟制。试验小区面积在1991—1996年为每小区100m²，每处理设4次重复，1997年种植一茬春小麦后，小区面积改为200m²，即实际上取调整前两重复小区进行合并重复一次。小麦于每年10月10日播种，播量为62.5kg/hm²，次年6月10日收获，2008—2009年种植品种为中麦12；玉米于每年的6月17日播种，玉米播种行距为60cm，株距为35cm，定植密度为47 600株/hm²，10月1日收获，2009年种植品种为京单28。试验开始前（1990年）土壤的化学性质为：有机质12.31g/kg、全氮0.81g/kg、全磷0.69g/kg、全钾14.58g/kg、碱解氮36.1mg/kg、速效磷4.62mg/kg、速效钾65.27mg/kg、pH值为8.22。

2.封丘农业生态实验站

中国科学院封丘农业生态国家实验站位于河南省封丘县（35°04′N，113°10′E），属半湿润的暖温带季风气候，1月平均气温-1.0℃。7月平均气温27.2℃。年平均气温13.9℃。年平均降水量615.1mm。无霜期214d。年均降水量605mm，主要集中于7~9月。该农业生态实验站位于封丘县东部的潘店乡，土壤类型主要为黄河沉积物发育的潮土，伴有部分盐土、碱土、沙土和沼泽土分布。植被主要为次生的乔灌草植物以及沼泽和水生植物等。封丘站区土壤为轻壤质黄潮土。土壤养分的供应水平比较差，土壤供N属低中水平，供P水平也属低中水平；供K能力属于中高水平。所以封丘站区的土壤养分供应特点可以归纳为缺N、缺P、富K（索东让，2005）。

试验开始前耕层土壤（0~20cm）理化性质为土壤有机质5.83g/kg，全N 0.445g/kg，全P 0.50g/kg，全K 18.6g/kg，速效氮9.51mg/kg，速效磷

1.93mg/kg，速效钾78.8mg/kg，pH值为8.65，土壤容重1.62g/cm³（钦绳武等，1998）。

3.祁阳红壤肥力监测基地

该基地位于湖南省祁阳县（26°45′12″N，111°52′32″E），海拔约120m，年平均温度18℃，最高温度40℃，≥10℃的积温5 600℃·d，年降水量1 250mm，无霜期为300d。试验地位于丘岗中部，为第四纪红土母质发育的耕性红壤，无灌溉设计。于1990年底开始长期肥料定位试验研究。实行小麦间作玉米一年两熟。小区面积为196m²，重复2次。采用160cm带型，小麦行距为20cm，一带4行，玉米行距为20cm，一带2行，小麦与玉米间距为20cm。小麦于每年11月10日播种，播量为62.5kg/hm²，次年5月10日收获，品种为湘麦4号；玉米于每年的3月20日播种，定植密度为60 000株/hm²，7月15日收获，品种为掖单13。试验前（1990年）土壤的化学性质为：有机质11.5g/kg，全氮1.07g/kg，全磷0.45g/kg，全钾13.7g/kg，碱解氮65mg/kg，速效磷10.8mg/kg，速效钾122mg/kg，pH值为5.7。

（二）实施方案

1.北京昌平区潮褐土长期定位施肥试验的实施方案

（1）试验目的。在已有19年小麦—玉米两熟制长期定位肥料试验的基础上，研究潮褐土土壤类型下长期定位施肥对冬小麦夏玉米生长及生理特性的影响，从而筛选出合理的施肥技术，做到节水节肥，优化种植制度。

（2）试验设计。本研究在国家褐潮土肥力与肥料效益长期监测基地（北京市昌平区），选取6个长期定位施肥处理，即不施肥（CK）、施氮钾肥（NK）、施氮磷肥（NP）、施磷钾肥（PK）、施氮磷钾肥（NPK）和施有机肥+化学氮磷钾肥（NPKM）。肥料用量为每年施用纯N 300kg/hm²，P_2O_5 150kg/hm²，K_2O 90kg/hm²，N：P_2O_5：K_2O=1：0.5：0.3，氮肥为尿素，磷肥为过磷酸钙，钾肥为氯化钾。所有施氮、磷和钾小区的氮、磷、钾肥施用量相同，有机肥（M）为猪厩肥，年用量为22.5t/hm²（风干重）。NPKM处理在施入有机肥的基础上每年再施化学纯氮300kg/hm²，有机肥于小麦种植前一次性施入。一年两熟制的施肥中，玉米肥料施用量占全年施肥量的50%，玉米肥料施用量占全年施肥量的50%，有机肥于小麦种植前一次性施入。

（3）测定项目。①土壤养分。取样：在小麦苗期、拔节期、开花期、灌浆期、成熟期采集0~20cm取样区域为整个小区，每次取样10点左右混合；在玉米拔节期、大喇叭口期、开花期、灌浆期采集0~20cm在成熟期采集0~20cm土样，取样区域为整个小区，每次取混合样10点左右。测定土壤全氮、全磷、全钾、碱解氮、速效磷、速效钾、pH值（水土比1：1）。②产量及考种：于2009年小麦（玉米）成熟期在每处理小区去除边行，分别收获2个50m²小麦穗（玉米穗），将小麦穗（玉米穗）风干、脱粒、考种，然后70℃烘干测产。其余小麦（玉米）植株地上部分全部带出农田。③植株生长状况：采用常规农学方法在生长期内测定小麦玉米的株高、茎粗、生物量、叶面积。④叶片光合速率：在小麦拔节期、灌浆期2个生育时期进行。生育期叶片光合速率测定，在晴朗无风的上午10:00~12:00，用Li-6400光合仪测定系统测定小麦第一片完全展开叶净光合速率、气孔导度、胞间二氧化碳浓度、蒸腾速率等，设定光强为1 200μmol/（m²·s）。小麦旗叶光合速率的日变化测定，在晴朗无风的8:00~16:00进行，每2h测定1次，每个施肥处理测定5个重复，在群体的自然状态下测定。在玉米拔节期、大喇叭口期、开花期、灌浆期、成熟期均只对第一片完全展开叶测定光合速率、气孔导度、胞间二氧化碳浓度、蒸腾速率。⑤叶绿素及可溶性蛋白：小麦苗期、拔节期、开花期、灌浆期，玉米的拔节期、大喇叭口期、开花期、灌浆期、成熟期，分别取第一片完全展开叶，用80%丙酮浸提法测叶绿素a，叶绿素b，叶绿素a+b，以及叶绿素a/b，用考马斯亮蓝G-250染色法测可溶性蛋白。⑥叶片保护酶：在小麦的苗期、拔节期、开花期、灌浆期，玉米拔节期、大喇叭口期、开花期、灌浆期、成熟期，取第一片完全展开叶进行POD（过氧化物酶）、CAT（过氧化氢酶）、SOD（超氧化物歧化酶）、MDA（丙二醛）的测定。

2.河南封丘县潮土长期定位施肥试验的实施方案

（1）试验目的。长期定位的条件下针对潮土这一土壤类型轮作种植小麦及玉米，通过评估作物长势及产量等状况来筛选施肥处理，实现节水节肥的高效种植方式。

（2）试验设计。试验始于1989年，采用小麦—玉米一年两熟轮作制。试验设CK（对照，不施肥）、NK、PK、NP、NPK、OM、1/2OM+1/2NPK，7个处理，4次重复。小区面积12.5m×5m=47.5 m²，分4个区组，随机排列，小区代号及对应的实验处理见表2-4。肥料品种氮肥为尿素，磷肥为过磷酸钙，钾肥为硫酸钾。NK、NP和NPK处理均施基肥和追肥；PK处理因不施氮肥，磷、钾肥只作基肥，不施追肥。试验以等N量为标准，计算各处理肥料施用量；玉米每季基施氮肥（以N计）60kg/hm²，追施90kg/hm²，基施磷肥（以P₂O₅计）60kg/hm²，钾肥（以K₂O计）150kg/hm²。小麦每季基施氮肥（以N计）90kg/hm²，追施60kg/hm²，基施磷肥（以P₂O₅计）75kg/hm²，钾肥（以K₂O计）150kg/hm²。有机肥处理的施肥量（N、P、K养分量）与NPK处理相同，原料以粉碎的麦秆为主，加上适量的大豆饼和棉仁饼，以提高有机肥含氮量，施用前分析N、P、K养分含量，P、K不足部分用P、K化肥补足到等量。有机肥经堆制发酵后施用，每年施用量约18 000kg/hm² (以鲜重计) (钦绳武，1998)。2008—2009年度供试小麦播种日期为2008年9月26日，收获日期为2009年6月1日；品种为郑麦9023；条播，按200 000株/km²播种，小区内小麦行距20cm，每小区播种21行；玉米播种日期为2009年6月5日，收获日期为2009年9月19日；品种为郑单958；点播，按52 500株/hm²播种，每小区玉米行距70cm，每行约38株，共7行 (表2-4)。

表2-4 长期定位肥料试验处理名称及代号
Table 2-4 The name and code of long-term fertilization experiment

处理名称	1/2NPK+ 1/2OM	OM	NPK	CK	NP	NK	PK
小区	1；9；	2；12；	3；8；	4；13；	5；10；	6；14；	7；11；
代号	20；27	18；25	16；28	21；24	15；22	17；26	19；23

(3) 测定项目。

①生长发育指标：采用农学常规测定方法测小麦、玉米的株高、叶面积指数、干物重。取样时间为冬小麦在苗期、拔节期、开花期、灌浆期；夏玉米为拔节期、大喇叭口期、抽雄期、灌浆期。

②产量：冬小麦、夏玉米成熟后，各实验处理小区收实产单收单打测定籽粒和秸秆干重，即实产；在各实验处理小区取5株 (玉米) 或10株 (小麦) 进行考种，测定每公顷穗数、穗粒数、小麦千粒重、玉米百粒重，进而计算理论产量，即产量构成因子的测定。

③光合生理特性：在小麦和玉米第一片完全展开叶处测定叶绿素含量、净光合速率、蒸腾速率、气孔导度、胞间CO_2浓度。所取叶片时期为冬小麦苗期、拔节期、开花期、灌浆期；夏玉米为拔节期、大喇叭口期、抽雄期、灌浆期。

④叶片保护酶系统：在冬小麦的苗期、拔节期、开花期、灌浆期，夏玉米的拔节期、大喇叭口期、抽雄期、灌浆期取叶片进行POD (过氧化物酶)、CAT (过氧化氢酶)、SOD (超氧化物歧化酶)、MDA (丙二醛)、叶片蛋白含量的测定。

3.湖南祁阳县红壤长期定位施肥试验的实施方案

（1）试验目的。在红壤这一高温高湿环境所发育的典型土壤类型上进行长期施肥试验，有助于指导我国部分地区尤其是南方地区的小麦及玉米种植的肥料施用问题，以期实现高效施肥的种植模式。

（2）试验设计。本研究在中国农业科学院红壤试验站（湖南省祁阳县）选取6个长期定位施肥处理，即不施肥（CK）、施氮钾肥（NK）、施氮磷肥（NP）、施磷钾肥（PK）、施氮磷钾肥（NPK）和施有机肥+化学氮磷钾肥（NPKM）。肥料用量为每年施用纯N 300kg/hm²，P_2O_5 120kg/hm²，K_2O 120kg/hm²，N：P_2O_5：K_2O=1：0.4：0.4，氮肥为尿素（含N 46%），磷肥为过磷酸钙（含P_2O_5 12.5%），钾肥为氯化钾（含K_2O 60%）。所有施氮、磷和钾小区的氮、磷、钾肥施用量相同。有机肥料为猪粪，猪粪含N 16.7g/kg，有机肥料不考虑P、K养分。在施用有机肥处理中，有机氮与无机氮总施入量为300kg/hm²，有机氮施用量占全氮70%；一年两熟制的施肥中，小麦种植区肥料用量占30%，即种植小麦前施入N 90kg/hm²，P_2O_5 36kg/hm²，K_2O 36kg/hm²，肥料撒施于小麦条幅上；玉米种植区肥料用量占70%，即种植玉米前施入N 210kg/hm²，P_2O_5 84kg/hm²，K_2O 84kg/hm²，肥料撒施于玉米条幅上。

（3）测定项目。①土壤养分。取样：在小麦苗期、孕穗期、灌浆期、成熟期采集0~20cm土样，取样区域为小麦种植区域，按"之"字形随机取土样，每次取样10点左右混合；在玉米苗期、拔节期、大喇叭口期、乳熟期采集0~20cm土样，在成熟期采集0~20cm土样，取样区域为玉米种植区域，按"之"字形随机取土样，每次取混合样10点左右。测定土壤全氮、全磷、全钾、碱解氮、速效磷、速效钾、pH值（水土比1：1）。②产量及考种：于2009年小麦成熟期在每处理小区去除边行，分别收获2个50m²小麦穗（玉米穗），将小麦穗（玉米穗）风干、脱粒、考种，然后70℃烘干测产。其余小麦（玉米）植株地上部分全部带出农田。③植株生长状况：在小麦苗期、孕穗期、灌浆期、成熟期，玉米的苗期、拔节期、大喇叭口期、开花期、乳熟期、成熟期，采用常规农学方法测定小麦玉米的株高、茎粗、生物量、叶面积。④叶片光合速率：在小麦拔节期、灌浆期2个生育时期进行。生育期叶片光合速率测定，在晴朗无风的上午10:00~12:00，用Li-6400光合仪测定系统测定小麦第一片完全展开叶净光合速率、气孔导度、胞间二氧化碳浓度、蒸腾速率等，设定光强为1 200μmol/（m²·s）。小麦旗叶光合速率的日变化测定，在晴朗无风的8:00~16:00进行，每2h测定1次，每个施肥处理测定5个重复，在群体的自然状态下测定。在玉米苗期、拔节期、大喇叭口期、开花期、乳熟期、成熟期均只对第一片完全展开叶测定光合速率、气孔导度、胞间二氧化碳浓度、蒸腾速率。⑤叶绿素及可溶性蛋白：小麦苗期、拔节期、开花期、灌浆期，玉米的苗期、拔节期、大喇叭口期、开花期、乳熟期、成熟期，分别取第一片完全展开叶，用80%丙酮浸提法测叶绿素a，叶绿素b，叶绿素a+b，以及叶绿素a/b，用考马斯亮蓝G-250染色法测可溶性蛋白。⑥叶片保护酶：在小麦的苗期、拔节期、开花期、灌浆期，玉米苗期、拔节期、大喇叭口期、开花期、乳熟期、成熟期，取第一片完全展开叶进行POD（过氧化物酶）、CAT（过氧化氢酶）、SOD（超氧化物歧化酶）、MDA（丙二醛）的测定。

参考文献

鲍士旦.2002.土壤农化分析［M］.第3版.北京：中国农业出版社.

林葆.1996.全国化肥试验网论文汇编［M］.北京：中国农业科技出版社.

毛知耘.1997.肥料学［M］.北京：中国农业出版社.

潘庆民，于振文.2002.追氮时期对冬小麦籽粒品质和产量的影响［J］.麦类作物学报，22（2）：65-69.

钦绳武，顾益初，朱兆良.1998.潮土肥力演变与施肥作用的长期定位试验初报［J］.土壤学报，35（3）：367-375.

索东让.2005.长期定位实验中化肥和有机肥结合效应研究［J］.干旱地区农业研究，23（2）：71-75.

张其德，刘合芹，张建华.2000.限水灌溉对冬小麦旗叶某些光合特性的影响［J］.作物学报，26（6）：869-872.

张秋英，李发东，刘孟雨，等.2002.水分胁迫对冬小麦旗叶叶绿素a荧光参数光合速率的影响［J］.干旱地区农业研究，20（3）：80-84.

张依章，张秋英.2006.水肥空间耦合对冬小麦光合特性的影响［J］.干旱地区农业研究（2）：57-60.

Malkin S.1986. Estimation of the light distribution between photosystem I and II in intact wheat leaves by fluorescence and photoacoustic measurements［J］.Photosyn, Res., 7: 257-267.

第三章 潮土下小麦水氮磷钾互作效应

我国潮土主要分布于黄淮海平原，辽河下游平原，长江中、下游平原及汾、渭谷地，以种植小麦、玉米、高粱和棉花为主。潮土地区土壤大多具有"氮少、磷缺、钾丰富"的特点，这就意味着肥水的有机结合是农业生产获得更好经济效益的必要条件。肥料的合理施用影响到潮土的生产能力、肥沃程度以及未来的开发利用价值。本章通过对河南封丘潮土下小麦的生长发育指标与生理生化等指标的分析，探讨水肥多因子对作物生长的耦合效应与机理，为潮土的合理施肥提供理论依据。

第一节 水氮磷钾互作对小麦生长发育的影响

株高和叶面积是反映植株长势强弱的重要指标。不同水肥配比条件下的小麦株高、叶面积生长动态规律不尽相同（表3-1）。

表3-1 潮土下小麦苗期与抽穗期水肥交互对株高和叶面积的影响

水分水平	养分水平			株高（cm）		叶面积（cm²/株）		水分水平	养分水平			株高（cm）		叶面积（cm²/株）	
W	N	P	K	苗期	抽穗期	苗期	抽穗期	W	N	P	K	苗期	抽穗期	苗期	抽穗期
W_1	N_1	P_1	K_1	24.50	29.00	22.67	12.87	W_2	N_1	P_1	K_1	22.83	31.50	22.86	20.07
		P_1	K_2	24.50	27.75	22.85	13.08			P_1	K_2	25.50	37.50	25.76	17.09
		P_1	K_3	23.67	31.25	26.36	12.09			P_1	K_3	25.50	40.00	27.19	20.85
		P_2	K_1	18.63	30.75	19.82	12.32			P_2	K_1	23.25	36.00	21.41	15.82
		P_2	K_2	21.50	33.00	19.49	12.87			P_2	K_2	24.63	32.75	22.22	14.34
		P_2	K_3	22.13	30.00	23.32	11.41			P_2	K_3	20.00	35.50	16.34	9.39
		P_3	K_1	17.50	27.25	16.27	7.54			P_3	K_1	15.75	27.00	14.11	8.51
		P_3	K_2	16.50	25.25	16.09	10.08			P_3	K_2	17.00	26.50	12.84	10.78
		P_3	K_3	16.25	23.00	15.11	18.41			P_3	K_3	17.38	27.50	11.34	8.80
	N_2	P_1	K_1	22.63	32.00	25.68	17.93		N_2	P_1	K_1	26.40	37.50	26.23	22.37
		P_1	K_2	23.25	30.00	25.71	22.53			P_1	K_2	26.75	31.50	27.86	23.35
		P_1	K_3	23.63	28.50	24.01	20.69			P_1	K_3	26.53	29.50	27.64	23.07
		P_2	K_1	20.00	31.50	19.36	13.59			P_2	K_1	22.65	33.00	19.75	16.74
		P_2	K_2	18.88	31.50	20.26	13.75			P_2	K_2	23.00	34.50	22.08	18.42

续表

水分水平 W	养分水平 N	P	K	株高（cm）苗期	抽穗期	叶面积（cm²/株）苗期	抽穗期	水分水平 W	养分水平 N	P	K	株高（cm）苗期	抽穗期	叶面积（cm²/株）苗期	抽穗期
		P₂	K₃	20.88	32.25	22.66	16.75			P₂	K₃	25.15	39.50	23.49	19.59
		P₃	K₁	20.63	29.50	23.30	14.80			P₃	K₁	18.27	32.00	15.79	10.70
		P₃	K₂	14.88	31.00	14.43	14.33			P₃	K₂	17.93	30.00	16.09	12.29
		P₃	K₃	16.50	26.00	16.42	15.58			P₃	K₃	16.67	30.00	16.34	14.18
	N₃	P₁	K₁	21.25	31.50	21.67	11.94		N₃	P₁	K₁	25.13	37.00	26.76	18.39
		P₁	K₂	23.13	31.50	24.78	17.86			P₁	K₂	24.35	38.00	26.18	19.87
		P₁	K₃	23.75	33.00	24.20	19.15			P₁	K₃	23.67	36.50	25.84	21.96
		P₂	K₁	20.38	29.50	21.68	15.45			P₂	K₁	22.85	37.00	21.58	17.96
		P₂	K₂	22.75	33.50	23.89	14.85			P₂	K₂	21.60	36.00	23.02	17.50
		P₂	K₃	26.63	25.00	27.48	18.54			P₂	K₃	23.67	35.00	25.00	25.09
		P₃	K₁	18.63	23.50	17.23	8.43			P₃	K₁	17.10	29.50	16.41	13.15
		P₃	K₂	19.25	27.00	19.09	12.45			P₃	K₂	17.07	30.50	24.36	13.73
		P₃	K₃	19.13	26.50	18.45	12.74			P₃	K₃	19.93	28.00	20.08	12.28

一、水氮磷钾互作对小麦株高的影响

由表3-2可见，不同水肥处理对小麦苗期株高的影响均达到了显著水平，影响顺序为N>W>K>P。此期氮肥对株高的影响占主导地位，水分次之。随着施氮水平的提高，株高降低，但株高间差异不大，原因是苗期作物生长所需养分主要来自本身，氮素供应过多，对其生长有抑制作用。

表3-2　潮土下小麦苗期与抽穗期水肥交互对株高和叶面积影响的显著性水平分析

变异来源	显著水平 苗期株高	抽穗期株高	显著水平 苗期叶面积	抽穗期叶面积
W	0.0001	0.0001	0.5259	0.0001
N	0.0001	0.0001	0.0001	0.0001
P	0.0114	0.1906	0.0001	0.0001
K	0.0112	0.6015	0.057	0.0002
W*N	0.0001	0.0895	0.0023	0.0001
W*P	0.0001	0.165	0.0710	0.1786
W*K	0.2094	0.227	0.0449	0.1495
N*P	0.0001	0.0031	0.0001	0.0008
N*K	0.0032	0.7244	0.0425	0.5931
P*K	0.0001	0.1882	0.0334	0.1615
W*N*P	0.0050	0.4028	0.0544	0.0261
W*N*K	0.0001	0.2034	0.0299	0.1799
W*P*K	0.0019	0.5156	0.0339	0.3389
N*P*K	0.0044	0.0040	0.0006	0.0017
W*N*P*K	0.0007	0.3006	0.1734	0.15

注：数据为方差分析所得的差异显著性水平值

　　至抽穗期，随营养生长的加速，水分与氮肥的主导地位凸显，影响顺序为W>N，说明作物对水分和氮素的吸收利用加强。其中无水分胁迫较有水分胁迫条件下的株高增加了13.76%。N_1（0.05g/kg）和 N_2（0.15g/kg）水平间差异不显著，但均极显著高于N_3（0.45g/kg）水平且平均增加了18.97%，作物对氮素的吸收量加大。氮磷交互对株高有拮抗效应，且差异达到极显著水平（图3-1）。氮磷钾交互对株高的影响亦达到了极显著水平。

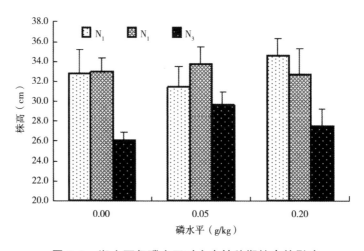

图 3-1　潮土下氮磷交互对小麦抽穗期株高的影响

二、水氮磷钾互作对小麦叶面积的影响

　　苗期，水分和钾素对作物叶面积的影响不大（表3-2），氮磷二因素对叶面积的影响顺序为：N > P，与苗期株高结果相同，氮水平的提高不利于叶面积的增加；而随供磷水平的提高，小麦叶面积逐渐增加且差异达到极显著水平，P_3（0.20g/kg）较P_2（0.05g/kg）和P_1（0.00g/kg）水平的叶面积分别增加5.32%和14.50%。水氮交互对叶面积有负交互效应，可见水分含量的增加未提高氮素对叶面积的促进作用。水钾耦合对叶面积的正交互作用显著（图3-2），无水分胁迫时，K_3（0.40g/kg）水平的叶面积最大；而无水分胁迫时，以水促钾效果明显，K_2（0.10g/kg）水平条件下的叶面积最大。

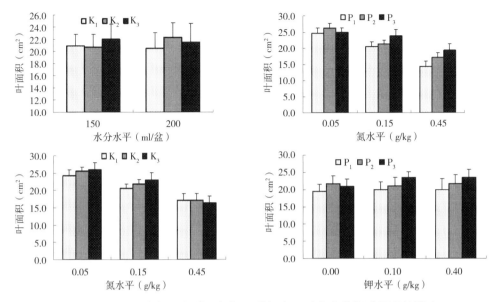

图3-2　潮土下水钾、氮磷、氮钾、磷钾交互对小麦苗期叶面积的影响

　　图3-2表明，由于氮肥对叶面积的负效应占主导地位，苗期磷和钾水平的提高未促进氮磷、氮钾对叶面积的正耦合效应，此期以磷促氮、以钾促氮不明显。磷钾交互对苗期叶面积的影响显著，在不施钾时，P_2（0.15g/kg）水平条件下的叶面积最大，而随供钾水平的提高，以钾促磷效果显著，高磷水平条件下小麦的叶面积最大。水分与氮磷、磷钾、氮钾耦合对叶面积的影响与氮磷、磷钾、氮钾对叶面积的影响类似，这说明苗期作物生长所需养分主要来自身和土壤，而对水分的需求不大。

　　抽穗期，水分对叶面积的影响渐显，氮肥仍保持对叶面积的负效应不变，达显著水平的水肥因子对叶面积影响的顺序为 N > P > W > WN > K > NP > NPK。磷素对叶面积的影响为：施磷较不施磷的水平叶面积增加27.35%，且两个施磷水平间差异不显著，说明这一时期作物对磷素的需求少于苗期。钾素与小麦叶面积有显著的正相关关系，随施钾水平的提高，叶面积逐渐增加，原因是钾是作物生长必需的重要营养元素，一般作物对钾素吸收量较大，且随着植株生长量的增大及生长发育进程的发展而逐渐增高，并在产量形成时期吸收量达到高峰（张恩平，李天来，2005）。水氮、氮磷交互对叶面积的影响与苗期相同，仍保持对叶面积的拮抗效应不变。氮磷钾交互对叶面积的影响达到了显著水平（图3-3），在低氮水平时，磷钾的正交互效应显著；而在中氮和高氮水平时，虽然磷钾正耦合效应明显，但与氮耦合的拮抗效应逐渐增强，因此氮磷钾的合理配比对这一时期叶面积的增加有重要的影响作用（何振贤，刘子卓，2007）。

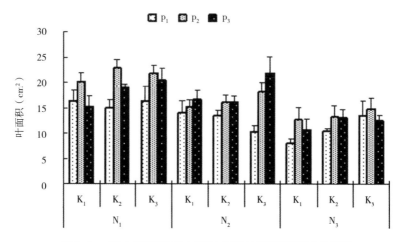

图3-3 潮土下氮磷钾交互对小麦抽穗期叶面积的影响

　　由此可知，苗期株高与叶面积的增长所需水分和养分主要来自本身，对土壤中水肥的吸收利用不大。随营养生长的加速，水分和磷肥、钾肥对小麦株高和叶面积的促进作用逐渐加强。氮肥对这两个时期内作物株高与叶面积的负效应明显，且与磷、钾肥的负交互效应显著。其原因可能是作物吸氮量较少，土壤中过多的N素加重了水分的胁迫程度；干旱还抑制了作物对磷素和钾素的吸收利用，因此缺氮和氮素过多对作物的生长均有不良的影响，具体的原因与机理还有待于进一步的研究。

第二节　水氮磷钾互作对小麦光合指标的影响

　　作物产量的高低首先取决于光合作用的面积和效率，而水肥是影响小麦光合作用不可缺少的因素。有研究表明：作物光合作用依赖于土壤水肥变化，水肥不足会抑制气孔的开放和作物的光合作用（梁宗锁，1996）。但以上研究均侧重于单因子对小麦光合特性及产量的调控效应，而不同浇水方式与不同施肥方式对小麦光合特性影响研究很少，对于如何在水分受限制的条件下，合理施用肥料，提高水分的利用效率，达到以肥调水、提高作物产量的目的研究还不够。因此本节通过分析小麦光合特性的变化，探讨不同的水肥耦合对小麦光合特性的影响。

表3-3 潮土下水氮磷钾互作对小麦光合指标的影响

水分水平	养分水平			Pn	Tr	Gs	水分水平	养分水平			Pn	Tr	Gs
W₁	N₁	P₁	K₁	7.00	1.41	0.05	W₂	N₁	P₁	K₁	22.13	3.36	0.04
		P₁	K₂	8.41	2.91	0.05			P₁	K₂	21.00	3.26	0.06
		P₁	K₃	5.64	1.33	0.03			P₁	K₃	24.10	4.35	0.08
		P₂	K₁	7.10	0.97	0.05			P₂	K₁	13.68	0.87	0.06
		P₂	K₂	9.16	1.14	0.09			P₂	K₂	24.28	3.12	0.06
		P₂	K₃	9.15	1.17	0.06			P₂	K₃	24.90	3.62	0.04
		P₃	K₁	8.40	0.84	0.06			P₃	K₁	20.68	2.29	0.03
		P₃	K₂	15.40	2.98	0.03			P₃	K₂	20.20	2.27	0.04
		P₃	K₃	11.40	1.36	0.04			P₃	K₃	18.63	1.70	0.05
	N₂	P₁	K₁	7.60	1.35	0.04		N₂	P₁	K₁	26.03	5.89	0.04
		P₁	K₂	8.25	1.42	0.05			P₁	K₂	20.18	2.77	0.09
		P₁	K₃	5.05	0.90	0.04			P₁	K₃	23.68	3.96	0.04
		P₂	K₁	9.28	1.28	0.08			P₂	K₁	20.53	2.31	0.07
		P₂	K₂	9.43	1.01	0.07			P₂	K₂	21.83	2.66	0.12
		P₂	K₃	9.16	1.13	0.05			P₂	K₃	22.55	3.14	0.04
		P₃	K₁	9.55	1.02	0.03			P₃	K₁	19.18	1.70	0.05
		P₃	K₂	10.33	1.66	0.05			P₃	K₂	18.73	1.78	0.08
		P₃	K₃	10.88	1.77	0.04			P₃	K₃	20.10	3.53	0.06
	N₃	P₁	K₁	5.14	0.71	0.02		N₃	P₁	K₁	21.55	4.02	0.06
		P₁	K₂	5.61	0.70	0.04			P₁	K₂	21.03	3.32	0.06
		P₁	K₃	7.77	1.40	0.03			P₁	K3	19.75	3.97	0.06
		P₂	K₁	8.71	1.21	0.06			P₂	K₁	23.68	3.84	0.03
		P₂	K₂	9.95	1.35	0.05			P₂	K₂	20.65	2.45	0.04
		P₂	K₃	9.11	0.93	0.04			P₂	K3	21.73	4.66	0.06
		P₃	K₁	6.19	0.48	0.05			P₃	K₁	18.10	3.53	0.07
		P₃	K₂	6.78	0.54	0.04			P₃	K₂	23.48	3.23	0.04
		P₃	K₃	5.23	0.53	0.04			P₃	K₃	22.20	2.63	0.06

注：Pn：净光合速率 $\mu mol/(m^2 \cdot s)$；Tr：蒸腾速率 $\mu mol(m^2 \cdot s)$；Gs：气孔导度 $mol/(m^2 \cdot s)$

一、水氮磷钾互作对小麦净光合速率的影响

方差分析结果表明（表3-4），水肥单因子及交互因子对小麦叶片净光合速率的影响均达到了极显著水平，单因子影响的大小顺序是：水>氮>钾>磷。水分对小麦光合作用的影响占主导地位，无水分胁迫的处理净光合速率极显著地高于有水分胁迫处理，两者相差高达154.60%，说明随着土壤中含水量提高，叶片光合能力增强，净光合速率增加，这与张依章（2006）研究结果相同。N_2（0.15g/kg）、P_2（0.05g/kg）与K_2（0.10g/kg）水平条件下的净光合速率最高，但与其他水平相比，差异并不大，这与孙海国等（2000）研究相符。可见，适量水肥配比有利于作物进行光合作用，促进有机物合成

的速率，从而利于干物质的积累。水氮、水磷、水钾交互对叶片净光合速率的影响则表现为以水促氮、以水促磷、以水促钾效果显著。

表3-4 潮土下小麦叶片净光合速率的显著性水平分析

变异来源	F 值	显著水平
W	99 999.99	0.0001
N	1 061.24	0.0001
P	792.04	0.0001
K	1 601.40	0.0001
W*N	1 446.61	0.0001
W*P	6 185.54	0.0001
W*K	911.70	0.0001
N*P	1 045.07	0.0001
N*K	1 504.32	0.0001
P*K	1 361.61	0.0001
W*N*P	2 182.24	0.0001
W*N*K	450.99	0.0001
W*P*K	706.10	0.0001
N*P*K	961.94	0.0001
W*N*P*K	1 797.00	0.0001

注：数据为方差分析所得的差异显著性水平值

（一）W_1条件下氮磷钾配施对叶片净光合速率的影响

对水分胁迫条件下的方差分析结果表明（表3-5），磷素对小麦叶片净光合速率的影响占主导地位，P_3（0.20g/kg）水平较P_2（0.05g/kg）和P_1（0.00g/kg）的净光合速率分别增加3.82%、39.18%，这说明在干旱胁迫条件下，磷素可显著增强叶片的净光合速率，使光合作用加强，从而提高作物的抗逆性。钾素对叶片净光合速率的影响达到极显著水平，K_2（0.10g/kg）水平条件下的净光合速率最高，其较K_3（0.40g/kg）和K_1（0.10g/kg）水平分别增加13.56%、20.84%，这说明适量的钾素可以提高叶片的净光合速率，有利于光合产物的积累，缺钾或钾浓度过高光合速率会较低（张恩平，李天来，2005）。

在本试验中，干旱条件下土壤中氮含量的提高不利于叶片净光合速率的增加，原因可能是在本试验中氮素水平的提高不利于小麦叶面积的增加，从而使光合面积降低，净光合速率减少，这与尹光华（2006）的研究类似。

表3-5　潮土W_1和W_2条件下小麦叶片净光合速率的显著性水平分析

变异来源	W_1		W_2	
	F 值	显著水平	F 值	显著水平
N	1 973.32	0.0001	103.65	0.0001
P	3 728.63	0.0001	3 110.02	0.0001
K	1 218.58	0.0001	1 319.31	0.0001
N*P	1 768.37	0.0001	1 368.36	0.0001
N*K	469.61	0.0001	1 792.87	0.0001
P*K	222.37	0.0001	2 335.16	0.0001
N*P*K	461.49	0.0001	2 851.87	0.0001

注：数据为方差分析所得的差异显著性水平值

氮磷、氮钾、磷钾交互对叶片净光合速率的影响均达到了极显著水平（图3-4），氮磷对叶片的净光合速率有正交互作用，N_2P_2组合的净光合速率最高，以磷促氮效果显著，说明氮、磷配合对单叶Pn的提高具有相互促进作用。磷钾交互对叶片Pn的影响亦达到了极显著水平，P_3K_2组合的Pn最高，说明钾素含量过高或过低均不利于Pn的增加，分析表明适当的磷钾配合可以提高叶片的光合能力，但不是钾营养的浓度越高越好（张恩平，2005）。氮钾交互对Pn的影响差异不明显，规律性亦不强（图3-4）。

（二）W_2条件下氮磷钾互作对叶片净光合速率的影响

无水分胁迫条件下的方差分析结果表明（表3-5），随供水量的增加，磷肥仍保持其主导地位不变，但氮与磷素对Pn的影响发生互换，随供磷水平的提高，Pn逐渐减少，这说明水磷对净光合速率的影响具有相互替代作用；不同氮水平间的净光合速率随供水量的提高差异渐显，N_2（0.15g/kg）水平条件下的Pn最高；钾素与Pn有显著的正相关关系，随供钾水平的提高Pn逐渐增加。氮磷、氮钾、磷钾交互对Pn的影响达到了极显著水平，但交互的规律性不明显，还有待进一步研究。

综上所述，水分对叶片净光合速率的影响占主导地位，磷肥此之，因此水分和磷营养容易成为光合速率的限制因子，要获得较高的净光合速率，必须注意施入适宜的水分与磷肥。水分与氮肥对Pn的影响具有相互替代作用，水分胁迫时，可通过提高磷素水平来促进氮磷的正交互效应；而无水分胁迫时，水分促进了氮素对Pn的正交互作用。因此在本试验中，水氮磷的合理配比成为影响叶片净光合速率的关键因素。

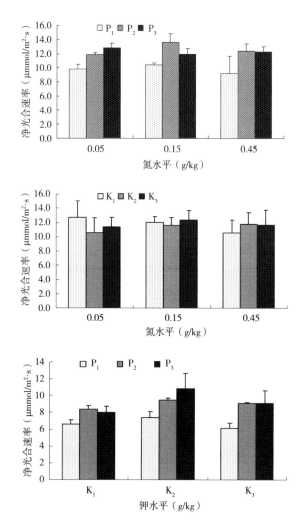

图3-4 潮土氮磷、氮钾、磷钾交互对小麦叶片净光合速率的影响

二、水氮磷钾互作对叶片蒸腾速率和气孔导度的影响

水肥不同配比对小麦叶片蒸腾速率和气孔导度的影响均达到了极显著水平（表3-6），单因子对叶片蒸腾速率的影响顺序为W>N>K>P，对气孔导度影响的大小顺序为W>N>P>K，可见水分的影响均占主导地位，土壤供水量的增加使叶片的蒸腾速率和气孔导度分别增加了151.54%、24.93%，水分对蒸腾速率的促进作用较大。氮水平的增加提高了叶片的蒸腾速率却抑制了叶片的气孔导度，原因是氮素促进了根系的吸水能力，使蒸腾速率加快，而

当蒸腾速率超过根系吸水力时，为保持其动态平衡，会使气孔关闭，从而限制了叶片的蒸腾速率的提高。在本试验中，磷水平的提高不利于蒸腾速率的提高，P_2（0.05g/kg）水平条件下叶片的气孔导度最大，其较P_1（0.00g/kg）和P_3（0.20g/kg）水平分别增加了11.89%、18.71%，原因是磷肥具有抗干旱性，会抑制根系的吸水能力从而降低蒸腾速率，同时磷素通过调节气孔的关闭来调节作物的光合作用。钾素对小麦叶片的蒸腾速率和气孔导度的促进作用显著，其中K_3（0.40g/kg）条件下的蒸腾速率最高，K_2（0.10g/kg）条件下的气孔导度最大，说明钾素能减少气孔阻力使导度增加，从而有利于水分的交换（张恩平，李天来，2005）。

表3-6　叶片蒸腾速率和气孔导度的显著性水平分析

变异来源	蒸腾速率μmol/（$m^2 \cdot s$）		气孔导度mol/（$m^2 \cdot s$）	
	F 值	显著水平	F 值	显著水平
W	1 386.23	0.0001	187.39	0.0001
N	92.55	0.0001	119.27	0.0001
P	44.34	0.0001	83.40	0.0001
K	61.31	0.0001	77.29	0.0001
W*N	40.24	0.0001	41.78	0.0001
W*P	66.51	0.0001	125.78	0.0001
W*K	27.28	0.0001	26.59	0.0001
N*P	49.96	0.0001	52.31	0.0001
N*K	133.05	0.0001	129.72	0.0001
P*K	39.43	0.0001	48.44	0.0001
W*N*P	26.84	0.0001	23.86	0.0001
W*N*K	115.00	0.0001	106.50	0.0001
W*P*K	7.09	0.0001	4.66	0.0014
N*P*K	16.65	0.0001	16.80	0.0001
W*N*P*K	37.25	0.0001	43.72	0.0001

注：数据为方差分析所得的差异显著性水平值

水分胁迫条件下，氮、磷、钾素对这两个光合指标的负效应显著，且氮磷、氮钾、磷钾及氮磷钾交互对蒸腾速率和气孔导度的影响亦达到极显著水平且负效应显著（表3-7）。

表3-7　潮土W₁条件下叶片蒸腾速率和气孔导度的显著性水平分析

变异来源	蒸腾速率μmol/（m²·s）		气孔导度mol/（m²·s）	
	F 值	显著水平	F 值	显著水平
N	945.18	0.0001	1 141.05	0.0001
P	89.49	0.0001	269.19	0.0001
K	498.33	0.0001	456.38	0.0001
N*P	359.78	0.0001	403.34	0.0001
N*K	361.28	0.0001	344.60	0.0001
P*K	147.03	0.0001	158.19	0.0001
N*P*K	161.61	0.0001	163.71	0.0001

注：数据为方差分析所得的差异显著性水平值

无水分胁迫时，磷素对这两个光合指标的影响占主导地位，氮素水平的提高增加了叶片的蒸腾速率，降低了气孔导度；不同磷水平对 Tr 和 Gs 的影响与氮素相反；钾水平的提高对这两个指标的促进作用显著，原因与上同。

表3-8　W₂条件下叶片蒸腾速率和气孔导度的显著性水平分析

变异来源	蒸腾速率μmol/（m²·s）		气孔导度mol/（m²·s）	
	F 值	显著水平	F 值	显著水平
N	601.67	0.0001	112.69	0.0001
P	2 007.81	0.0001	409.14	0.0001
K	576.72	0.0001	70.11	0.0001
N*P	213.67	0.0001	30.57	0.0001
N*K	296.25	0.0001	7.70	0.0001
P*K	437.30	0.0001	38.24	0.0001
N*P*K	407.91	0.0001	51.67	0.0001

氮磷、氮钾、磷钾交互对蒸腾速率和气孔导度的影响类似，现以蒸腾速率为例说明（图3-5）。氮磷交互对叶片蒸腾速率的负交互作用显著，不施磷时，N₂水平条件下的 Tr 最高，而随供磷水平的提高，N₃（0.45g/kg）水平条件下的 Tr 显著高于N₂（0.15g/kg）和N₁（0.05g/kg）水平但要显著低于不施磷的处理。磷钾耦合对叶片蒸腾速率的拮抗效应显著（图3-5）。氮钾耦合在低氮水平条件下的协同效应显著，而在中氮和高氮水平条件下的规律性不强。

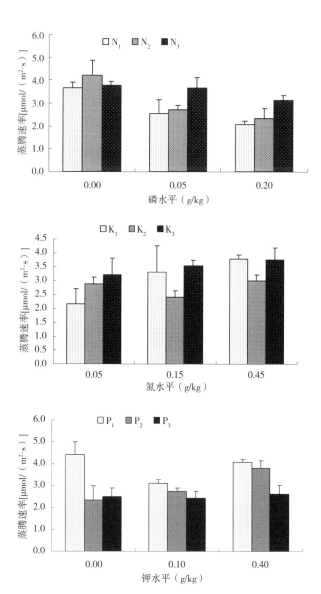

图3-5　氮磷、磷钾、氮钾交互对叶片蒸腾速率的影响

　　综上所述，气孔导度对蒸腾作用的影响非常重要，植物主要通过气孔的大小来调节蒸腾作用和气体交换，因此气孔阻力（气孔导度的倒数）小时，蒸腾作用较强。氮素对 Tr 和 Gs 的负效应显著，而磷与钾素对 Tr 和 Gs 有显著的促进作用。原因是氮素促进了根系的吸水能力，会导致气孔关闭，从而限制了叶片的蒸腾速率；磷与钾则通过抑制根系的吸水能力和减少气孔阻

力来促进了这两个指标的增加。水分对Tr和Gs的影响占主导地位，水肥间的耦合效应在无水分胁迫时表现明显，而在水分胁迫时，水肥间的拮抗效应显著。

第三节　水氮磷钾互作对小麦叶片保护酶和丙二醛含量的影响

磷是植物体的重要组成元素，磷参与植物细胞膜磷脂的组成、光合磷酸化和氧化磷酸化中磷的循环、能量的形成，缺磷可能与膜脂过氧化有关。自从McCord1969年第1次从牛血红细胞中发现超氧化物歧化酶（Superoxidedis-mutase，SOD）以来，生物活性氧代谢的研究受到了普遍的重视。大量研究表明，植物在衰老过程中以及多种逆境条件下，细胞内活性氧产生与清除之间的平衡遭到破坏，积累起来的活性氧就会对细胞产生伤害（万美亮，1999）、矿质营养元素的缺乏及毒害元素的富集，也会引起植物体内活性氧代谢不平衡和相应的清除系统的改变（潘晓华，2003；刘厚诚，2003）。本研究是在不同水肥（磷）互作下于小麦灌浆期测定了小麦叶片的超氧化物歧化酶（SOD）、过氧化物酶（POD）、过氧化氢酶（CAT）活性和丙二醛（MDA）含量，以探讨水肥（磷）对植株叶片活性氧代谢的影响，以及膜脂过氧化的程度和保护酶活性的变化。

一、水氮磷钾互作对小麦叶片 SOD 的影响

SOD可消除作物体内活性氧的积累，减少对细胞膜结构的伤害。从图3-6可见，在干旱胁迫下，随供磷水平的提高，SOD活性略有增加，在低磷水平时，SOD的活性有下降的趋势，这种差异正是低磷条件下向根际分泌有机碳化合物以活化磷素、提高磷素吸收和利用效率的物质和能量基础。而在无水分胁迫时，随供磷水平的提高，SOD活性逐渐降低；$W_1N_1P_1K_1$组合较$W_2N_2K_2P_1$组合的SOD活性提高了22.39%，这说明水分供应充足时，氮素和钾素含量的提高，降低了叶片SOD的活性，这与徐加林，别之龙等（2005）的研究相反，但与杨晴，李雁鸣等（2002）的研究相符；随供磷水平的提高，P_2（0.05g/kg）水平条件下的SOD活性较P_1（0.00g/kg）水平降低了19.58%。

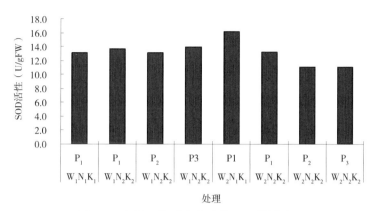

图3-6 水肥互作对小麦叶片SOD的影响

二、水氮磷钾互作对小麦叶片 POD 的影响

POD可把SOD歧化产生的H_2O_2变成H_2O，与SOD有协调一致的作用，使活性氧维持在较低水平上。 图3-7的结果表明，水分胁迫时，随土壤中供磷水平的提高，POD活性下降。在两种水分水平条件下的$N_2K_2P_1$组合的POD活性较大，这说明在低磷处理条件下，POD的活性较高，这有利于维持活性氧的平衡；无水分胁迫时，随供磷水平的提高，POD活性变化的规律性不强。

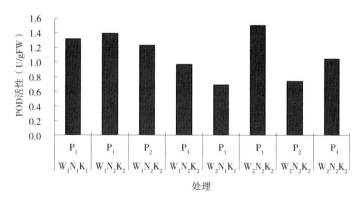

图3-7 水肥互作对小麦叶片POD的影响

综上所述，不同处理情况下，SOD和POD两种保护酶活性变化不同，水分胁迫条件下，SOD活性变化略有提高，而POD的活性明显下降，原因是此阶段的SOD和POD协调能力强，共同担负着清除自由基功能。对不同处理间

SOD和POD进行比较可知，随施氮、钾量的提高，SOD和POD活性均是先增加后减少；水分胁迫条件下，随供磷水平的提高，SOD活性提高而POD活性下降；无水分胁迫时，SOD活性下降明显，这说明水分供应充足时，相对来说POD活性仍比较高，此时主要由POD承担清除自由基的任务（杨晴，李雁鸣等，2002）。

三、水氮磷钾互作对小麦叶片 CAT 的影响

图3-8表明，在两种水分条件下，随供氮与钾素含量的提高，CAT活性增强；P_1~P_2阶段，CAT活性在水分胁迫时降低而在水分供应充足时略有提高；P_2~P_3阶段，CAT活性则与前一阶段相反。经研究表明，干旱降低了叶片CAT的活性，氮、磷素含量的提高有助于CAT活性的增强，而不同磷水平间的CAT差异在本试验中的规律性不强。

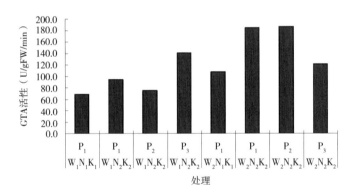

图3-8　水肥互作对小麦叶片CAT的影响

四、水氮磷钾互作对小麦叶片 MDA 的影响

有关学者普遍认为，丙二醛是植物细胞膜脂过氧化作用的产物之一，其含量的高低能够一定程度地反映膜脂过氧化作用水平和膜结构的受害程度及其植株的自我修复能力（侯彩霞，1999）。图3-9表明，干旱胁迫较无水分胁迫时的丙二醛含量提高了25.50%，这说明丙二醛的膜脂过氧化作用在干旱胁迫时明显增强，从而提高了作物的抗旱能力。研究表明氮、钾素含量的提高也使丙二醛的含量增加，水分胁迫时，丙二醛含量增加了11.54%；水分胁迫时丙二醛含量增加了17.19%。在两种水分条件下，丙二醛含量均随供磷水

平的提高呈先降低后升高的趋势，且无水分胁迫时变幅较小。综上所述，水
分对丙二醛含量的影响大于磷素，从而得出水分和低氮、钾胁迫均可加速小
麦叶片的衰老过程。

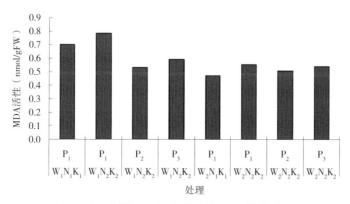

图3-9　水肥互作对小麦叶片MDA的影响

　　综上所述，水分对小麦叶片保护酶和丙二醛含量的影响较大，干旱胁迫
可降低叶片SOD、CAT活性、增强POD和MDA的活性，此时SOD和POD协
调能力较强，共同担负着清除自由基的任务。而在水分供应充足时，相对来
说POD活性仍比较高，此时主要由POD承担清除自由基的任务。干旱胁迫使
叶片的MDA含量提高，增强了膜脂过氧化作用，从而提高了抗旱能力。

第四节　水氮磷钾互作对小麦生物产量的影响

　　方差分析结果表明，小麦生物产量受水分状况和土壤肥力的影响较大。
水肥因子中除K和 WNK对生物产量的影响不显著、WK对生物产量的影响达
到显著水平外，其他单因子及交互因子对生物产量的影响均达到了极显著水
平。由于F值的大小表示主效应和互作变异的大小，因此水肥影响潮土小麦生
物产量的顺序为：W > N > P > WN > WNP > NK > WPK > WP > PK > NP >
WNPK > NPK > WK > K > WNK，说明水分对小麦生物产量的影响处于主
导地位，氮次之。水分对潮土上作物生物产量的影响达到极显著水平，无水
分胁迫较有水分胁迫条件下的生物产量提高了47.96%，这是因为水分胁迫
时，不同的"干""湿"交替条件导致水肥间耦合效果差异显著（表3-9、
表3-10）。

表3-9 潮土下水肥交互对小麦生物产量的影响

水分水平 W	养分水平			生物产量（g/盆）	水分水平 W	养分水平			生物产量（g/盆）
	N	P	K			N	P	K	
W_1	N_1	P_1	K_1	1.5995	W_2	N_1	P_1	K_1	3.4728
		P_1	K_2	1.7830			P_1	K_2	3.2825
		P_1	K_3	1.7017			P_1	K_3	3.2480
		P_2	K_1	2.4202			P_2	K_1	3.5880
		P_2	K_2	1.8111			P_2	K_2	3.4633
		P_2	K_3	2.1515			P_2	K_3	3.0937
		P_3	K_1	2.3127			P_3	K_1	3.3830
		P_3	K_2	2.2434			P_3	K_2	3.2587
		P_3	K_3	2.2403			P_3	K_3	3.2953
	N_2	P_1	K_1	1.6869		N_2	P_1	K_1	2.6381
		P_1	K_2	2.0830			P_1	K_2	2.9147
		P_1	K_3	2.1183			P_1	K_3	2.5808
		P_2	K_1	1.9019			P_2	K_1	3.1868
		P_2	K_2	2.0648			P_2	K_2	3.2850
		P_2	K_3	2.1714			P_2	K_3	4.0990
		P_3	K_1	2.2724			P_3	K_1	3.3421
		P_3	K_2	2.5390			P_3	K_2	3.3543
		P_3	K_3	3.1678			P_3	K_3	3.3311
	N_3	P_1	K_1	1.0543		N_3	P_1	K_1	1.4061
		P_1	K_2	1.1202			P_1	K_2	1.6314
		P_1	K_3	1.2550			P_1	K_3	1.4880
		P_2	K_1	2.2745			P_2	K_1	2.0852
		P_2	K_2	1.2333			P_2	K_2	2.0561
		P_2	K_3	1.3435			P_2	K_3	1.9449
		P_3	K_1	1.2928			P_3	K_1	2.3167
		P_3	K_2	1.7575			P_3	K_2	2.0397
		P_3	K_3	1.7331			P_3	K_3	2.1654

表3-10 潮土下水肥交互对小麦生物产量影响的显著性水平分析

变异来源	F 值	显著水平
W	1 408.66	0.0001
N	782.54	0.0001
P	156.56	0.0001
K	2.74	0.0676
W*N	106.19	0.0001
W*P	10.93	0.0001
W*K	3.72	0.0265
N*P	8.65	0.0001
N*K	18.71	0.0001
P*K	10.19	0.0001
W*N*P	22.57	0.0001

续表

变异来源	F 值	显著水平
W*N*K	1.43	0.2269
W*P*K	12.98	0.0001
N*P*K	5.84	0.0001
W*N*P*K	8.60	0.0001

注：数据为方差分析所得的差异显著性水平值

一、W_1 条件下氮磷钾互作对小麦生物产量的影响

W_1 条件下的分析结果表明（表3-11），水分胁迫时，氮肥对生物产量的影响占主导地位，N_2 条件下小麦的生物产量最高，其较 N_1 和 N_3 水平分别提高了9.54%、53.13%。磷水平与小麦的生物产量呈显著的正相关关系，P_3（0.20g/kg）较 P_1（0.05g/kg）和 P_2（0.00g/kg）水平的生物产量分别提高了12.59%、35.81%，这是因为该土壤磷素的供给能力普遍较低，因此磷肥的增产效益显著（朱显漠，1989）。K_3 水平较其他两个钾水平的生物产量平均提高了6.92%，且 K_1 与 K_2 水平间差异不显著。

氮磷、氮钾、磷钾交互对小麦生物产量的影响达到极显著水平（图3-10）。氮磷、氮钾交互对生物产量的正耦合效应显著，在低氮水平时，氮磷对生物产量有正交互作用，但氮钾交互的规律性不强；中氮水平时，氮磷、氮钾耦合协同效应显著，N_2P_3 和 N_2K_3 组合的生物产量最高，而在高氮水平时，氮磷、氮钾耦合由协同转为拮抗，且生物产量要显著低于低氮水平，原因是干旱缺水条件下，氮肥不足或氮肥供应过多都会造成作物严重减产。磷钾交互对小麦生物产量的影响亦达到极显著水平，P_3K_3 组合正交互作用显著且生物产量最高。因此在干旱缺水情况下，氮磷钾肥的合理配比成为作物生物产量的限制因素。

表3-11　潮土 W_1 条件下小麦生物产量的显著性水平分析

变异来源	F 值	显著水平
N	192.49	0.0001
P	98.89	0.0001
K	6.71	0.002
N*P	11.34	0.0001
N*K	13.57	0.0001
P*K	21.54	0.0001
N*P*K	7.22	0.0001

注：数据为方差分析所得的差异显著性水平值

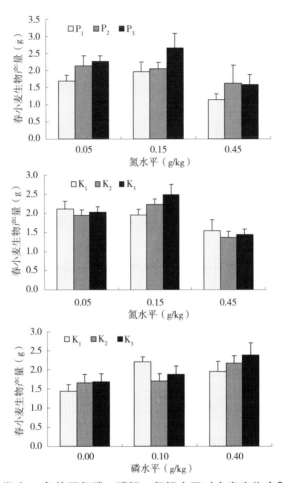

图3-10　潮土W₁条件下氮磷、磷钾、氮钾交互对小麦生物产量的影响

二、W₂条件下氮磷钾互作对小麦生物产量的影响

在本试验中，施磷较不施磷水平的生物产量平均提高了17.57%，因此在水分供应充足时，磷肥的增产效应显著。氮磷、氮钾交互对生物产量的影响达到了极显著水平，两个低氮水平条件下，氮磷、氮钾交互作用显著，且N₂P₂和N₂K₃组合的生物产量最高，而在高氮水平条件下，氮磷、氮钾对生物产量的拮抗效应显著，这说明在水分供应充足时，以磷促氮、以钾促氮效果明显；磷钾对生物产量的影响达到了极显著水平，磷素的增产效应明显但磷钾互作的规律性不强（表3-12、图3-11）。因此，在水分供应充足时，氮、磷、钾素之间存在着相互促进吸收的作用，适宜的氮水平与磷、钾耦合的正交互作

用显著，这与艾绍英等（2001）研究类似，但与杨暹等（1994）研究相反。

表3-12 潮土W$_2$条件下小麦生物产量的显著性水平分析

变异来源	F 值	显著水平
N	696.44	0.0001
P	72.96	0.0001
K	0.11	0.8939
N*P	20.2	0.0001
N*K	7.21	0.0001
P*K	2.77	0.0328
N*P*K	7.51	0.0001

注：数据为方差分析所得的差异显著性水平值

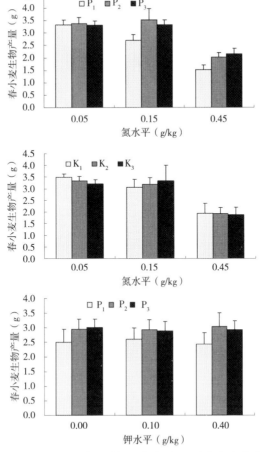

图3-11 潮土W$_2$条件下氮磷、磷钾、氮钾交互对小麦生物产量的影响

　　综上所述，水分对潮土上小麦生物产量增产效应显著，单因子对小麦生物产量的影响顺序为水>氮>磷，这与吕殿青等（1994）研究相符。磷肥在两种水分条件下的增产效应显著，原因为磷是植物体内代谢的调节者，参与作物体内碳水化合物、蛋白质和脂肪的代谢，因此磷素营养的丰缺对作物产量的形成起重要作用。氮磷、氮钾、磷钾交互对生物产量的影响在两种水分条件的表现类似，即在本试验中无论水分丰缺与否，在适量氮肥条件下增施磷、钾肥，可提高小麦的生物产量，这与易杰忠，董全才等（2005）研究相符。因此在潮土地区氮磷钾肥的合理配比是作物增产的保障。

第五节　水氮磷钾互作对小麦经济产量的影响

　　水和肥是作物产量的主要限制因子，通过对经济产量方差分析的结果表明（表3-13、表3-14）：除K对作物产量影响显著、NK交互对产量影响不显著外，其他单因子及交互因子对小麦产量的影响均达到了极显著水平。单因子对产量影响的大小顺序为：水>氮>磷>钾，其中水分的影响占主导地位，供水量的提高使产量显著增加了127.00%（表3-14）。氮、磷、钾素在不同水分条件下的表现不一（表3-14），氮素对小麦产量的影响在两种水分条件下的表现相同，均为 N_2（0.15g/kg）水平下的产量最高。水分胁迫时，N_2（0.15g/kg）较 N_1（0.05g/kg）和 N_3（0.45g/kg）水平的产量分别提高了131.62%、200.97%；无水分胁迫时，则分别提高了37.85%、176.68%，原因是氮素是对作物产量影响较大的营养元素，它可以增加单位面积的穗数、穗粒数和千粒重，同时也能增加功能叶片的叶绿素含量，提高光合作用率，然而氮肥用量不足或过多就会造成减产和生长过旺、倒伏、贪青晚熟等现象。磷水平对作物产量的影响达到了极显著水平，水分胁迫时，P_3（0.20g/kg）水平条件下的产量最高，较 P_2（0.05g/kg）和 P_1（0.00g/kg）水平分别增加了16.69%、56.05%；而无水分胁迫时，P_2（0.05g/kg）水平条件下作物产量最高，较 P_3（0.20g/kg）和 P_1（0.00g/kg）水平下的产量分别提高了23.85%、83.87%，这表明水磷互作对产量的协同效应显著，原因是小麦的产量由有效穗数、穗粒数和千粒重构成，磷肥可促进籽粒饱满，增加穗粒重。

表3-13　潮土下水肥交互对小麦经济产量的影响

水分水平	养分水平				水分水平	养分水平			
W	N	P	K	经济产量（g/盆）	W	N	P	K	经济产量（g/盆）
W_1	N_1	P_1	K_1	0.1129	W_2	N_1	P_1	K_1	0.2717
		P_1	K_2	0.1453			P_1	K_2	0.4487

续表

水分水平 W	养分水平 N	P	K	经济产量（g/盆）	水分水平 W	养分水平 N	P	K	经济产量（g/盆）
		P_1	K_3	0.1931			P_1	K_3	0.7298
		P_2	K_1	0.3767			P_2	K_1	0.4724
		P_2	K_2	0.2484			P_2	K_2	0.4970
		P_2	K_3	0.3104			P_2	K_3	0.5068
		P_3	K_1	0.0953			P_3	K_1	0.1033
		P_3	K_2	0.0449			P_3	K_2	0.0603
		P_3	K_3	0.0251			P_3	K_3	0.0866
	N_2	P_1	K_1	0.2669		N_2	P_1	K_1	0.4857
		P_1	K_2	0.0357			P_1	K_2	1.0239
		P_1	K_3	0.0357			P_1	K_3	0.1385
		P_2	K_1	0.4385			P_2	K_1	0.8903
		P_2	K_2	0.3172			P_2	K_2	1.0239
		P_2	K_3	0.3717			P_2	K_3	0.9766
		P_3	K_1	0.3178			P_3	K_1	0.3944
		P_3	K_2	0.1876			P_3	K_2	0.4031
		P_3	K_3	0.1046			P_3	K_3	0.5045
	N_3	P_1	K_1	0.3520		N_3	P_1	K_1	0.6907
		P_1	K_2	0.0427			P_1	K_2	0.5228
		P_1	K_3	0.2965			P_1	K_3	0.4623
		P_2	K_1	0.4752			P_2	K_1	0.6270
		P_2	K_2	0.4969			P_2	K_2	0.8081
		P_2	K_3	0.3948			P_2	K_3	0.7787
		P_3	K_1	0.0814			P_3	K_1	0.3856
		P_3	K_2	0.1838			P_3	K_2	0.3122
		P_3	K_3	0.0990			P_3	K_3	0.1286

表3-14 潮土下水肥交互对小麦经济产量影响的显著性水平分析

变异来源	F 值	显著水平
W	488.61	0.0001
N	263.83	0.0001
P	68.59	0.0001
K	3.80	0.0244
W*N	32.68	0.0001
W*P	29.78	0.0001
W*K	15.87	0.0001
N*P	14.55	0.0001
N*K	1.42	0.2287
P*K	9.68	0.0001
W*N*P	4.94	0.0009
W*N*K	8.51	0.0001
W*P*K	9.03	0.0001
N*P*K	14.48	0.0001

续表

变异来源	F 值	显著水平
W*N*P*K	8.26	0.0001

注：数据为方差分析所得的差异显著性水平值

　　钾肥对作物产量的影响在两中水分条件下的表现不同，水分胁迫时，钾肥的负效应显著；而无水分胁迫时，K_2（0.10g/kg）水平条件下作物产量最高，其较另外两水平产量提高了18.14%，且K_1（0.00g/kg）和K_3（0.40g/kg）间产量差异不显著，原因可能与钾肥可以促进小麦的分蘖数有关，因此钾肥不足或用量过高都会造成作物的减产。

　　水分胁迫条件下，氮磷、氮钾、磷钾交互对产量的影响达到极显著水平（表3-15），图3-12表明，氮磷耦合在中氮水平下对产量的协同效应最好，而在低氮和高氮条件下的拮抗效应显著，说明在缺水少磷条件下过量施用氮肥，或水分充足条件下氮磷肥施用不足都会造成作物严重减产。氮钾、磷钾耦合对产量的拮抗效应显著，这说明以氮促钾，以磷促钾效果较差。因此，水氮磷是干旱环境下产量的主要限制因素。

表3-15　潮土W_1和W_2条件下小麦的经济产量的显著性水平分析

变异来源	W_1（150ml/盆）		W_2（200ml/盆）	
	F 值	显著水平	F 值	显著水平
N	157.91	0.0001	147.44	0.0001
P	19.85	0.0001	59.35	0.0001
K	19.81	0.0001	6.78	0.0019
N*P	10.06	0.0001	9.79	0.0001
N*K	5.64	0.0005	4.82	0.0016
P*K	5.10	0.0011	10.87	0.0001
N*P*K	6.71	0.0001	13.04	0.0001

注：数据为方差分析所得的差异显著性水平值

　　无水分胁迫时，氮磷、氮钾、磷钾交互对产量的影响达到了极显著水平（图3-13），且耦合交互在N_2、P_2及K_2水平条件下的产量效应最好，低水平次之，高水平的最差。因此在水分供应充足时，氮磷钾三因素在用量不足或过高时，均会造成作物的减产。原因是氮磷钾之间存在着相互促进吸收的作用，氮磷钾三要素中任何一种元素的缺乏都会造成减产（马磊等，2006）。

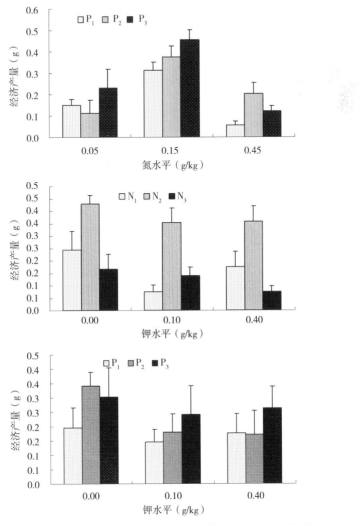

图3-12 潮土W_1条件下，氮磷、氮钾、磷钾交互对产量的影响

　　综上所述，水和肥是作物产量的主要限制因子，单因子对产量影响的大小顺序为：水>氮>磷>钾，其中水分的影响占主导地位，氮、磷、钾对作物产量的影响受水分条件的影响较大，水分条件不同其对作物产量的影响表现不同。经分析表明，在水分亏缺时注意水氮磷的合理配施和在水分供应充足时氮磷钾的合理配施是该供试土壤下作物高产的保障。

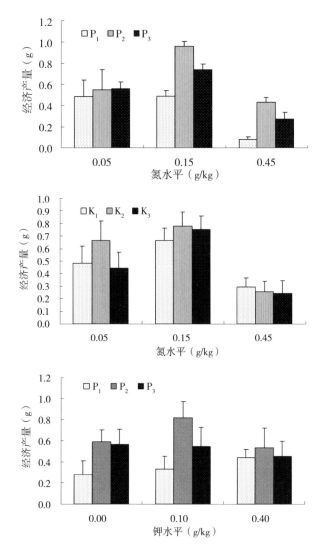

图3-13 潮土W_2条件下，氮磷、氮钾、磷钾交互对产量的影响

第六节 水氮磷钾互作对小麦氮磷钾吸收状况的影响

通过对小麦植株氮的吸收分析（表3-16）可知，全氮含量最高的处理组合为$W_1N_2P_3K_2$。水分对小麦全氮含量的影响明显，随土壤中供水量的增加，植株含氮量提高了151.15%，两种水分条件下，全氮含量随供磷水平的提高而增加，这说明以磷促氮明显。

全磷含量最高的处理组合为$W_2N_2P_2K_2$，在水分胁迫时，随供磷水平的增加，植株的含磷量随供磷水平的提高而超比例的增加，这就解释了在干旱胁迫下磷素含量的增加有助于提高作物的抗旱性。无水分胁迫时，植株的含磷量成比例的提高，水磷相互替代趋势明显。

水分胁迫时，植株中的含钾量随供磷水平的提高逐渐减少；无水分胁迫与水分胁迫条件下的结果类似，这说明在潮土下植株内磷含量的增加抑制了作物对钾素的吸收利用。

表3-16　潮土下不同水肥交互小麦对氮磷钾吸收状况的影响

水分水平		因子排列	全氮（%）	全磷（%）	全钾（%）
W_1	N_1K_1	P_1	1.94	0.24	3.88
	N_2K_2	P_1	2.02	0.21	3.81
	N_2K_2	P_2	2.42	0.24	3.65
	N_2K_2	P_3	2.93	0.66	2.70
W_2	N_1K_1	P_1	1.19	0.40	2.18
	N_2K_2	P_1	1.77	0.19	3.20
	N_2K_2	P_2	2.44	0.30	2.66
	N_2K_2	P_3	2.41	0.47	2.75

综上所述，在潮土上，小麦植株内的氮磷钾含量在两种水分条件下的表现一致，即随供磷水平的提高，使植株内的氮、磷含量提高，钾含量减少，这说明在该供试土壤上，水氮磷的耦合协同作用较强，而磷钾的拮抗效应较为明显。

第七节　本章小结

本章主要从潮土下水氮磷钾互作对小麦生长发育特性、光合生理指标、叶片的酶活性、产量、养分吸收的影响等角度进行了分析。

1. 从对小麦生长发育特性影响来看，小麦苗期（4叶期）株高与叶面积的增长所需水分和养分主要来自本身，对土壤中水肥的吸收利用不大。而随生长进程的推进，水分和磷、钾对小麦株高和叶面积的促进作用逐渐加强，缺氮和氮素过多对作物的生长均有不良的影响。

2. 从对小麦光合生理指标影响来看，水分为光合速率的主要限制因子，单因子影响的大小顺序是水>氮>钾>磷。水分胁迫时，氮磷交互对Pn有正效应；而无水分胁迫时，水氮交互对Pn有促进作用；水氮磷的合理配比是影响叶片净光合速率的关键因素。水对Tr和Cs的影响占主导地位，磷与钾对Tr和

Cs 有显著的促进作用，而氮素对 *Tr* 和 *Cs* 的负效应显著。

3.从水肥互作对叶片保护酶的影响来看，SOD活性在干旱胁迫下，随供磷水平提高活性略有增加，而在无水分胁迫时，随供磷水平提高活性逐渐降低；POD活性在水分胁迫时，随磷水平提高而下降，而在无水分胁迫时，随供磷水平提高其活性变化规律性不强；在两种水分条件下，随供氮与钾素含量的提高，CAT活性增强。

4. 从对小麦生物产量影响来看，单因子的影响顺序为水>氮>磷。水对潮土下小麦生物产量增产效应显著，磷素营养的丰缺对作物生物产量的形成起重要作用。氮磷、氮钾、磷钾交互对生物产量的影响在两种水分条件的表现类似，说明在潮土区氮磷钾肥的合理配比是作物增产的保障。

5. 从对小麦产量影响来看，单因子对产量影响的大小顺序为：水>氮>磷>钾，其中水分的影响占主导地位，氮、磷、钾对作物产量的影响受水分条件的影响较大。水分条件不同，氮磷钾对作物产量的影响表现也不同。综合分析表明，在水分亏缺时水氮磷的合理配施和水分供应充足时氮磷钾的合理配施是潮土小麦高产的保障。

6. 从对小麦氮磷钾吸收情况来看，随供磷水平的提高，使植株内的氮、磷含量提高，钾含量减少。

参考文献

艾绍英，柯玉诗，姚建武，等.2001.氮钾营养对大青菜产量、品质和生理指标的影响［J］.华南农业大学学报，22（2）：11-14.

何振贤，刘子卓.2007.豫西褐土区甘薯氮磷钾配比试验研究［J］.湖南农业科学（2）：66-68.

侯彩霞.1999.游离脯氨酸的测定［M］.北京：科学出版社.

梁宗锁，李新有.1996.节水灌溉条件下玉米气孔导度与光合速度的关系［J］.干旱地区农业研究，14（2）：101-105.

刘厚诚.2003.缺磷胁迫下长豇豆幼苗膜脂过氧化及保护酶活性的变化［J］.园艺学报，30（2）：215-217.

吕殿青，张文孝.1994.渭北东部旱源氮磷水三因素交互作用与耦合模型研究［J］.西北农业学报，3（3）：27-32.

马磊，梅凤娴，郑少玲，等.2006.不同氮磷钾水平对生菜产量及体内养分的影响［J］.仲恺农业技术学院学报，19（4）：13-16.

潘晓华. 2003.低磷胁迫对不同水稻品种叶片膜脂过氧化及保护酶活性的影响［J］.中国水稻科学，17（1）：57-60.

孙海国，张福锁. 2000. 不同施磷方式对小麦生长的影响［J］. 土壤肥料（6）：46.

万美亮. 1999.缺磷胁迫对甘蔗膜脂过氧化及保护酶系统活性的影响［J］.华南农业大学学报，20（2）：13-18.

徐加林，别之龙，张盛林. 2005.不同氮素形态配比对生菜生长、品质和保护酶活性的影响［J］.华中农业大学学报，24（3）：290-294.

杨晴，李雁鸣. 2002.不同施氮量对小麦旗叶衰老特性和产量性状的影响［J］.河北农业大学学报，25（4）：20-24.

杨暹，关佩聪，陈玉娣，等. 1994.氮钾营养与花椰菜氮素代谢和产量的初步研究［J］.华南农业大学学报，15（1）：85-90.

易杰忠，董全才. 2005.磷钾肥对强筋小麦产量和品质的影响［J］.土壤肥料科学，5（11）：232-234.

尹光华，刘作新. 2006.水肥耦合条件下春小麦叶片的光合作用［J］.兰州大学学报，42（1）：40-43.

张恩平，李天来. 2005.钾营养对番茄光合生理及氮磷钾吸收动态的影响［J］.沈阳农业大学学报，36（5）：532-535.

张依章，张秋英. 2006.水肥空间耦合对冬小麦光合特性的影响［J］.干旱地区农业研究（2）：57-60.

朱显漠. 1989.黄土高原土壤与农业［M］.北京：农业出版社.

杨晴，李雁鸣，肖凯，等. 2002.不同施氮量对小麦旗叶衰老特性和产量性状的影响［J］.河北农业大学学报（4）：20-24.

黄沉，付崇允，周德贵，等. 2008.植物磷吸收的分子机理研究进展［J］.分子植物育种，01：117-122.

第四章 潮土下玉米水氮磷钾互作效应

　　玉米是我国最为重要的粮食和饲料作物，研究好玉米的水肥互作种植方式对于我国粮食的稳产高产有重要意义。潮土是河北及华北平原耕作土壤的一个主要类型之一，潮土在形成过程中受人为耕作的影响明显（马俊永，李科江等，2007）。潮土的有机质含量并不高，但土壤矿物养分含量丰富，加之土体深厚，结构良好，易耕作管理，是生产性能较好的一类耕种土壤，同时玉米这种粮食作物也适于在潮土上种植。潮土的有机质、氮素、磷含量偏低（信秀丽，钦绳武等，2015），因此调控好水肥对于玉米在潮土上取得增产有重要作用。

第一节　水氮磷钾互作对玉米生长发育的影响

一、水氮磷钾互作对玉米株高的影响

　　由表4-1可见，受到水分、氮素（W：150ml，N：0.075g/kg）双重胁迫的处理1到4，与仅受到水分单一胁迫的处理5到8（W：150ml）相比，玉米植株高度增长相对较低，表明在受到水分胁迫时适当增加施氮量有助于玉米植株高度增长，达到"肥调水"的目的。处理9到12（W：250ml，N：0.075g/kg）水分供给充足，但氮素缺乏相对处理5到8玉米植株高度增长相对较低，甚至与受到水分、氮素双重胁迫的处理1到4相比也有所降低，表明水多氮少（W：250ml，N：0.075g/kg）的水肥配比不利于玉米植株高度增长。处理13到16（W：250ml，N：0.225g/kg）玉米植株高度增长相对较高，表明高水高氮（W：250ml，N：0.225g/kg）水肥配比对玉米植株高度增长有一定的促进作用，但效果与低水高氮处理5到8（W：150ml，N：0.225g/kg）相近，相比之下高水高氮水肥配比较为浪费资源，一定水分与较高氮肥配比不但能够得到相同的效果而且节约资源。受到水分严重胁迫的处理17（W：100ml）

与受到严重水淹的处理18（W：300ml）玉米植株高度增长均较低，表明水分过多与过少都不利用玉米植株高度增长。

表4-1　水氮磷钾肥互作对玉米株高影响

处理号	株高（cm）	
	8叶期	18叶期
C01	17.54	54.58
C02	17.80	57.17
C03	16.33	49.30
C04	12.38	29.77
C05	10.00	38.94
C06	11.82	42.39
C07	12.63	38.44
C08	12.21	40.29
C09	13.90	39.09
C10	13.68	42.14
C11	14.95	41.29
C12	13.23	36.13
C13	11.63	42.49
C14	13.30	43.16
C15	16.63	37.14
C16	14.43	43.17
C17	13.44	30.99
C18	13.18	26.11
C19	14.20	51.10
C20	15.24	40.84
C21	17.18	40.58
C22	16.78	39.23
C23	15.50	41.67
C24	18.95	36.28
C25	16.83	44.29

注：C代表潮土

二、水氮磷钾互作对玉米叶面积的影响

由图4-1可见，5叶期时玉米生长所需养分主要来自自身和土壤，而对水分养分的需求差异不大。潮土5叶期生长缓慢，8叶期生长发育较快。8叶期即进入拔节期玉米植株生长旺盛，潮土下叶面积最高值出现在处理8（W：150ml，N：0.225g/kg，P：0.225g/kg，K：0.3g/kg），处理9到处理12这一处理区域虽然水分供给充分（W：250ml）由于氮素缺乏（N：0.075g/kg），导致玉米叶面积较小而且与5叶期相比变化幅度较小，表明无论其他因素供给充足

与否，此时期一旦缺乏氮素供给即会导致玉米叶面积降低，生长缓慢，表明此时期为玉米对氮素的敏感时期。供给极度过量的处理18（W：300ml）表现出叶面积较低的特点，表明此时期水分供给过量不但不会促进玉米叶面积增长，反而阻碍了玉米植株生长。处理19到24这一处理区域由于水分供给适量（W：200ml）且肥料供给适中使得叶面积较高，变化幅度较大，表明适当的水肥配比有利于玉米生长。12叶期规律与8叶期类似，15叶期后即生殖生长期，18叶期收获时较之8叶期叶面积有一定的提高。

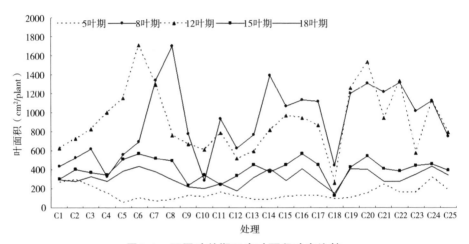

图4-1　不同叶龄期玉米叶面积动态比较

第二节　水氮磷钾互作对玉米干物质积累的影响

一、水氮磷钾互作对5叶期玉米干物质积累的影响

5叶期以灌溉量（X_1）和施氮量（X_2）、施磷量（X_3）、施钾量（X_4）为自变量，以玉米干物质重为因变量（Y）。经运算得到三种土壤下水肥的干物质重量效益方程如下：

$$Y_{C5}=0.42429-0.05625X_1-0.06708X_2-0.02792X_3-0.00875X_4-0.03430X_1^2-0.02680X_2^2+0.00945X_3^2-0.04305X_4^2+0.06437X_1X_2+0.02437X_1X_3-0.00937X_1X_4+0.05312X_2X_3+0.05187X_2X_4+0.00937X_3X_4 \cdots\cdots\cdots（1）$$

对方程（1）进行显著性检验得：$F_1=1.68823<F_{0.05}（10，6）=4.06$，表明无失拟因素存在，$F_2=3.99015>F_{0.01}（14，16）=3.45$，总决定系数

R^2=0.7774，表明模型与实际情况拟合性很好。进一步对方程各项回归系数显著性检验，df=16查t值表$t_{0.05}$=2.120，$t_{0.01}$=2.921，知施氮量与施磷量交互项显著。方程可用于预报。以下是α=0.10显著水平剔除不显著项后，得到简化后的回归方程（2）。

$$Y_{C5}=0.42429-0.05625X_1-0.06708X_2-0.03430X_1^2-0.04305X_4^2+0.06437X_1X_2+0.05312X_2X_3+0.05187X_2X_4 \cdots\cdots（2）$$

（一）主因素效应分析

由于采用通用旋转组合设计，偏回归系数已标准化，一次项系数绝对值大小可直接反映变量对干物质重量的影响程度，正负号表示因素的作用方向。因此由方程一次项系数可知，对于潮土而言，试验各因素对干物质重量的作用大小关系为：

施氮量（X_2）>灌溉量（X_1）>施磷量（X_3）>施钾量（X_4）

（二）因素间的互作效应分析

潮土下对达到α=0.05显著水平的施氮量与施磷量互作效应进行分析。根据玉米干物质重量数学模型（1），将灌溉量（X_1）、施钾量（X_4）固定在0水平可得施氮量（X_2）与施磷量（X_3）对玉米干物质重量的方程。即令灌溉量（X_1）=0、施钾量（X_4）=0，其回归方程为：

$$Y_{C5-NP}=0.42429-0.06708X_2-0.02792X_3-0.02680X_2^2+0.00945X_3^2+0.05312X_2X_3 \cdots\cdots（3）$$

将施氮量（X_2）与施磷量（X_3）分别取（-2，-1，0，1，2）代入回归方程式（3），曲面图上各点的高度代表两因子一定水平组合时的玉米干物质重量。曲面的高度越高，说明玉米干物质重量越高。同时从图4-2中可以看出，当一个因子固定在某一水平时，玉米干物质积累量随另一因子水平变化的规律。

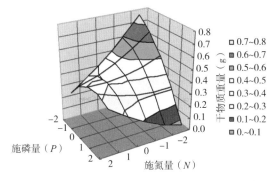

图4-2 潮土下氮磷互作对玉米干物质重量积累的影响

由图4-2可见，当施氮量在-2~0范围时，玉米干物质重量随着施磷量的增加而降低，表明施氮量较低时，磷素的增加不利于玉米干物质积累；当施氮量为0~2时，玉米干物质重量随着施磷量的增加先升高而后降低，表明在中高磷素施入水平，氮磷互作存在一定的阈值，施磷量过少或过多都不利于玉米干物质积累。当施磷量为-2～-1时，玉米干物质重量随着施氮量的增加而降低，表明施磷量较低时，施氮量的提高不利于玉米干物质积累，当施磷量在0水平时，玉米干物质重量随着施氮量的增加处于缓慢下降在上升的状态，变化较为平缓；当施磷量为0~2时，玉米干物质重量随着施氮量的增加而升高，表明施磷量处于较高水平时，施氮量的增加有助于玉米干物质积累。

二、水氮磷钾互作对8叶期玉米干物质积累的影响

8叶期以灌溉量（X_1）和施氮量（X_2）、施磷量（X_3）、施钾量（X_4）为自变量，以玉米干物质重为因变量（Y）。经运算得到水肥的干物质重量效益方程如下：

$Y_{C8}=3.84571-0.05958X_1+0.36792X_2+0.26875X_3+0.13125X_4-0.41216X_1^2+0.15534X_2^2+0.08159X_3^2-0.02341X_4^2+0.12188X_1X_2-0.13063X_1X_3-0.02188X_1X_4+0.34812X_2X_3+0.11188X_2X_4-0.17062X_3X_4$ ……………………（4）

对方程（4）进行显著性检验得：$F_1=2.04222<F_{0.05}$（10，6）$=4.06$，表明无失拟因素存在，$F_2=4.04429>F_{0.01}$（14，16）$=3.45$，总决定系数$R^2=0.7797$，表明模型与实际情况拟合性很好。

进一步对方程各项回归系数显著性检验，df=16，查t值表$t_{0.05}=2.120$，$t_{0.01}=2.921$，知灌溉量二次项、施氮量一次项极显著，施磷量一次项、施氮量与施磷量交互项显著。方程可用于预报。以下是α=0.10显著水平剔除不显著项后，得到简化后的回归方程（5）。

$Y_{C8}=3.84571+0.36792X_2+0.26875X_3-0.41216X_1^2+0.34812X_2X_3$………（5）

（一）主因素效应分析

由于采用通用旋转组合设计，偏回归系数已标准化，一次项系数绝对值大小可直接反映变量对干物质重量的影响程度，正负号表示因素的作用方向。因此由方程一次项系数可知，对于潮土，试验各因素对干物质重量的作用大小关系为：

施氮量（X_2）>施磷量（X_3）>施钾量（X_4）>灌溉量（X_1）

（二）因素间的互作效应分析

潮土下对达到α=0.05显著水平的施氮量与施磷量互作效应进行分析，在

方程（4）的基础上分别固定其余两因素在零水平，可得到二因素互作对干物质重量影响的效应方程。

$$Y_{C8-NP}=3.84571+0.36792X_2+0.26875X_3+0.15534X_2^2+0.08159X_3^2+0.34812X_2X_3\cdots\cdots\cdots（6）$$

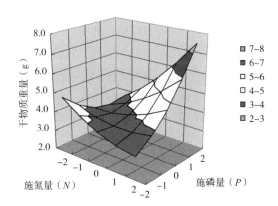

图4-3 潮土下氮磷互作对玉米干物质重量积累的影响

由图4-3可见，在氮素充分即施氮量在2水平时干物质重量随着磷素的增施而升高，而在氮素缺乏即施氮量在-2水平时干物质重量随着磷素的增施而降低；同理在磷素充分即施磷量在2水平时干物质重量随着氮素的增施而升高，而在磷素缺乏即施磷量在-2水平时干物质重量随着氮素的增施而降低。以上表明，氮磷两因素之中任一因素缺乏而另一因素过量施入时都会导致玉米干物质积累受到阻碍，对于缺磷的潮土更应注意氮素的施入量，均衡施肥减少肥料浪费。

三、水氮磷钾互作对12叶期玉米干物质积累的影响

12叶期以灌溉量（X_1）和施氮量（X_2）、施磷量（X_3）、施钾量（X_4）为自变量，以玉米干物质重为因变量（Y）。经运算得到潮土下水肥的干物质重量效益方程如下：

$$Y_{C12}=4.26286-0.16833X_1+0.22083X_2+0.01750X_3+0.07500X_4-0.30363X_1^2+0.33387X_2^2+0.26512X_3^2+0.10012X_4^2-0.11375X_1X_2-0.00000X_1X_3-0.12625X_1X_4+0.45625X_2X_3+0.11750X_2X_4-0.13875X_3X_4\cdots\cdots\cdots（7）$$

对方程（7）进行显著性检验得：$F_1=0.76344<F_{0.05}（10，6）=4.06$，表明无失拟因素存在，$F_2=4.45075>F_{0.01}（14，16）=3.45$，总决定系数

R^2=0.7957，表明模型与实际情况拟合性很好。进一步对方程各项回归系数显著性检验，df=16，查t值表$t_{0.05}$=2.120，$t_{0.01}$=2.921，知灌溉量二次项、施氮量二次项、施氮量与施磷量交互项均极显著，施磷量一次项、施钾量二次项均显著。方程可用于预报。以下是α=0.10显著水平剔除不显著项后，得到简化后的回归方程：

$$Y_{C12}=4.26286+0.22083X_2-0.30363X_1^2+0.33387X_2^2+0.26512X_3^2+0.45625X_2X_3 （8）$$

（一）主因素效应分析

由于采用通用旋转组合设计，偏回归系数已标准化，一次项系数绝对值大小可直接反映变量对干物质重量的影响程度，正负号表示因素的作用方向。因此由方程一次项系数可知，对于潮土而言，试验各因素对干物质重量的作用大小关系为：

施氮量（X_2）>灌溉量（X_1）>施钾量（X_4）>施磷量（X_3）

（二）因素间的互作效应分析

潮土下对达到α=0.01显著水平的施氮量与施磷量互作效应进行分析，在方程（7）的基础上分别固定其余两因素在零水平，可得到二因素互作对干物质重量影响的效应方程：

$$Y_{C3-NP}=4.26286+0.22083X_2+0.01750X_3+0.33387X_2^2+0.26512X_3^2+0.45625$$
$$X_2X_3\cdots\cdots\cdots\cdots\cdots\cdots\cdots\cdots\cdots\cdots\cdots（9）$$

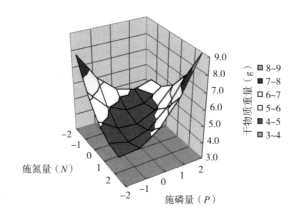

图4-4　潮土下氮磷互作对玉米干物质重量积累的影响

由图4-4可见，在施氮量低即-2水平时，干物质重量随着施磷量的增加而降低，在施磷量为1水平时出现最低值而后升高趋于平缓；在施氮量高即2水平时，干物质重量随着施磷量的增加而升高，同理固定施磷量在-2和2水平时也有同样趋势。表明氮素与磷素任一养分缺乏时另一元素可以起到阻碍该养分吸收。

四、水氮磷钾互作对 15 叶期玉米干物质积累的影响

15 叶期以灌溉量（X_1）和施氮量（X_2）、施磷量（X_3）、施钾量（X_4）为自变量，以玉米干物质重为因变量（Y）。经运算得到水肥的干物质重量效益方程如下：

$$Y_{C15}=4.95000-0.20917X_1+0.08583X_2-0.00917X_3+0.04833X_4-0.33333X_1^2+0.46917X_2^2+0.20417X_3^2+0.03667X_4^2-0.18750X_1X_2+0.09250X_1X_3-0.04375X_1X_4+0.26500X_2X_3-0.01125X_2X_4-0.03125X_3X_4 \cdots\cdots\cdots\cdots（10）$$

对方程（10）进行显著性检验得：$F_1=0.84349<F_{0.05}$（10，6）$=4.06$，表明无失拟因素存在，$F_2=6.17042>F_{0.01}$（14，16）$=3.45$，总决定系数 $R^2=0.8437$，表明模型与实际情况拟合性很好。进一步对方程各项回归系数显著性检验，df=16，查t值表 $t_{0.05}=2.120$，$t_{0.01}=2.921$，知灌溉量二次项、施氮量二次项均极显著，灌溉量一次项、施氮量与施磷量交互项、施磷量一次项均显著。方程可用于预报。以下是 $\alpha=0.10$ 显著水平剔除不显著项后，得到简化后的回归方程：

$$Y_{C15}=4.95000-0.20917X_1-0.33333X_1^2+0.46917X_2^2+0.20417X_3^2-0.18750X_1X_2+0.26500X_2X_3 \cdots\cdots\cdots\cdots（11）$$

（一）主因素效应分析

由于采用通用旋转组合设计，偏回归系数已标准化，一次项系数绝对值大小可直接反映变量对干物质重量的影响程度，正负号表示因素的作用方向。因此由方程一次项系数可知试验各因素对干物质重量的作用大小关系为：

灌溉量（X_1）>施氮量（X_2）>施钾量（X_4）>施磷量（X_3）

（二）因素间的互作效应分析

潮土下对达到 $\alpha=0.05$ 显著水平的施氮量与施磷量互作效应进行分析，在方程（10）的基础上分别固定其余两因素在零水平，可得到二因素互作对干物质重量影响的效应方程：

$$Y_{C15-NP}=4.95000+0.08583X_2-0.00917X_3+0.46917X_2^2+0.20417X_3^2+0.26500X_2X_3 \cdots\cdots\cdots\cdots（12）$$

由图4-5可见，在施氮量低即-2水平时，干物质重量随着施磷量的增加而降低，在施磷量为1水平时出现最低值而后平缓升高；在施氮量高即2水平时，干物质重量随着施磷量的增加先降低后升高，同理固定施磷量在-2和2水平时也有同样趋势。表明氮素与磷素任一养分缺乏时另一元素可以起到阻

碍该养分吸收。

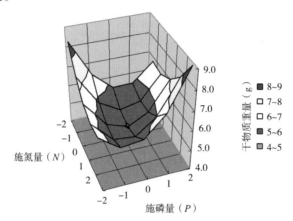

图4-5　潮土下氮磷互作对玉米干物质重量积累的影响

五、水氮磷钾互作对 18 叶期玉米干物质积累的影响

18叶期以灌溉量（X_1）和施氮量（X_2）、施磷量（X_3）、施钾量（X_4）为自变量，以玉米干物质重为因变量（Y）。经运算得到水肥的干物质重量效益方程如下：

$$Y_{C18}=6.20857-0.09167X_1-0.00000X_2-0.02250X_3+0.08833X_4-0.51527X_1^2+0.54598X_2^2+0.01598X_3^2-0.17277X_4^2+0.00500X_1X_2-0.10125X_1X_3+0.07875X_1X_4+0.25000X_2X_3+0.11000X_2X_4-0.05125X_3X_4\cdots\cdots\cdots\cdots（13）$$

对方程（13）进行显著性检验得：$F_1=2.32190<F_{0.05}$（10，6）=4.06，表明无失拟因素存在，$F_2=3.47877>F_{0.01}$（14，16）=3.45，总决定系数$R^2=0.7527$，表明模型与实际情况拟合性很好。进一步对方程各项回归系数显著性检验，df=16，查t值表$t_{0.05}=2.120$，$t_{0.01}=2.921$，知灌溉量二次项、施氮量二次项均极显著。方程可用于预报。以下是 $\alpha=0.10$显著水平剔除不显著项后，得到简化后的回归方程：

$$Y_{C18}=6.20857-0.51527X_1^2+0.54598X_2^2\cdots\cdots\cdots\cdots\cdots\cdots（14）$$

（一）主因素效应分析

由于采用通用旋转组合设计，偏回归系数已标准化，一次项系数绝对值大小可直接反映变量对干物质重量的影响程度，正负号表示因素的作用方向。因此由方程一次项系数可知试验各因素对干物质重量的作用大小关系为：

灌溉量（X_1）>施钾量（X_4）>施磷量（X_3）>施氮量（X_2）

（二）因素间的互作效应分析

对因素间互作效应进行分析可知，18叶期潮土下各因素间互作效应不显著。

从单因子对玉米干物质积累的影响角度来看：潮土上单因素对干物质重量的作用大小关系为灌溉量（X_1）>施钾量（X_4）>施磷量（X_3）>施氮量（X_2）表明此时期玉米植株对水分与钾素的需求直接影响后期生长，说明此时期潮土下注重水钾有助于玉米生殖生长。

六、不同叶龄期水氮磷钾单因子影响综合比较

玉米在不同生育时期单因子对干物质积累量的影响顺序见表4-2。5叶期到12叶期即生长前期，氮素对玉米植株干重积累的影响占主导地位，体现了营养生长时期潮土上玉米对氮素的大量需求，并且体现了潮土缺氮的土壤特点，在营养生长时期灌溉量的多少对玉米干重积累影响仅次与施氮量，到12叶期后即达生殖生长时期灌溉量对玉米植株干重积累的影响占主导地位，表明水分既是玉米生长发育必需的要素之一，又是营养元素吸收、合成及运转的媒介，也是植株体内生理生化活动的参与者和介质，施钾量对玉米植株干重积累的影响程度有所提升，表明钾素含量高的潮土玉米生殖生长时期对钾素的依赖性。

表4-2　潮土下不同叶龄期水氮磷钾单因子影响序列比较

土壤名称	收获期	主因素效应分析
潮土	5叶期	N>W>P>K
	8叶期	N>P>K>W
	12叶期	N>W>K>P
	15叶期	W>N>K>P
	18叶期	W>K>P>N

七、不同叶龄期水氮磷钾双因子影响综合比较

潮土下除18叶期外，其余四个叶龄期氮磷互作效应达到显著和极显著水平，这也体现了潮土地区土壤大多具有"氮少、磷缺"的特点，表明实际生产中注重潮土上氮磷的合理配施有助于提高玉米本身的生产潜力（表4-3）。

表4-3　潮土下不同叶龄期水氮磷钾双因子影响比较

土壤名称	收获期	两因素互作效应分析
潮土	5叶期	NP（α=0.05）
	8叶期	NP（α=0.05）
	12叶期	NP（α=0.01）
	15叶期	NP（α=0.05）
	18叶期	因素间交互不显著

第三节　水氮磷钾互作对玉米养分吸收的影响

根据干物质重量分析所得因素交互情况，进一步对比较性较强的处理进行养分吸收分析（表4-4）。

表4-4　潮土下水肥互作对玉米植株氮、磷、钾吸收影响

处理号	灌溉量（ml）	因素施用量			全氮比率（%）	全磷比率（%）	全钾比率（%）	全氮量（g）	全磷量（g）	全钾量（g）
		N（g/kg）	P（g/kg）	K（g/kg）						
C01	150	0.075	0.075	0.1	8.15	1.66	24.99	0.0502	0.0102	0.1540
C10	250	0.075	0.075	0.3	12.44	1.26	30.90	0.0786	0.0080	0.1954
C12	250	0.075	0.225	0.3	11.85	1.71	34.42	0.0579	0.0084	0.1681
C14	250	0.225	0.075	0.3	14.14	1.42	30.82	0.0943	0.0095	0.2055
C16	250	0.225	0.225	0.3	13.63	1.49	29.82	0.0900	0.0099	0.1970
C31	200	0.15	0.15	0.2	12.41	1.50	30.41	0.0810	0.0098	0.1984

注：C代表潮土

由表4-4可见，潮土下氮磷互作对玉米植株氮、磷、钾吸收影响如下：植株全氮比率、全氮量最高的是处理14即灌溉量、施氮量、施钾量均充足，但施磷量较低的处理，较之水肥供给均匮乏的处理植株全氮比率提高73.50%，全氮含量提高87.85%，同样是灌溉量、施氮量、施钾量均充足，但施磷量较高的处理16，全氮比率、全氮含量有所降低，表明施磷量的提高（P：0.075g/kg→0.225g/kg）对其他条件均适中时的玉米植株氮吸收有一定的阻碍作用；高氮低磷（N：0.225g/kg，P：0.075g/kg）的处理14与相比低氮高磷（N：0.075g/kg，P：0.225g/kg）的处理12植株全氮比率提高19.32%，全磷量却提高了62.87%，表明其他条件均适中时高氮低磷（N：0.225g/kg，P：0.075g/kg）有助于玉米植株对氮素的吸收；植株全磷比率最高的是处理12即灌溉量、施磷量、施钾量均充足，但施氮量较低的处理，较之植株全磷比率最低的处理10提高35.71%，但全磷量最高的处理是处理16即水肥供给均充足的处理，植株全钾比率变化不明显，处理1由于水肥均受限导致植株全

钾比率较低，最高全钾量处理为处理14，高氮低磷高钾（N：0.225g/kg，P：0.075g/kg，K：0.30g/kg）有助于潮土下玉米植株对钾素的吸收。潮土下水氮磷互作对玉米植株氮、磷、钾吸收影响明显，水分缺乏（W：150ml）对玉米植株氮、磷、钾吸收影响较大，干旱导致玉米植株氮、钾含量最低，而磷含量最高，高氮低磷（N：0.225g/kg，P：0.075g/kg）促进玉米植株对氮的吸收，低氮高磷（N：0.075g/kg，P：0.225g/kg）促进玉米植株对磷的吸收。

第四节　水氮磷钾互作对玉米光合生理的影响

玉米在生长发育期间受水、肥、热、风等很多因素的影响，在诸多因素中，水肥的作用尤为重要（赵长海，逄焕成等，2009）。许多研究表明，合理运筹水肥对玉米光合特性具有明显的调控效应，这也是实施玉米高产高效的重要措施（刘帆，申双和等，2013；王帅，杨劲峰等，2008）。作物产量的高低首先取决于光合作用的面积和效率，而水肥是影响玉米光合作用不可缺少的因素。有研究表明：作物光合作用依赖于土壤水肥变化，水肥不足会抑制气孔的开放和作物的光合作用（于文颖，纪瑞鹏等，2015；王晓娟，贾志宽等，2012）。但以上研究均侧重于单因子对玉米光合特性及产量的调控效应，而不同灌溉量与不同施肥方式对玉米光合特性影响研究很少，对于如何在水分受限制的条件下，合理施用肥料，提高水分的利用效率，达到以肥调水、提高作物产量的目的研究还不够。因此本试验通过分析玉米光合特性的变化，探讨不同的水肥互作对玉米光合特性的影响。

一、8叶期玉米光合生理

根据干重分析所得因素交互情况，进一步对比较性较强的处理进行光合指标分析（表4-5）。

表4-5　试验结构矩阵与因素施用量

试验号	编码值				灌溉量（ml）	因素施用量（g/kg）		
	W	N	P	K		N	P	K
C01	−1	−1	−1	−1	150	0.075	0.075	0.10
C10	1	−1	−1	1	250	0.075	0.075	0.30
C12	1	−1	1	1	250	0.075	0.225	0.30
C14	1	1	−1	1	250	0.225	0.075	0.30
C16	1	1	1	1	250	0.225	0.225	0.30
C29	0	0	0	0	200	0.150	0.150	0.20

注：C代表潮土

（一）净光合速率

由图4-6可见，首先净光合速率最低的是第14处理，该处理灌溉量、施氮量与施钾量均较高，但施磷量较低；第1处理与第14处理相比虽然灌水量、施氮量和施钾量都有所降低，但净光合速率并没有明显提高，表明在土壤磷素较低情况下其他因素的提高对净光合速率贡献不明显突出了磷素对净光合速率影响的重要性。第10处理与第1处理相比灌溉量大大提高，净光合速率明显提高48.20%，表明在磷素较低时土壤水分含量的提高有助于净光合速率的提高。以上表明，在营养生长阶段磷素缺乏对玉米净光合速率影响最大，其次是水分。

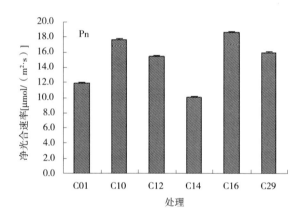

图4-6　潮土下氮磷互作对玉米净光合速率的影响

（二）蒸腾速率与气孔导度

由图4-7可见，首先蒸腾速率最低的是第1处理，该处理各种因素水平都较低，特别是水分缺乏严重影响了蒸腾速率，以此降低水分损失；其次蒸腾速率较低的是第14处理，土壤水分、施氮量与施钾量的大幅度提高，提供了可吸收的水分并促进了根系生长，蒸腾速率有所提高，但磷素水平依然较低相应蒸腾速率不高；蒸腾速率最高的是第10处理，灌溉量与施钾量的大幅提高与第1处理相比蒸腾速率提高103.28%，可见水分对蒸腾速率具有较大促进作用。由图4-7可见，气孔导度最低处理为第14处理，该处理氮素过量而磷素过于缺乏虽然水分供给充足但还是导致气孔导度降低，氮素的提高导致蒸腾速率升高抑制了叶片的气孔张开降低了气孔导度。第10处理与第14处理相比虽然磷素都较为缺乏，但氮素含量较低气孔导度最大。

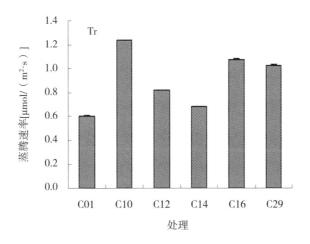

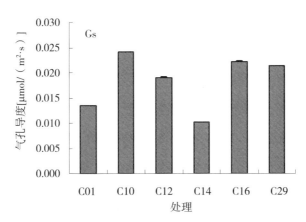

图4-7　潮土下氮磷互作对玉米蒸腾速率与气孔导度的影响

二、15叶期玉米光合生理

作物产量的高低首先取决于光合作用的面积和效率，而水肥是影响玉米光合作用不可缺少的因素。有研究表明：作物光合作用依赖于土壤水肥变化，水肥不足会抑制气孔的开放和作物的光合作用（梁宗锁，1996）。根据干重分析所得因素交互情况，进一步对比较性较强的处理进行光合指标分析（表4-6）。

表4-6 试验结构矩阵与因素施用量

试验号	编码值				灌溉量（ml）	因素施用量（g/kg）		
	W	N	P	K		N	P	K
C01	−1	−1	−1	−1	150	0.075	0.075	0.10
C 10	1	−1	−1	1	250	0.075	0.075	0.30
C 12	1	−1	1	1	250	0.075	0.225	0.30
C 14	1	1	−1	1	250	0.225	0.075	0.30
C 16	1	1	1	1	250	0.225	0.225	0.30
C 31	0	0	0	0	200	0.150	0.150	0.20

注：C代表潮土

（一）净光合速率

由图4-8可见，净光合速率最高的是处理16，较之净光合速率最低的处理1提高183.08%，表明水肥的极度短缺严重影响了玉米叶片进行光合作用；处理10较之处理1净光合速率提高86.63%。原因在于水分与钾肥的提高；处理12由于充分的水分供应与磷素供给提高较之处理10净光合速率提高30.85%，表明在水分供给充足，低氮水平下提高磷素供给可以提高玉米叶片的净光合速率。

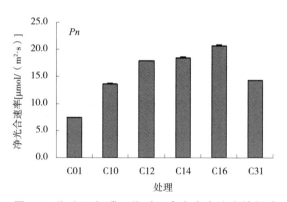

图4-8 潮土下氮磷互作对玉米净光合速率的影响

（二）蒸腾速率与气孔导度

由图4-9可见，无论是叶片的蒸腾速率，还是气孔导度，在水肥供给不足的情况下处理1的玉米叶片两指标都受到了限制，与其他处理相比均处在最低水平。就蒸腾速率而言，处理12的蒸腾速率最高，较之最低的处理1提高了225.64%，水磷钾供给的大幅度提高大大提高了玉米叶片的蒸腾速率，原因在于磷与钾通过抑制根系的吸水能力和减少气孔阻力来促进了这两个指标的增加；处理12较之处理14蒸腾速率提高6.72%，虽然处理12的磷素供给较之处理14有大幅度提高，但处理14的氮供给较之处理12有大幅度提高，导致处理12的蒸腾速率较之处理14并没有大幅度提高，表明氮磷互作对蒸腾速率的影响具有明显的互补作用。处理12较之处理16蒸腾速率仅提高了4.96%，表明在磷供给充足情况下，氮素供给缺乏与过量都会使蒸腾速率处于较高水平。就气孔导度而言，具有与蒸腾速率相似的规律性，处理12与处理16气孔导度均较高，表明在磷供给充足情况下，氮素供给缺乏与过量都会使气孔导度处于较高水平。

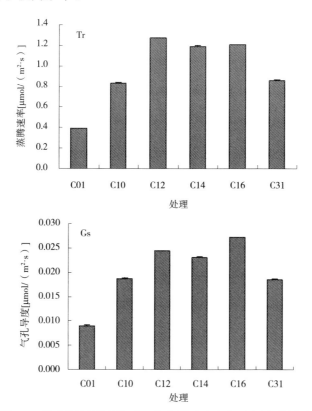

图4-9　潮土下氮磷互作对玉米蒸腾速率与气孔导度的影响

　　总之，潮土下水肥供给不足会导致玉米叶片的光合作用降低，在水分供给充足情况下氮磷互作通过减少气孔阻力来促进了蒸腾速率的增加。特别是磷素匮乏的潮土地区特别要注意磷肥的使用，同时注重氮肥与磷肥的合理配施。

第五节　水氮磷钾互作对叶片保护系统的影响

一、水氮磷钾互作对 8 叶期玉米叶片保护系统的影响

（一）SOD与POD

SOD可消除作物体内活性氧的积累，减少对细胞膜结构的伤害。从图4-10可见，在低磷水平，随水分的增加SOD活性略有增加即提高15.91%（第1与第10处理）；在水分充足水平，随着磷素提高SOD活性略有增加即提高3.37%（第10与第12处理）；在水分充足水平，氮多磷少处理SOD活性比氮少磷多有所提高即提高9.79%（第12与第14处理）；SOD活性最高的处理为第16处理比第1处理提高57.96%，各因素水平均较为过量致使叶片起动了保护机制保持细胞膜结构稳定。表明施肥过量导致玉米叶片SOD活性增强，对叶片具有伤害性。

POD可把SOD歧化产生的H_2O_2变成H_2O，与SOD有协调一致的作用，使活性氧维持在较低水平上。同样为水分充足处理，第12处理氮少磷多POD活性最低，而第14处理氮多磷少POD活性最高，较之第12处理POD活性提高138.04%，表明施氮量过量与施磷量较低的施肥配比会对玉米叶片造成伤害。

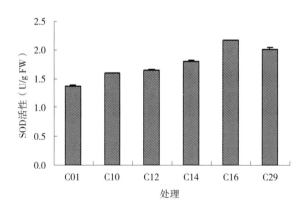

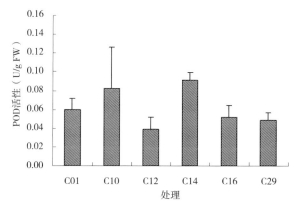

图4-10　潮土下氮磷互作对玉米叶片SOD与POD活性的影响

（二）CAT

由图4-11可见，第14处理氮、钾过量，磷素缺乏CAT活性最高，较之CAT活性最低的处理29提高了66.15%；其余各处理之间差异不显著。磷素缺乏与高氮钾处理对于玉米叶片伤害较大，导致自我保护系统开启。

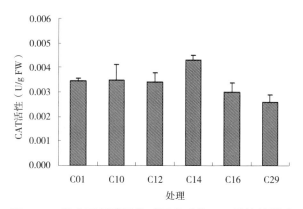

图4-11　潮土下氮磷互作对玉米叶片CAT活性的影响

（三）MDA含量

有关学者普遍认为，丙二醛是植物细胞膜脂过氧化作用的产物之一，其含量的高低能够一定程度地反映膜脂过氧化作用水平和膜结构的受害程度及其植株的自我修复能力（侯彩霞，1999）。由图4-12可见，处理01丙二醛含量最低，轻度的干旱与NPK的缺乏使得玉米植株对氧化作用缺乏抵抗能力，处理16丙二醛含量最高，较之处理01提高101.80%，充足的磷素供应保证了玉米叶片细胞膜脂过氧化适应能力，保护叶片不受伤害。

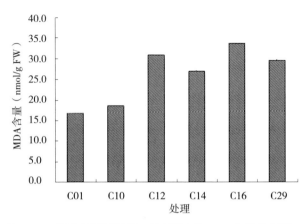

图4-12　潮土下氮磷互作对玉米叶片MDA含量的影响

　　综上所述，水分缺乏与土壤贫瘠对玉米叶片保护酶和丙二醛含量的影响较大，干旱养分胁迫可降低叶片SOD、CAT、 POD的活性和MDA含量。在水分供应充足时，氮、钾过量，磷素缺乏对玉米叶片保护系统具有破坏作用，不利于玉米对逆境的适应与协调。

二、水氮磷钾互作对15叶期玉米叶片保护系统的影响

（一）SOD与POD

　　由图4-13可见，总体上POD与SOD有协调一致的作用，使活性氧维持在较低水平上。就SOD而言，首先氮素供应充足的处理14、处理16、处理31的SOD活性整体较高，而氮素缺乏的处理1、处理10、处理12的SOD活性整体较低，表明氮素供给的提高有利于SOD活性提高，保护叶片。其次同样是氮素缺乏处理10由于水分、钾素供给提高较之处理1的SOD活性提高19.11%，表明在氮磷供应匮乏时，水分与钾素的提高有助于玉米叶片抵御伤害；在水分充足，氮素匮乏时，磷素的供给提高也有助于SOD活性提高，具体表现为处理12的SOD活性较之处理10提高1.12%。就POD而言，活性最高的是处理31较之活性最低的处理12提高58.36%，原因在于处理31水肥配比适中，而处理12采用了低氮少磷的配比。

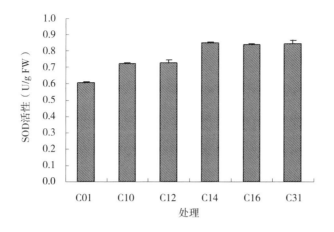

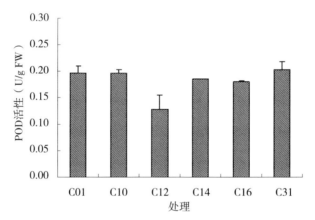

图4-13 潮土下氮磷互作对玉米叶片SOD与POD活性的影响

（二）CAT

由图4-14可见，处理12的CAT活性最高，较之处理10提高103.78%，原因作用：水分充足、氮素缺乏条件下，磷素的适当提高促进了玉米叶片酶保护系统的功能性。处理1与处理10虽然存在水分供给差异，但CAT活性差异并没有太大差异，原因在于氮素、磷素均较为缺乏，表明对于CAT活性氮素磷素较为重要，注重氮肥与磷肥合理配施有助于CAT活性的提高。

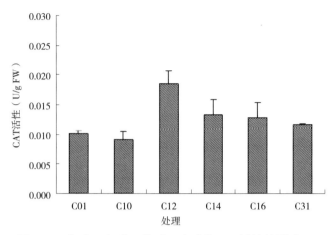

图4-14 潮土下氮磷互作对玉米叶片CAT活性的影响

（三）MDA含量

由图4-15可见，MDA含量最高的是处理14较之最低的处理1提高108.46%，表明水分充足条件下，高氮低磷处理不利于玉米叶片抵御过氧化的侵害导致MDA含量升高，处理10较之处理12的MDA含量提高20.18%，表明水分充足、氮素缺乏时，磷素的大幅度提高有助于MDA含量的降低。综上所述，水分充足、氮素缺乏条件下，磷素的适当提高促进了玉米叶片酶保护系统的功能性，特别是磷素缺乏的潮土地区，在注重氮肥施入的同时应当适当考虑磷肥的合理配施。

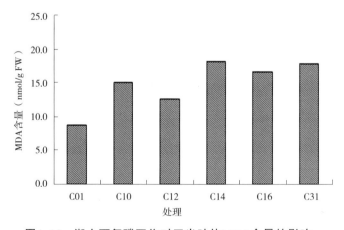

图4-15 潮土下氮磷互作对玉米叶片MDA含量的影响

第六节　本章小结

本研究在潮土上探究玉米的水肥互作效应，掌握了不同生育期施肥对于玉米生长发育的影响机理，以及水肥互作对于玉米生长发育的重要性，主要结论如下：

1. 从水肥互作对玉米生长发育影响来看，8叶期处理$W_{150}N_{0.225}P_{0.225}K_{0.3}$的叶面积最高，玉米在潮土上的生长表现随着叶期的增加是先慢后快，受到水分胁迫时适当增加施氮量有助于玉米植株高度增长，达到"肥调水"的目的，水丰氮缺（W：250ml，N：0.075g/kg）的水肥配比与高水高氮（W：250ml，N：0.225g/kg）的水肥配比对玉米植株高度增长效果相近，本着节约资源的原则，选择水丰氮缺的配比。就叶面积动态变化来看，低水高氮（W：150ml，N：0.225g/kg）配施处理玉米株高增长与叶面积增大效果与高水低氮（W：250ml，N：0.075g/kg）配施相近。

2. 从水肥互作对玉米干物质积累影响来看，5叶期到12叶期为水氮敏感期，到12叶期后即达生殖生长时期灌溉量对玉米植株干重积累的影响占主导地位，潮土下水钾作用明显，施钾量对玉米植株干重积累的影响程度有所提升，表明钾素含量高的潮土玉米生殖生长时期对钾素的依赖性，除18叶期外，其余四个测定叶期氮磷互作显著或极显著，这也体现了潮土地区土壤大多具有"氮少、磷缺"的特点，表明实际生产中注重潮土上氮磷的合理配施有助于提高玉米本身的生产潜力。

3. 从水肥互作对玉米养分吸收影响来看，潮土下植株全氮含量、吸氮量最高的是处理$W_{250}N_{0.225}P_{0.225}K_{0.3}$，施磷量从$P_{0.075}$提高到$P_{0.22}$对植株氮吸收有一定的拮抗作用，水肥充足处理全磷量最高，植株全钾含量变化不明显。

4. 从水肥互作对不同叶龄期玉米光合生理影响来看，8叶期水分限制W_{150}处理Pn均较低；潮土下高氮低磷$N_{0.225}P_{0.075}$处理对Tr与Gs有阻碍作用，15叶期水分限制W_{150}处理Pn均较低；高氮低磷与水肥适中处理Pn、Tr与Gs均较高，潮土下水肥缺乏Pn降低，水分充足W_{250}处理氮磷互作促进Tr升高。

5. 从水肥互作对玉米叶片保护系统影响来看，8叶期均有POD与SOD协调一致的规律，潮土下低氮高磷$N_{0.075}P_{0.225}$处理的POD活性降低38.02%，且MDA含量较高，15叶期适度水分胁迫W150处理玉米叶片酶活性较高，MDA含量较低，潮土下MDA含量最高处理较之水分胁迫处理提高108.46%。

参考文献

侯彩霞，汤章城.1999.细胞相容性物质的生理功能及其作用机制［J］.植物生理学通讯（1）：1-7.

梁宗锁，李新有，康绍忠.1996.节水灌溉条件下夏玉米气孔导度与光合速度的关系［J］.干旱地区农业研究（1）：101-105.

刘帆，申双和，李永秀，等.2013.不同生育期水分胁迫对玉米光合特性的影响［J］.气象科学（4）：378-383.

马俊永，李科江，曹彩云，等.2007.有机-无机肥长期配施对潮土土壤肥力和作物产量的影响［J］.植物营养与肥料学报（2）：236-241.

王帅，杨劲峰，韩晓日，等.2008.不同施肥处理对旱作春玉米光合特性的影响［J］.中国土壤与肥料（6）：23-27.

王晓娟，贾志宽，梁连友，等.2012.不同有机肥量对旱地玉米光合特性和产量的影响［J］.应用生态学报（2）：419-425.

信秀丽，钦绳武，张佳宝，等.2015.长期不同施肥下潮土磷素的演变特征［J］.植物营养与肥料学报（6）：1 514-1 520.

于文颖，纪瑞鹏，冯锐，等.2015.不同生育期玉米叶片光合特性及水分利用效率对水分胁迫的响应［J］.生态学报（9）：2 902-2 909.

赵长海，逄焕成，李玉义.2009.水磷互作对潮土玉米苗期生长及磷素积累的影响［J］.植物营养与肥料学报（1）：236-240.

第五章　黑垆土下小麦水氮磷钾互作效应

我国黑垆土主要分布在陕北、晋西北等地区，可种植多种作物，如小麦、玉米、谷子和高粱等。黑垆土耕层有机质、全氮和全磷含量呈增加趋势（摄晓燕，谢永生等，2011），采取有效的水肥措施，提高水分和肥料利用率，减轻施肥对环境的污染及节约有限自然资源都有一定现实意义（付秋萍，2013；王生录，张兴高等，1994）。本章通过对陕西黑垆土下小麦的生长发育指标与生理生化等指标的分析，探讨水肥多因子对作物生长的耦合效应与机理，为黑垆土的合理利用和区域农业的可持续发展提供理论依据。

第一节　水氮磷钾互作对小麦生长发育的影响

一、水氮磷钾互作对小麦株高与叶面积的影响

株高与叶面积是反映植株长势强弱的重要指标。不同水肥配比对小麦株高与叶面积生长动态影响不尽相同（表5-1）。

表5-1　黑垆土下小麦苗期与抽穗期水肥交互对株高和叶面积的影响

水分水平	养分水平			株高（cm）		叶面积（cm²/株）		水分水平	养分水平			株高（cm）		叶面积（cm²/株）	
W	N	P	K	苗期	抽穗期	苗期	抽穗期	W	N	P	K	苗期	抽穗期	苗期	抽穗期
W_1	N_1	P_1	K_1	22.75	28.50	24.59	12.04	W_2	N_1	P_1	K_1	22.43	32.50	25.11	13.48
		P_1	K_2	23.63	27.50	26.07	10.39			P_1	K_2	23.30	28.50	24.99	13.73
		P_1	K_3	21.75	24.00	23.45	9.04			P_1	K_3	25.57	30.00	22.93	14.19
		P_2	K_1	22.00	25.50	21.78	6.94			P_2	K_1	23.60	30.50	20.85	10.30
		P_2	K_2	23.25	28.50	23.22	13.64			P_2	K_2	23.40	32.50	21.21	10.74
		P_2	K_3	23.13	26.50	21.59	11.35			P_2	K_3	24.28	32.50	21.55	11.97
		P_3	K_1	21.75	28.50	20.86	7.46			P_3	K_1	19.85	33.00	19.54	12.28
		P_3	K_2	22.67	26.50	22.54	6.60			P_3	K_2	20.63	31.00	20.11	7.36
		P_3	K_3	23.67	27.25	23.89	7.50			P_3	K_3	21.15	32.50	19.74	9.85
	N_2	P_1	K_1	25.50	28.00	30.75	17.35		N_2	P_1	K_1	28.03	34.50	23.93	19.80
		P_1	K_2	25.50	20.50	26.97	18.48			P_1	K_2	23.83	33.50	24.86	19.14

续表

水分水平 W	养分水平 N P K	株高（cm）苗期	抽穗期	叶面积（cm²/株）苗期	抽穗期	水分水平 W	养分水平 N P K	株高（cm）苗期	抽穗期	叶面积（cm²/株）苗期	抽穗期
	P₁ K₃	24.50	23.50	23.87	18.27		P₁ K₃	25.63	33.50	26.71	18.02
	P₂ K₁	26.50	25.25	26.48	16.77		P₂ K₁	21.93	32.00	24.03	18.87
	P₂ K₂	22.67	27.25	23.19	14.71		P₂ K₂	23.08	25.50	25.08	13.61
	P₂ K₃	25.88	23.75	28.19	20.44		P₂ K₃	23.03	31.00	22.87	14.60
	P₃ K₁	25.00	25.75	23.81	15.84		P₃ K₁	22.88	29.00	19.94	13.89
	P₃ K₂	25.00	23.50	23.39	17.93		P₃ K₂	20.90	32.25	23.03	15.86
	P₃ K₃	23.75	23.25	22.04	14.42		P₃ K₃	22.73	33.75	20.96	14.48
N₃	P₁ K₁	27.50	25.25	26.43	21.69	N₃	P₁ K₁	24.27	32.50	25.37	16.39
	P₁ K₂	27.67		30.26	20.67		P₁ K₂	23.85	33.50	22.67	12.08
	P₁ K₃	24.17	26.25	24.71	22.54		P₁ K₃	24.85	35.00	25.71	16.94
	P₂ K₁	22.88	24.10	24.17	14.87		P₂ K₁	22.25	34.00	22.04	16.05
	P₂ K₂	24.33	25.80	28.35	17.16		P₂ K₂	25.35	37.25	24.15	17.30
	P₂ K₃	22.00	25.75	25.48	16.38		P₂ K₃	26.50	39.25	23.70	19.74
	P₃ K₁	19.00	22.50	22.41	12.75		P₃ K₁	22.71	37.00	24.80	19.26
	P₃ K₂	20.83	24.75	20.07	13.99		P₃ K₂	23.47	33.75	23.39	22.23
	P₃ K₃	22.38	25.50	19.95	20.18		P₃ K₃	26.07	38.00	30.84	21.09

（一）小麦株高

结合表5-2的分析可以看出，苗期，水分对小麦株高影响差异不大。说明这一时期作物生长所需水分主要来自本身。氮磷钾三因素对株高的影响顺序为 P > N > K，此期磷肥的作用占主导地位。试验发现，株高随施磷水平的增加而降低，可能是增磷后促进了作物的根系发育，使植株粗壮，这对作物生育前期的壮苗有重要的作用。N₂（0.15g/kg）水平条件下植株高度最高，分别较 N₁（0.05g/kg）和 N₃（0.45g/kg）提高6.74%和5.33%。就不同的钾水平而言，株高随供钾水平的提高而增加；K₃（0.40g/kg）水平株高较 K₁（0.00g/kg）与 K₂（0.10g/kg）平均高出2.30%，而 K₁、K₂ 水平之间的株高差异不显著。其他交互因子对小麦株高的影响虽然达到了极显著水平，但是株高间差异并不大且规律性不强。

生长至抽穗期，水分取代了磷肥的主导地位，这说明随生育进程的推进，水磷之间具有相互替代作用，且磷肥可增强作物的抗旱能力。抽穗期不同水分及不同氮水平间株高差异显著，说明随生育进程的推进，小麦对水分和氮肥的吸收利用加强；影响的顺序为水>氮，即小麦受水分的胁迫程度大于氮素。水分无胁迫较有胁迫的株高增加28.89%，即随作物吸水量的增加，水分促进了小麦对氮素的溶解、吸收与利用。氮肥对株高的影响显著，影响顺序为：N₃（0.45g/kg）> N₂（0.15g/kg）> N₁（0.05g/kg），这与前人研究

的以水促肥的原理相同。抽穗期，K素对株高差异的影响并不明显，这可能
是由于水分缺乏时，土壤水分干湿交替，会增强土壤钾素的固定，降低土壤
钾的移动性，抑制植物生长，减少了植物对钾离子的吸收，从而引起钾肥的
差异；而水分充足时，水分加大了K的溶解度，从而使差异减少，这与一般
结果研究类似。

表5-2　黑垆土下小麦苗期与抽穗期水肥交互对株高和叶面积影响的显著性水平分析

变异来源	显著水平		显著水平	
	苗期株高	苗期叶面积	抽穗期株高	抽穗期叶面积
W	0.4414	0.0001	0.0001	0.0078
N	0.0001	0.0001	0.0001	0.0001
P	0.0001	0.0001	0.7979	0.0001
K	0.0243	0.3677	0.214	0.0008
W*N	0.0001	0.005	0.0001	0.0001
W*P	0.5316	0.0002	0.373	0.0001
W*K	0.0001	0.0014	0.0174	0.0013
N*P	0.0017	0.0047	0.0687	0.0001
N*K	0.0001	0.1026	0.0082	0.0001
P*K	0.0007	0.007	0.0452	0.0053
W*N*P	0.0001	0.0001	0.0009	0.0001
W*N*K	0.1216	0.0001	0.6576	0.019
W*P*K	0.0009	0.005	0.4044	0.0235
N*P*K	0.0035	0.002	0.2036	0.0001
W*N*P*K	0.0001	0.0002	0.0067	0.0001

注：数据为方差分析所得的差异显著性水平值

（二）小麦叶面积

由表5-2可见，苗期氮磷钾三大因素对叶面积的影响顺序为P＞N＞W，
在本试验中，苗期磷水平的增加不利于小麦叶面积的增加。至抽穗期，水肥
因子的主导地位发生变化，氮对小麦叶面积更为敏感，其次为P、K、W，
说明氮肥对小麦叶面积的促进作用较大；高氮水平的叶面积极显著高于其他
两水平，且分别较低氮和中氮水平增加了70％、5.88％。在苗期，其他因子
的交互作用对小麦叶面积的影响达到极显著水平，但由于磷肥的抑制作用较
强，因此交互作用的规律性不强。

抽穗期，水肥因子的主导地位发生互换，影响顺序为：N＞P＞K＞W。
氮肥对叶面积的影响更为敏感，叶面积随供氮水平的提高而增加，且差异达
到了极显著水平，N_3（0.45g/kg）较N_2（0.15g/kg）和N_1（0.05g/kg）分别
增加了70.00％、60.56％。这说明氮肥促进了叶片发育。磷肥对叶面积的影
响与苗期类似，仍不利于叶面积的增加。K_3（0.40g/kg）在对叶面积的促进

作用显著，其较其他两水平的叶面积平均增加5.97 %，且K_1（0.00g/kg）、K_2（0.10g/kg）之间差异并不明显。水氮、水钾对叶面积的正交互作用显著，表现趋势与氮、钾的类似。磷肥与氮肥、钾肥耦合对叶面积的负交互作用显著，说明这一时期磷肥主要起到壮根、壮苗的作用。

氮钾交互作用对抽穗期叶面积的影响达到极显著水平（图5-1），在两个低氮水平条件下，氮钾的交互作用不显著；而在N_3（0.45g/kg）水平条件下，N_3K_3组合叶面积最大，这说明高氮水平促进了氮肥与钾肥的正耦合效应。

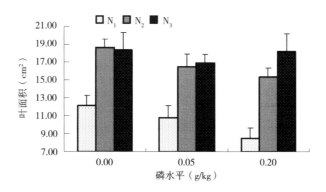

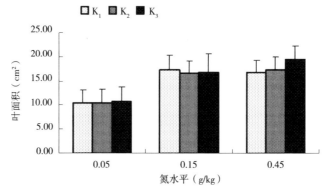

图5-1　氮磷与氮钾交互对叶面积的影响

综上所述，水氮磷钾配施对小麦株高与叶面积的影响结果表明，苗期作物株高与叶面积的生长主要依赖于自身的水分和养分，对肥料的吸收较少。随营养生长的加速，水肥因子的主导地位发生互换，至抽穗期，水分对株高与叶面积的影响占主导地位，氮肥次之，说明在生长期，水分和氮肥对作物生长发育有显著的促进作用，水、氮是影响小麦生长两个重要因素（周荣，1994）。在本试验中，磷肥的增加在两个时期内对株高和叶面积均有抑制作用，磷肥与氮、钾肥的负交互作用明显，原因是磷肥可促进作物的根系发育，增加吸收水分和养料，从而是植株粗壮，这对作物生育前期的壮苗有重要的作用。

二、水氮磷钾互作对小麦光合指标的影响

光合作用是植物生产力构成的最主要因素，研究作物光合作用有助于采取适当的栽培措施，提高作物的光合能力，从而提高产量（邹志荣等，2005）。表5-3是黑垆土下水氮磷钾配施对小麦叶片的净光合速率、蒸腾速率和气孔导度等光合作用指标影响分析结果。

表5-3　黑垆土下水氮磷钾互作对小麦光合指标的影响

水分水平	养分水平			光合指标			水分水平	养分水平			光合指标		
W	N	P	K	Pn	Tr	Gs	W	N	P	K	Pn	Tr	Gs
W_1	N_1	P_1	K_1	10.35	1.76	0.05	W_2	N_1	P_1	K_1	20.00	1.96	0.04
		P_1	K_2	10.18	1.78	0.05			P_1	K_2	20.58	2.78	0.06
		P_1	K_3	8.92	1.00	0.03			P_1	K_3	21.20	3.98	0.08
		P_2	K_1	12.15	1.71	0.05			P_2	K_1	20.68	2.75	0.06
		P_2	K_2	11.65	2.93	0.09			P_2	K_2	19.43	3.19	0.06
		P_2	K_3	12.05	1.97	0.06			P_2	K_3	18.55	1.77	0.04
		P_3	K_1	15.73	2.14	0.06			P_3	K_1	17.90	1.70	0.03
		P_3	K_2	9.96	1.12	0.03			P_3	K_2	18.93	2.23	0.04
		P_3	K_3	13.03	1.50	0.04			P_3	K_3	19.95	2.56	0.05
	N_2	P_1	K_1	10.65	1.39	0.04		N_2	P_1	K_1	19.68	2.06	0.04
		P_1	K_2	10.38	1.60	0.05			P_1	K_2	24.13	4.24	0.09
		P_1	K_3	10.30	1.51	0.04			P_1	K_3	18.43	1.81	0.04
		P_2	K_1	14.78	2.58	0.08			P_2	K_1	21.30	3.20	0.07
		P_2	K_2	12.10	2.44	0.07			P_2	K_2	24.98	5.64	0.12
		P_2	K_3	14.15	1.91	0.05			P_2	K_3	19.68	1.81	0.04
		P_3	K_1	10.65	1.25	0.03			P_3	K_1	19.90	2.75	0.05
		P_3	K_2	12.48	1.71	0.05			P_3	K_2	20.33	4.18	0.08
		P_3	K_3	12.78	1.42	0.04			P_3	K_3	19.75	2.98	0.06
	N_3	P_1	K_1	8.66	0.86	0.02		N_3	P_1	K_1	20.43	3.08	0.06
		P_1	K_2	10.07	1.23	0.04			P_1	K_2	20.38	2.17	0.04
		P_1	K_3	9.04	0.99	0.03			P_1	K_3	20.65	2.88	0.06
		P_2	K_1	11.50	1.95	0.06			P_2	K_1	19.55	1.69	0.03
		P_2	K_2	12.63	1.79	0.05			P_2	K_2	17.33	1.42	0.03
		P_2	K_3	13.15	1.41	0.04			P_2	K_3	17.58	2.91	0.06
		P_3	K_1	11.58	1.81	0.05			P_3	K_1	20.78	3.54	0.07
		P_3	K_2	12.55	1.33	0.04			P_3	K_2	16.95	2.02	0.04
		P_3	K_3	13.03	1.51	0.04			P_3	K_3	21.30	3.10	0.06

注：Pn：净光合速率μmol/（m^2·s）；Tr：蒸腾速率μmol/（m^2·s）；Gs：气孔导度mol/（m^2·s）

（一）小麦净光合速率

方差分析结果表明（表5-4），水肥单因子及交互因子对小麦叶片净光合速率的影响均达到了极显著水平，单因子影响的大小顺序是，水>氮>磷>钾，水分对小麦光合作用的影响占主导地位，无水分胁迫处理净光合速率极显著地高于有水分胁迫处理，两者相差高达71.82%，原因是土壤中含水量提高，叶片光合能力增强，净光合速率增加。N_2水平条件下净光合速率最高，分别较N_1、N_3水平高5.4%、6.96%。3个磷水平间光合速率的差异达到极显著水平，P_2（0.05g/kg）水平的光合速率最高，分别较P_3（0.20g/kg）和P_1（0.00g/kg）水平高出2.14%、28.94%。这与孙海国等（2000）研究相符。钾元素对小麦净光合速率的影响表现为：水分胁迫时，K_3（0.40g/kg）水平净光合速率最高；而水分无胁迫时，K_2（0.10g/kg）水平条件下净光合速率最高。

因此，适量施水施肥有利于小麦有机物合成的速率，从而利于干物质的积累。在两种水分条件下，黑垆土上小麦净光合速率的最高值分别为：$W_1N_1P_3K_1$、$W_2N_2P_2K_2$组合，两者相差了58.80%。水氮、水磷、水钾交互对叶片净光合速率的影响趋势与氮磷钾单因子影响结果类似。

表5-4 黑垆土下小麦叶片净光合速率的显著性水平分析

变异来源	F 值	显著性水平
W	80 855.65	0.0001
N	491.29	0.0001
P	463.82	0.0001
K	8.81	0.0002
W*N	76.39	0.0001
W*P	1 671.26	0.0001
W*K	132.75	0.0001
N*P	259.54	0.0001
N*K	276.48	0.0001
P*K	277.7	0.0001
W*N*P	155.91	0.0001
W*N*K	549.92	0.0001
W*P*K	119.97	0.0001
N*P*K	19.56	0.0001
W*N*P*K	194.47	0.0001

注：数据为方差分析所得的差异显著性水平值

1. W_1条件下氮磷钾配施对叶片净光合速率的影响

对水分胁迫条件下的方差分析结果表明（表5-5），磷素对小麦叶片净光合速率的影响占主导地位，P_2（0.05g/kg）水平较P_3（0.20g/kg）和P_1（0.00g/kg）的净光合速率分别增加2.14%、28.94%，这说明在干旱胁迫条件下，磷素可显著增强叶片的净光合速率，使光合作用加强，从而提高作物的抗逆性。

氮素对净光合速率的影响与磷相同，钾素的影响为随供钾水平的提高，净光合速率加强。

表5-5　W_1和W_2条件下叶片净光合速率的显著性水平分析

变异来源	W_1		W_2	
	F 值	显著性水平	F 值	显著水平
N	79.62	0.0001	560.24	0.0001
P	1 646.23	0.0001	271.34	0.0001
K	50.12	0.0001	98.44	0.0001
N*P	111.82	0.0001	337.01	0.0001
N*K	173.46	0.0001	737.12	0.0001
P*K	70.90	0.0001	371.84	0.0001
N*P*K	126.42	0.0001	79.82	0.0001

注：数据为方差分析所得的差异显著性水平值

氮磷交互对水分胁迫条件下叶片的净光合速率有极显著的影响（图5-2），低氮水平条件下，随供磷水平的提高，净光合速率加强但氮磷交互作用不明显；而在N_2（0.15g/kg）水平条件下，其表现了与P_2（0.05g/kg）的耦合协同效应，获得了最高的净光合速率。氮钾、磷钾交互对叶片净光合速率的影响也达到了极显著水平，但规律性不强，还需进一步深入研究。

综上所述，水分胁迫条件下，磷素对叶片净光合速率的影响占主导地位，因此磷营养容易成为光合速率的限制因子，要获得较高的净光合速率，必须注意施入适宜的磷肥。N、P营养作为植物光合作用的必要元素，表现了N、P协同的促进效应。N、P营养水平适宜，增强了叶片光合作用的能力。因而净光合速率的强弱反映了植株的N、P的营养状况，光合作用可以作为N、P营养状况的一个生理指标。

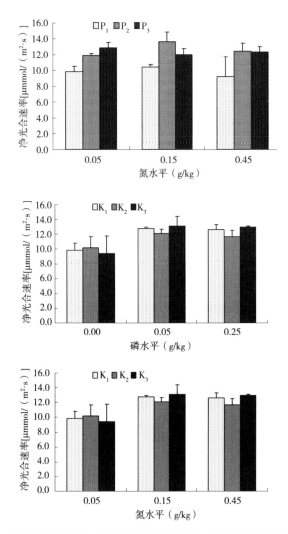

图5-2　W₁条件下氮磷、磷钾和氮钾交互对小麦光合速率的影响

2. W₂条件下氮磷钾配施对叶片净光合速率的影响

无水分胁迫条件下的方差分析结果表明（表5-6），随供水量的增加，氮磷的主导地位发生互换，氮肥对净光合速率的影响占主导地位，此条件下，磷水平的提高不利于净光合速率的提高，氮肥与钾肥对净光合速率的影响与水分胁迫条件下的表现相同，这说明肥料中，氮钾肥受水分的影响不大，而磷肥对水分比较敏感，使氮磷、磷钾对净光合速率有负交互作用，N₂K₂耦合协同效应显著（图5-3）。

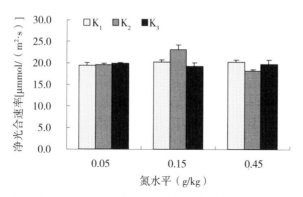

图5-3　W₂条件下氮钾交互对小麦净光合速率的影响

（二）叶片蒸腾速率和气孔导度

水肥不同配比对小麦叶片蒸腾速率和气孔导度的影响均达到了极显著水平（表5-6），单因子对叶片蒸腾速率的影响顺序为水>氮>钾>磷，对气孔导度影响的大小顺序为水>氮>磷>钾，可见水分的影响均占主导地位，土壤供水量的增加使叶片的蒸腾速率和气孔导度分别增加了66.85%、18.85%；蒸腾速率和气孔导度数值在中氮、中磷、中钾水平条件下最高。

表5-6　叶片蒸腾速率和气孔导度的显著性水平分析

变异来源	蒸腾速率μmol/（m²·s）		气孔导度mol/（m²·s）	
	F 值	显著水平	F 值	显著水平
W	1 386.23	0.0001	187.39	0.0001
N	92.55	0.0001	119.27	0.0001
P	44.34	0.0001	83.4	0.0001
K	61.31	0.0001	77.29	0.0001
W*N	40.24	0.0001	41.78	0.0001
W*P	66.51	0.0001	125.78	0.0001
W*K	27.28	0.0001	26.59	0.0001
N*P	49.96	0.0001	52.31	0.0001
N*K	133.05	0.0001	129.72	0.0001
P*K	39.43	0.0001	48.44	0.0001
W*N*P	26.84	0.0001	23.86	0.0001
W*N*K	115	0.0001	106.5	0.0001
W*P*K	7.09	0.0001	4.66	0.0014
N*P*K	16.65	0.0001	16.8	0.0001
W*N*P*K	37.25	0.0001	43.72	0.0001

注：数据为方差分析所得的差异显著性水平值

水分胁迫条件下，磷肥对叶片蒸腾速率和气孔导度的影响占主导地位，氮肥次之，这与净光合速率的结果相同，P_2水平较P_3和P_1水平的蒸腾速率分别提高了35.61%、54.35%。气孔导度的结果与其类似。分析表明，氮水平的提高均不利于蒸腾速率和气孔导度的增加，而钾水平的提高则利于叶片气孔导度的增加而不利于蒸腾速率的增加（表5-7、表5-8）。由于氮肥的影响，氮磷、氮钾对叶片蒸腾速率和气孔导度均有负交互作用，而磷钾交互对蒸腾速率和气孔导度的影响达到了极显著水平，且中磷中钾耦合协同效应最好（图5-4）。

表5-7　W_1和W_2条件下叶片蒸腾速率的显著性水平分析

变异来源	W_1（150ml/盆）		W_2（200ml/盆）	
	F值	显著水平	F值	显著水平
N	106.16	0.0001	74.36	0.0001
P	422.64	0.0001	0.92	0.4029
K	75.46	0.0001	48.76	0.0001
N*P	34.32	0.0001	47.97	0.0001
N*K	9.22	0.0001	173.53	0.0001
P*K	41.65	0.0001	25.24	0.0001
N*P*K	55.83	0.0001	27.85	0.0001

注：数据为方差分析所得的差异显著性水平值

表5-8　W_1和W_2条件下叶片气孔导度的显著性水平分析

变异来源	W_1（150ml/盆）		W_2（200ml/盆）	
	F值	显著水平	F值	显著水平
N	112.69	0.0001	79.21	0.0001
P	409.14	0.0001	4.09	0.0204
K	70.11	0.0001	52.05	0.0001
N*P	30.57	0.0001	46.01	0.0001
N*K	7.70	0.0001	175.42	0.0001
P*K	38.24	0.0001	25.71	0.0001
N*P*K	51.67	0.0001	26.26	0.0001

注：数据为方差分析所得的差异显著性水平值

　　而在无水分胁迫条件下，与净光合速率的结果类似，氮肥对两指标的影响占主导地位，水分供应充足后，磷肥对两指标的影响削弱，且对蒸腾速率的影响不明显。氮磷、磷钾耦合交互达到极显著水平，但不同配比间的差异不大。氮钾耦合在N_2K_2配比条件下的蒸腾速率和气孔导度最高，协同效应最好。

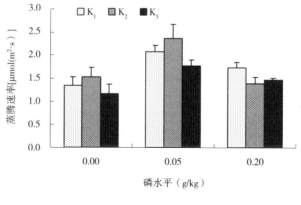

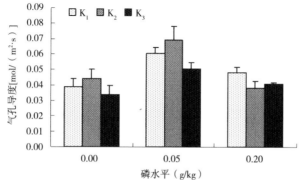

图5-4　W₁条件下磷钾交互对蒸腾速率和气孔导度的影响

综上所述，水氮磷钾配施对小麦叶片光合指标的影响均达到极显著水平，水分对其影响占主导地位，这说明缺水成为影响作物光合指标的决定性因素。

干旱胁迫条件下，磷素可显著增强叶片的净光合速率、蒸腾速率和气孔导度，使光合作用加强，从而提高作物的抗逆性。N₂P₂配比时光合作用最强，表现了N、P协同的促进效应，增强了叶片光合作用能力。无水分胁迫条件下，水磷的相互替代作用明显，氮磷的主导地位发生互换，但在本试验中氮含量的提高不利于作物的光合作用。OSBORNE研究与本试验相反，在土壤水分正常供应情况下，氮素水平与叶片光合作用能力成正比，而在土壤水分胁迫，限制了氮营养对小麦生长发育作用的发挥，使光合性能减弱，*Pn*降低。因此原因还有待进一步研究。

分析结果表明：水、氮、磷协调配合，才能获得较高的光合速率，通过水、肥优化调控来提高叶片的净光合速率、蒸腾速率合气孔导度是提高作物光合能力的有效途径。

第二节　水氮磷钾互作对小麦叶片保护酶和丙二醛含量的影响

水分胁迫下植物体内积累活性氧，植物本身对活性氧的伤害有精细而复杂的防御体系，即内源性保护性酶促清除系统，以保证细胞的正常机能（王娟等，2002）。植物在遭受外界胁迫时，需动员整个防御系统以抵抗胁迫诱导的氧化伤害，单一的抗氧化酶或抗氧化剂不足以抵制这种伤害。已经在很多植物中发现，SOD、POD和CAT的活性受干旱等因素的影响（姜慧芳，任小平，2004），多数研究认为，干旱伤害程度与这三种酶活力的提高成负相关（Dhindsa R S，1981；Chowdhury R S，Choudhuri M A，1985）。本研究是在黑垆土下测定小麦叶片的超氧化物歧化酶（SOD）、过氧化物酶（POD）、过氧化氢酶（CAT）活性和丙二醛（MDA）含量，以探讨水肥对植株叶片活性氧代谢的影响，以及膜脂过氧化的程度和保护酶活性的变化。

一、水氮磷钾互作对叶片保护酶的影响

植物在逆境中产生自由基，导致过氧化作用加强，造成膜脂破坏和植物伤害。SOD能将O_2^-转化成O_2与H_2O_2，而H_2O_2又能在CAT、POD等的作用下转化成H_2O与O_2，维持活性氧代谢的平衡，保护膜结构，在一定程度上缓解或抵御逆境胁迫（表5-9）（Alscher 等，2002；Chaitanya 等，2002）。

表5-9　黑垆土下水肥对小麦叶片保护酶和丙二醛的影响

处理	因子排列	SOD（U/mg）	POD（U/mg）	CAT（U/g）	MDA（nmol/mg）
1	$W_1N_1K_1-P_1$	13.77	1.05	66.99	0.58
2	$W_1N_2K_2-P_1$	14.11	0.73	140.80	0.52
3	$W_1N_2K_2-P_2$	14.13	1.11	75.67	0.52
4	$W_1N_2K_2-P_3$	15.25	0.63	91.25	0.44
5	$W_2N_1K_1-P_1$	10.87	1.44	128.17	0.79
6	$W_2N_2K_2-P_1$	15.16	0.74	144.17	0.69
7	$W_2N_2K_2-P_2$	13.81	0.67	190.16	0.56
8	$W_2N_2K_2-P_3$	13.97	0.77	231.44	0.62

（一）小麦叶片SOD与POD

SOD是生物防御活性氧伤害的重要保护酶之一，防止超氧自由基对生物

膜系统的氧化，对细胞的抗氧化、衰老具有重要的意义，它的活性高低标志着植物细胞自身抗衰老能力的强弱（图5-5）。

图5-6表明，在水分胁迫时，随供磷水平的提高，叶片SOD活性略有提高，即低磷胁迫会降低叶片SOD的活性；无水分胁迫时，叶片SOD活性随供磷水平的提高大致呈提高的趋势，在本试验中，$W_2N_1P_1K_1$组合的SOD活性最低，且较其他处理的SOD平均低了31.66%；这说明SOD活性受到水分胁迫的程度大于磷肥。水分供应充足时，$W_2N_2K_2P_1$组合较$W_2N_1K_1P_1$组合的SOD活性提高了39.47%，这说明氮、磷素的提高增加了小麦叶片的SOD活性，这与杨晴，李雁鸣等（2002）研究相符。

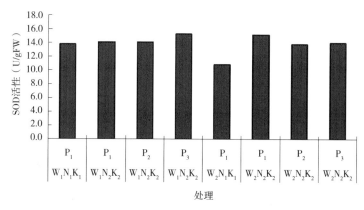

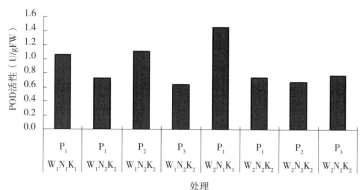

图5-6　黑垆土水肥互作对小麦叶片SOD和POD的影响

在黑垆土下，POD和SOD两种保护酶活性变化不同（图5-5），表现为水分胁迫条件下的P_3（0.20g/kg）水平和无水分胁迫时的$N_1K_1P_1$组合的SOD活性较低，而POD的活性较高，其原因可能是此时SOD和POD协调能力较强。

分析表明POD活性受氮、钾素的影响较大，在两种水分条件下，氮与钾素的提高使POD活性分别降低了44.88%和96.08%。这说明适量的氮素能提高保护酶活性，增强叶肉细胞对活性氧自由基的清除能力有效控制了膜脂过氧化水平，最大限度地维持了细胞的稳定性，延缓了衰老进程；钾是植物体内许多酶的活化剂，对调节渗透平衡与气孔开闭具有重要作用，能够提高植物的抗逆性，因此适量的钾素供应能够使植物抵抗衰老的能力增强，清除活性氧的能力提高，缺钾不能使钾的生理功能充分的发挥（战秀梅等，2007）。

（二）小麦叶片CAT

过氧化氢酶是植物体内清除H_2O_2的关键酶之一，图5-7表明，在水分胁迫时，$W_1N_2K_2P_1$组合的CAT活性最高，这与POD的结果相反，该处理较W_1水平条件下其他处理的CAT活性提高了80.58%。无水分胁迫时，CAT活性随供氮、钾和磷含量的提高而增强。这说明CAT可对干旱和磷素胁迫作出了适应性反应。

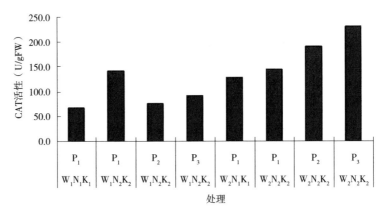

图5-7　黑垆土水肥互作对小麦叶片CAT的影响

二、水氮磷钾互作对小麦叶片 MDA 含量的影响

MDA是细胞膜脂过氧化指标，其含量的变化反映了细胞膜脂过氧化水平，它既是膜脂过氧化产物，又可以强烈地与细胞内各种成分发生反应，使多种酶和膜系统严重损伤（战秀梅等，2007）。图5-8表明，在两种水分条件下，MDA含量的表现趋势基本类似，即随供磷水平的提高而逐渐降低，无水分胁迫较有水分胁迫下的MDA含量增加了29.30%。这说明MDA的膜脂过氧化作用在低磷胁迫时会明显增强，从而提高作物的抗逆性。

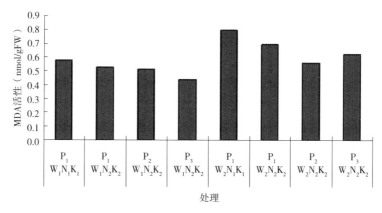

图5-8　黑垆土水肥互作对小麦叶片MDA的影响

综上所述，黑垆土下水分与氮磷钾素对叶片保护酶和MDA含量的影响较大，干旱可降低叶片CAT活性和MDA含量，且磷素对CAT和MDA的影响也较为明显。在本试验中，SOD和POD彼此间在逆境条件下的协调能力亦较为明显。MDA作为活性氧积累而导致膜伤害的膜脂过氧化产物，其含量与保护酶SOD、CAT活性的变化呈相反趋势，说明保护酶活性的下降与MDA积累密切相关，可能互为因果，即一方面由于SOD、CAT活性下降，使有害自由基积累乃至超过伤害阈值，直接或间接启动膜脂过氧化反应，使MDA含量增加；另一方面，随着MDA的积累反过来又抑制了保护酶的活性，进一步促使膜系统受损加重。

第三节　水氮磷钾互作对小麦生物产量的影响

方差分析结果表明，小麦生物产量受水分状况和土壤肥力的影响较大。水肥因子中除N、WN、NK、WPK的作用对生物产量的影响不显著外，其他单因子及交互因子对生物产量的影响均达到了极显著水平（表5-10）。由于F值的大小表示主效应或互作变异的大小，因此影响小麦生物产量的顺序为：W＞P＞WP＞NP＞WNP＞WNPK＞WK＞WNK＞NPK＞K＞PK＞WN＞WPK＞NK＞N，说明水分对小麦生物产量的影响处于主导地位，磷次之。

水分对黑垆土上作物生物产量的影响达到极显著水平，无水分胁迫较有水分胁迫条件下的生物产量提高了52.19%。不同氮水平间的生物产量在两种水分条件下的差异均不显著，这可能是该供试土壤中的氮肥基本上可以满足作物的产量需要的原因。不同钾水平间生物产量在水分供应不充足时无显著差异；而在水分供应充足时差异达到了极显著水平（表5-11）。原因可能是水分缺乏时，土壤水分干湿交替，会增强土壤钾素的固定，降低土壤钾的移动性，而水分充足时，水分加大了K的溶解度，促进了作物对钾素的吸收与利用，进而提高了产量。

表5-10　黑垆土下水肥交互对小麦生物产量的影响

水分水平	养分水平				水分水平	养分水平			
W	N	P	K	生物产量（g/盆）	W	N	P	K	生物产量（g/盆）
W_1	N_1	P_1	K_1	1.5490	W_2	N_1	P_1	K_1	2.3368
		P_1	K_2	1.6528			P_1	K_2	2.5615
		P_1	K_3	1.4703			P_1	K_3	2.4959
		P_2	K_1	2.0691			P_2	K_1	3.1472
		P_2	K_2	2.3746			P_2	K_2	3.4104
		P_2	K_3	2.5347			P_2	K_3	3.2188
		P_3	K_1	2.0820			P_3	K_1	3.0967
		P_3	K_2	1.7855			P_3	K_2	2.9872
		P_3	K_3	2.2835			P_3	K_3	3.1032
	N_2	P_1	K_1	1.5134		N_2	P_1	K_1	2.3212
		P_1	K_2	1.4098			P_1	K_2	2.5689
		P_1	K_3	1.5863			P_1	K_3	2.4119
		P_2	K_1	2.4445			P_2	K_1	3.1108
		P_2	K_2	2.4164			P_2	K_2	2.7685
		P_2	K_3	2.0397			P_2	K_3	3.3672
		P_3	K_1	2.2025			P_3	K_1	3.1631
		P_3	K_2	2.1620			P_3	K_2	3.4174
		P_3	K_3	1.8619			P_3	K_3	3.6495
	N_3	P_1	K_1	1.5998		N_3	P_1	K_1	1.9348
		P_1	K_2	1.6189			P_1	K_2	1.9925
		P_1	K_3	1.5383			P_1	K_3	2.2520
		P_2	K_1	2.6355			P_2	K_1	2.7830
		P_2	K_2	1.7119			P_2	K_2	3.2614
		P_2	K_3	1.9640			P_2	K_3	2.9038
		P_3	K_1	1.6648			P_3	K_1	3.8336
		P_3	K_2	2.0186			P_3	K_2	3.6975
		P_3	K_3	2.3409			P_3	K_3	4.1531

表5-11　黑垆土下水肥交互对小麦生物产量影响的显著性水平分析

变异来源	F 值	显著水平
W	2071.47	0.0001
N	0.54	0.5845
P	545.25	0.0001
K	6.62	0.0017
W*N	2.80	0.0641
W*P	80.07	0.0001
W*K	8.89	0.0002
N*P	28.54	0.0001
N*K	1.51	0.2030
P*K	5.42	0.0004
W*N*P	28.46	0.0001
W*N*K	7.78	0.0001
W*P*K	1.86	0.1202
N*P*K	7.16	0.0001
W*N*P*K	14.57	0.0001

注：数据为方差分析所得的差异显著性水平值

一、水氮磷钾互作对 W_1 条件下小麦生物产量的影响

在水分胁迫条件下，对小麦生物产量进行方差分析后表明，磷肥对生物产量的影响占主导地位，不同磷水平间的生物产量差异达极显著水平，P_2（0.05g/kg）较P_3（0.20g/kg）和P_1（0.00g/kg）的生物产量分别增加9.72%、44.85%。因此在水分供应并不充足情况下，适宜的施磷量是小麦高产的保障。原因是在一定范围内，产量先随着施磷量的增加而增加，达到极大值后，开始随施肥量的增加而降低，这与宋春风等研究结果类似。不同的氮水平及钾水平间差异不显著，氮钾交互、磷钾交互及氮磷钾交互对生物产量的影响达极显著，但对产量的影响作用较小且交互作用不明显（表5-12）。

表5-12　黑垆土W_1条件下小麦生物产量的显著性水平分析

变异来源	F 值	显著水平
N	2.14	0.1240
P	161.54	0.0001
K	1.59	0.2106
N*P	2.65	0.0393
N*K	6.48	0.0001
P*K	4.51	0.0025
N*P*K	13.90	0.0001

注：数据为方差分析所得的差异显著性水平值

二、水氮磷钾互作对 W₂ 条件下小麦生物产量的影响

无水分胁迫时，磷肥保持对生物产量的主导地位不变（表5-13），磷肥用量与生物产量的正相关关系显著，其中P_3较P_1和P_2的生物产量分别增加了11.19%、48.99%，增加幅度较水分胁迫时略有提高。钾肥对小麦生物产量的影响差异渐显，生物产量随供钾水平提高而增加，K_3较K_2和K_1的生物产量分别增加3.33%、7.11%。

氮磷交互对小麦生物产量的影响达极显著水平（表5-13，图5-9），在低氮和中氮水平条件下，随供磷水平的提高，氮磷对生物产量的负交互作用明显，而在N_3（0.45g/kg）条件下，氮磷耦合正交互作用显著，以氮促磷效果明显。因此氮磷合理配合施用，能够改善作物地上部生物学性状，对作物产量效应大于氮、磷单施的效应。磷钾耦合在K_1（0.00g/kg）和K_2（0.10g/kg）水平条件下对小麦生物产量的交互作用不明显，而在K_3（0.40g/kg）条件下，P_2（0.05g/kg）与钾耦合正交互作用显著，分别较P_1（0.00g/kg）和P_3（0.20g/kg）条件下的生物产量提高6.92%、1.29%，可见P_2与K_3之间发生了正耦合效应，原因是施用钾肥可提高磷肥的效应，磷钾水平适宜效果显著，磷肥的增产效应在钾肥用量最高时显著（李军等，2005）。氮钾交互对生物产量的影响虽然达到显著水平，但是交互差异并不明显。

氮磷钾三因素耦合对小麦生物产量的影响达到极显著水平，原因是以氮促磷，以钾促磷显著。

表5-13 黑垆土W₂条件下小麦生物产量的显著性水平分析

变异来源	F 值	显著水平
N	1.12	0.3302
P	481.79	0.0001
K	14.67	0.0001
N*P	57.52	0.0001
N*K	2.56	0.0450
P*K	2.64	0.0400
N*P*K	7.41	0.0001

注：数据为方差分析所得的差异显著性水平值

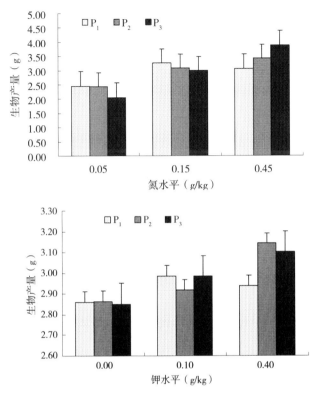

图5-9　黑垆土氮磷和磷钾交互对小麦生物产量的影响

　　综上所述，小麦的生物产量在两种水分条件下表现不同，其首要原因是水分，其次是磷肥。土壤水分状况与作物产量的关系非常密切，水分对作物产量的影响主要表现在对作物吸收养分和提高肥料利用率上。以本试验中的氮肥为例，水分胁迫条件下，P_2（0.05g/kg）水平的生物产量最高；而在无水分胁迫条件下，P_3（0.20g/kg）水平的生物产量最高。这说明以水促磷效果明显。原因是作物根系对土壤磷素的吸收与土壤水分状况及根系吸水是密切相关的（吕殿青等，1995）。土壤供水情况好，作物的伤流量多，供水良好，还使作物的蒸腾量大，促进了作物对水分和养分的吸收（王风新等，1999），进而使作物增产。王喜庆等研究也得出一致结果，灌水150mm氮肥利用率从41.5%（不灌水）升至64.8%，籽粒增产率为111.2%，干物重增长率为52.0%。而李韵珠等提出供水量过高或不当情况下，水和肥的损失加大，肥料的利用率降低。由此可见，针对不同作物、不同肥力土壤提供适量水分才能促进作物对养分的吸收利用，最终在产量上反映出来。

　　从本试验中得出，氮磷钾肥对生物产量的正耦合交互作用要建立在一定的土壤水分含量基础之上，水分供应充足时，以氮促磷、以钾促磷显著，因此水氮磷钾的合理配施对生物产量的提高有重要的意义（吴平华，张志锋等，2005）。

第四节　水氮磷钾互作对小麦经济产量的影响

土壤水分状况和施肥量直接影响作物生长发育和作物产量。通过对经济产量方差分析的结果表明：单因子中的水、氮和交互因子中的水氮、水磷、磷钾、氮磷钾对小麦经济产量的影响达到极显著的水平，不同的磷水平和水氮磷钾4因子交互对小麦经济产量的影响达到了显著水平，其余各因子对小麦经济产量的影响并不明显（表5-14）。

表5-14　黑垆土水肥交互对小麦经济产量的影响

水分水平	养分水平			经济产量（g/盆）	水分水平	养分水平			经济产量（g/盆）
W	N	P	K		W	N	P	K	
W_1	N_1	P_1	K_1	0.0681	W_2	N_1	P_1	K_1	0.6347
		P_1	K_2	0.0886			P_1	K_2	0.4044
		P_1	K_3	0.0831			P_1	K_3	0.4330
		P_2	K_1	0.0587			P_2	K_1	0.4771
		P_2	K_2	0.0349			P_2	K_2	0.5956
		P_2	K_3	0.1193			P_2	K_3	0.5092
		P_3	K_1	0.0510			P_3	K_1	0.3258
		P_3	K_2	0.1076			P_3	K_2	0.4307
		P_3	K_3	0.1234			P_3	K_3	0.4779
	N_2	P_1	K_1	0.2927		N_2	P_1	K_1	0.8781
		P_1	K_2	0.1236			P_1	K_2	0.5888
		P_1	K_3	0.3005			P_1	K_3	0.8468
		P_2	K_1	0.2801			P_2	K_1	0.9162
		P_2	K_2	0.2365			P_2	K_2	0.9728
		P_2	K_3	0.0881			P_2	K_3	0.6151
		P_3	K_1	0.3565			P_3	K_1	0.6262
		P_3	K_2	0.2522			P_3	K_2	0.8433
		P_3	K_3	0.0612			P_3	K_3	0.7868
	N_3	P_1	K_1	0.0570		N_3	P_1	K_1	0.4879
		P_1	K_2	0.1036			P_1	K_2	0.4632
		P_1	K_3	0.1273			P_1	K_3	0.5624
		P_2	K_1	0.1128			P_2	K_1	0.7818
		P_2	K_2	0.0221			P_2	K_2	0.8799
		P_2	K_3	0.0657			P_2	K_3	0.7928
		P_3	K_1	0.1112			P_3	K_1	0.8596
		P_3	K_2	0.0788			P_3	K_2	0.6138
		P_3	K_3	0.0533			P_3	K_3	0.3162

表5-15的方差分析结果表明，不同水肥配比对小麦产量影响的大小顺序为W＞N＞P＞k，水分的作用占主导地位，供水量的增加使产量增加390.54%，且差异达到极显著水平。两种水分条件下，不同的氮水平间产量差异达极显著水平，且均以N_2（0.15g/kg）水平处理产量效应最高，较N_3（0.45g/kg）和N_1（0.05g/kg）水平分别增产40.07%、80.77%，这可能是由于氮素较多时会加大水分的胁迫，对其产生钝化作用，从而不利于小麦籽粒的形成。不同磷水平在两种水分条件下对产量影响表现不同，有水分胁迫时，3个磷水平间产量差异不显著；而无水分胁迫时，P_2（0.05g/kg）水平有最高的的增产效应，产量较其他两个磷水平平均增产23.64%，且两者之间差异不明显。在本试验中，钾肥对作物产量的影响不显著。

表5-15　黑垆土水肥交互对小麦经济产量影响的显著性水平分析

处理因子	F 值	显著水平
W	674.71	0.0001
N	46.12	0.0001
P	4.11	0.0181
K	2.78	0.065
W*N	8.14	0.0004
W*P	7.62	0.0007
W*K	0.54	0.5841
N*P	1.64	0.168
N*K	1.32	0.2636
P*K	3.44	0.0099
W*N*P	1.95	0.1053
W*N*K	1.11	0.3535
W*P*K	1.9	0.113
N*P*K	4.01	0.0002
W*N*P*K	2.51	0.0135

表5-16表明，在两种不同的水分条件下，氮肥对产量的影响均占主导地位。水分胁迫时，不同N水平和NK作物产量的影响达到了极显著水平，NPK对产量的影响达到了显著水平，其余因子及交互因子对产量的影响未达到显著水平。图5-10表明，氮钾耦合交互作用不强，两者对产量的影响达到极显著的原因是由于氮肥的主导作用。

表5-16　黑垆土W_1和W_2条件下小麦的经济产量显著性水平分析

变异来源	W_1（150ml/盆）		W_2（200ml/盆）	
	F 值	显著水平	F 值	显著水平
N	26.5751	0.0000	23.8367	0.0000
P	0.7130	0.4932	6.4024	0.0026
K	2.1048	0.1285	1.3534	0.2641
N*P	0.1182	0.9757	1.9990	0.1025
N*K	3.9768	0.0054	0.4761	0.7532
P*K	1.9707	0.1068	2.5361	0.0463
N*P*K	2.1876	0.0368	3.1284	0.0039

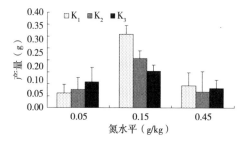 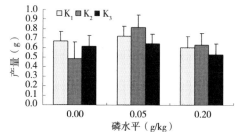

图5-10　黑垆土W_1NK和W_2PK对作物产量的影响

　　无水分胁迫条件下，氮、磷及氮磷钾对产量的影响达到极显著水平，磷钾对产量的影响达到显著水平，其余因子及交互因子对产量的影响未达到显著水平。磷钾耦合在低磷水平条件下不显著，而在中磷水平条件下与K_2耦合产量效应最高，随施磷量的提高，磷钾耦合协同效应减弱。

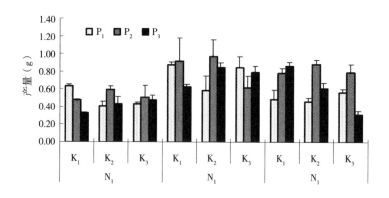

图5-11　黑垆土N*P*K交互对作物产量的影响

由表5-16和图5-11可知，氮磷钾三因素在水分供应充足时，耦合增产效应显著，作物产量的表现趋势为：中氮>高氮>低氮，这说明N_2（0.15g/kg）水平的增产效应最强，$N_2P_2K_2$组合产量最高为最优组合。原因是肥料间配合存在阈值反应，低于阈值下限，无明显的增产效应；阈值内，肥料间互作增产效应显著；而若高于阈值上限增加的肥料投入会使增产效应下降，不利于产量的增加，这与孟兆江、刘安能等（1998）研究结果类似。

第五节　水氮磷钾互作对小麦氮磷钾吸收状况的影响

通过对小麦植株氮的吸收分析可知（表5-17），全氮含量最高的处理组合为$W_2N_2P_2K_2$，水分对小麦全氮含量的影响明显，随土壤中供水量的增加，植株含氮量提高了18.80%，植株全氮含量随磷水平的提高而逐渐增加，这说明磷肥促进了植株对氮肥的吸收利用。

表5-17　水肥交互下对小麦地上部分吸收的氮磷钾含量

水分水平		养分水平	全氮（%）	全磷（%）	全钾（%）
W_1	N_1K_1	P_1	1.68	0.30	3.83
	N_2K_2	P_1	1.77	0.23	4.60
	N_2K_2	P_2	2.07	0.35	3.91
	N_2K_2	P_3	2.19	0.45	4.44
W_2	N_1K_1	P_1	2.03	0.41	2.76
	N_2K_2	P_1	2.04	0.37	3.10
	N_2K_2	P_2	2.49	0.58	3.29
	N_2K_2	P_3	2.45	0.55	3.11

全磷含量最高的处理组合为$W_2N_2P_2K_2$，在水分胁迫时，随供磷水平的增加，植株的含磷量增加；而在无水分胁迫时，植株内磷含量表现为先增加而后减少，P_2（0.15g/kg）水平条件下，植株吸磷量最高，这说明水磷的相互替代作用明显。

植株中含钾量最高的处理组合为$W_1N_2P_3K_2$，植株内的钾含量不同水磷处理条件下表现不同，水分胁迫时不同水磷配比间钾含量的规律性不强；而在无水分胁迫时，表现与磷含量的结果类似。

综上所述，黑垆土下，磷水平的提高使小麦植株氮、磷含量提高，而对钾含量影响的规律性不强。

第六节　本章小结

本章主要从黑垆土下水氮磷钾互作对小麦生长发育特性、光合生理指标、叶片的酶活性、产量、养分吸收的影响等角度进行了分析。

1. 从对小麦生长发育特性影响来看，水分对小麦苗期（4叶期）株高影响不大，氮磷钾三因素对株高的影响顺序为P＞N＞K，增磷有利于生育前期壮苗。苗期对叶面积的影响顺序为P＞N＞W，抽穗期的影响顺序为N＞P＞K＞W，水氮交互显著。

2. 从对小麦光合生理指标影响来看，水氮磷钾配施对小麦叶片光合指标的影响均达到极显著水平，缺水是影响作物光合指标的决定性因素。单因子对净光合速率影响顺序是水＞氮＞磷＞钾。干旱胁迫条件下，磷素可显著增强叶片的净光合速率、蒸腾速率和气孔导度，使光合作用加强，从而提高作物的抗逆性。水氮、水磷、水钾交互对叶片净光合速率的影响趋势与氮磷钾单因子影响结果类似。无水分胁迫条件下，水磷的相互替代作用明显，氮磷的主导地位发生互换。水、氮、磷协调配合，才能获得较高的光合速率，通过水、肥优化调控来提高叶片的净光合速率、蒸腾速率和气孔导度是提高作物光合能力的有效途径。

3. 从水磷交互对小麦生理特性影响来看，黑垆土下水磷交互对叶片保护酶MDA含量的影响较大，干旱可降低叶片CAT活性和MDA含量，且磷素对CAT和MDA的影响也较为明显。在本试验中，SOD和POD彼此间在逆境条件下的协调能力较强。在本试验中MDA含量与保护酶SOD、CAT活性的变化呈相反趋势，说明保护酶活性的下降与MDA积累密切相关，可能互为因果。

4. 从对小麦生物产量影响来看，水、磷是影响黑垆土下小麦生物产量的重要因子。水分胁迫下适度增磷有利于提高生物产量。在水分胁迫条件下，氮磷交互对生物产量的影响达显著，氮钾、磷钾及氮磷钾交互对生物产量的影响达极显著。无水分胁迫时，氮钾交互对生物产量的影响达显著，氮磷、磷钾及氮磷钾交互对生物产量的影响达极显著。氮磷钾肥对生物产量的正耦合交互作用要建立在一定的土壤水分含量基础之上；水分供应充足时，以氮促磷、以钾促磷的效果显著。

5.从对小麦产量影响来看，单因子对小麦产量影响的大小顺序为水＞氮＞磷＞钾，水分的作用占主导地位，水、氮、磷对产量影响显著，钾对产量影响不显著。水分胁迫下，氮钾、氮磷钾交互显著，而氮磷、磷钾交互不显著；无水分胁迫下，表现为磷钾、氮磷钾交互显著，而氮磷、氮钾交互不显著。

6. 从对小麦氮磷钾吸收情况来看，施磷水平的提高促进小麦植株对氮、磷的吸收，而对全钾影响的规律性不强。水磷交互有利于促进小麦对氮磷的吸收利用。

参考文献

付秋萍. 2013.黄土高原冬小麦水氮高效利用及优化耦合研究［D］.北京：中国科学院研究生院.

姜慧芳，任小平. 2004.干旱胁迫对花生叶片SOD活性和蛋白质的影响［J］.作物学报，30（21）：169-174.

李军，董建恩. 2005.不同氮磷钾配比对大白菜产量和品质的影响［J］.山东农业科学（5）：35-36.

吕殿青. 1995.旱地肥交互效应与耦合模型研究［J］.旱地农田肥水关系原理与调控技术，4（3）：72-76.

孟兆江，刘安能，吴海卿，等. 1998.黄淮豫东平原冬小麦节水高产水肥耦合数学模型研究［J］.农业工程学报（1）：91-95.

摄晓燕，谢永生，王辉，等.2011. 黑垆土典型剖面养分分布特征及历史演变［J］.江西农业学报，08：1-4，8.

王风新. 1999.喷灌条件下冬小麦是否耦合效应的田间试验研究［J］.灌溉排水，18（1）：0-13.

王娟，李德全，谷令坤. 2002.不同抗旱性玉米幼苗根系抗氧化系统对水分胁迫的反应［J］.西北植物学报，22（22）：285-290.

王生录，张兴高，武天云，等.1994. 施肥对陇东旱塬黑垆土春玉米产量和水肥利用的影响［J］.甘肃农业科技，02：22-24.

吴平华，张志锋. 2005.氮、磷、钾肥施用比例对潮土地小麦分蘗、倒伏及产量的影响［J］.湖北农业科学（5）：78-79.

杨晴，李雁鸣. 2002.不同施氮量对小麦旗叶衰老特性和产量性状的影响［J］.河北农业大学学报，25（4）：20-24.

战秀梅，韩晓日，杨劲峰，等. 2007.不同施肥处理对玉米生育后期叶片保护酶活性及膜脂过氧化作用的影响［J］.玉米科学，15（1）：123-127.

周荣. 1994.水、氮耦合效应对冬小麦生长、产量及土壤NO_3-N 分布的影响［J］.北京水利，5（3）：75-77.

邹志荣，陈修斌. 2005.土壤水分对温室春黄瓜苗期生长与生理特性的影响 [J].西北植物学报，25（6）：1 212-1 245.

Alscher R G，Erturk L N，Health L S.2002.Role of superoxide sismuteses （SODs） in controlling oxidative stress implants [J].Journal of Experimental Botany，53：1 331-1 341.

Chaitanya K V，Sundar D M，Masilamani S. 2002.Variation in heat stress-induced antioxidant enzyme activities among three mulberry cultivars [J]. Plant Growth Regulation，36：74-79.

Chowdhury R S，Choudhuri M A. 1985.Hydrogen peroxide metabolism as index of water stress tolerance injute [J]. Physiologia Plantarum，65：503-507.

Dhindsa R S，Matowe D.1981. Drought tolerance in two mosses：correlated with enzymatic defense against lipid peroxidation [J]. Journal of Experimental Botany，32：79-91.

第六章　黑垆土下玉米水氮磷钾互作效应

采自陕西省长武站的黑垆土于暖温带半湿润大陆性季风气候下形成，地区年均降水580mm，年均气温9.1℃，无霜期171d，地下水位50~80m，属于地带性土壤，母质是深厚的中壤质马兰黄土（季耿善，1992），土体疏松，通透性好，具有良好"土壤水库"效应。黑垆土的腐殖质层深厚，适耕性又较强，已全部为耕种土壤。黑垆土含矿质养分丰富，但有效磷含量低，该土壤类型适于耕种，多年来一直适宜种植玉米（王生录，张兴高等，1994），是我国四大玉米主产区的主要土壤类型之一。本章研究运用黑垆土种植玉米研究水氮磷钾互作效应更具有代表性和适用性，以期为我国玉米的节肥型种植提供参考依据。

第一节　水氮磷钾互作对玉米生长发育的影响

作物的生长状况是评价施肥效果的一个最直观指标，只有作物生长好，才能高产，本节主要从玉米株高和叶面积两方面来看水肥互作对于玉米生长的影响。

一、水氮磷钾互作对玉米株高的影响

由表6-1可见，受到水分、氮素（W：150ml，N：0.075g/kg）双重胁迫的处理1至处理4，与仅受到水分单一胁迫的处理5至处理8（W：150ml）相比，玉米植株高度增长相对较低，表明在受到水分胁迫时适当增加施氮量有助于玉米植株高度增长，达到"肥调水"的目的。处理9至处理12（W：250ml，N：0.075g/kg）水分供给充足，但氮素缺乏相对处理5至处理8玉米植株高度增长相对较低，甚至与受到水分、氮素双重胁迫的处理1至处理4相比也有所降低，表明水多氮少（W：250ml，N：0.075g/kg）的水肥配比不利于玉米植株高度增长。处理13至处理16（W：250ml，N：0.225g/kg）玉米植株高度增长相对

较高，表明高水高氮（W：250ml，N：0.225g/kg）水肥配比对玉米植株高度增长有一定的促进作用，但效果与低水高氮处理5至处理8（W：150ml，N：0.225g/kg）相近，相比之下高水高氮水肥配比较为浪费资源，一定水分与较高氮肥配比不但能够得到相同的效果而且节约资源。受到水分严重胁迫的处理17（W：100ml）与受到严重水淹的处理18（W：300ml）玉米植株高度增长均较低，表明水分过多与过少都不利用玉米植株高度增长。

表6-1　黑垆土下水肥互作对玉米株高的影响

处理号	株高（cm）	
	8叶期	18叶期
L01	15.58	51.36
L02	14.34	49.17
L03	15.52	51.19
L04	17.95	52.52
L05	12.98	36.89
L06	12.53	34.79
L07	17.32	45.51
L08	18.62	49.71
L09	17.35	49.67
L10	18.16	51.29
L11	21.33	66.78
L12	18.87	56.48
L13	20.75	57.11
L14	20.73	56.02
L15	19.45	49.64
L16	20.27	59.70
L17	19.13	39.02
L18	13.20	33.63
L19	17.45	51.75
L20	17.65	39.19
L21	22.60	46.32
L22	18.55	45.32
L23	21.42	41.40
L24	18.40	47.78
L25	23.38	50.95

注：L代表黑垆土

二、水氮磷钾互作对玉米叶面积的影响

由图6-1可见，水氮磷钾互作在玉米不同叶龄期对叶面积影响趋势不完全相同。

黑垆土5叶期叶面积总体较潮土大，较红壤小，此时玉米生长所需养分主要来自身和土壤，而对水分养分的需求差异不大。

8叶期即进入拔节期玉米植株生长旺盛，黑垆土下叶面积最高值出现在处理20（W：200ml，N：0.300g/kg，P：0.150g/kg，K：0.2g/kg），处理9至处理12这一处理区域虽然水分供给充分（W：250ml）但由于氮素缺乏（N：0.075g/kg），玉米叶面积较小而且与5叶期相比变化幅度较小，表明无论其他因素供给充足与否，此时期一旦缺乏氮素供给即会导致玉米叶面积降低，生长缓慢，表明此时期为玉米对氮素的敏感时期。在黑垆土上，处理9至处理12总体差异要大于其他两种土壤类型，这与黑垆土的水热梯度最低有关。水分供给极度过量的处理18（W：300ml）下的叶面积较低，表明此时期水分供给过量不但不会促进玉米叶面积增长，反而阻碍了玉米植株生长。处理19至处理24这一处理区域由于水分供给适量（W：200ml）且肥料供给适中使得叶面积较高，变化幅度较大，表明适当的水肥配比有利于玉米生长，黑垆土的处理19至处理24总体差异处于3种土壤的中间水平。12叶期规律与8叶期类似，15叶期后即生殖生长期3种土壤下各处理间差异逐渐变小，18叶期最后收获时3种土壤下各处理间差异与8叶期相近，差异作用18叶期较之8叶期叶面积有一定的提高。

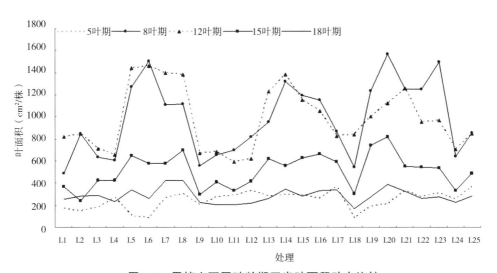

图6-1　黑垆土不同叶龄期玉米叶面积动态比较

第二节　水氮磷钾互作对不同叶龄期玉米干物质积累的影响

通过对陕西长武站黑垆土玉米不同叶龄期（5叶期、8叶期、12叶期、15叶期、18叶期采样）的干物质积累的分析，探讨水肥多因子对玉米生长的互作效应与机理，为该土壤的合理施肥提供理论依据。

一、水氮磷钾互作对5叶期玉米干物质积累的影响

5叶期以灌溉量（X_1）和施氮量（X_2）、施磷量（X_3）、施钾量（X_4）为自变量，以玉米干物质重为因变量（Y）。经运算得到黑垆土下水肥的干物质重量效益方程如下：

$Y_{L5}=0.80000+0.02958X_1-0.00042X_2+0.05708X_3+0.00875X_4-0.05656X_1^2-0.08781X_2^2-0.07656X_3^2-0.03031X_4^2-0.03562X_1X_2-0.05562X_1X_3-0.00437X_1X_4+0.02312X_2X_3-0.01063X_2X_4+0.01437X_3X_4$·····················（1）

对方程（1）进行显著性检验得：$F_1=3.58944<F_{0.05}$（10，6）$=4.06$，表明无失拟因素存在，$F_2=3.56477>F_{0.01}$（14，16）$=3.45$，总决定系数$R^2=0.7572$，表明模型与实际情况拟合性很好。进一步对方程各项回归系数显著性检验，d$f=16$，查t值表$t_{0.05}=2.120$，$t_{0.01}=2.921$，知施磷量一次项显著，灌溉量二次项、施氮量二次项、施磷量二次项均极显著。方程可用于预报。以下是$\alpha=0.10$显著水平剔除不显著项后，得到简化后的回归方程：

$Y_{L5}=0.80000+0.05708X_3-0.05656X_1^2-0.08781X_2^2-0.07656X_3^2-0.05562X_1X_3$··（2）

（一）主因素效应分析

由于采用通用旋转组合设计，偏回归系数已标准化，一次项系数绝对值大小可直接反映变量对干物质重量的影响程度，正负号表示因素的作用方向。因此由方程一次项系数可知试验各因素对干物质重量的作用大小关系为：

施磷量（X_3）>灌溉量（X_1）>施钾量（X_4）>施氮量（X_2）

（二）因素间的互作效应分析

黑垆土下对达到$\alpha=0.10$显著水平的灌溉量与施磷量互作效应进行分析，在方程（1）的基础上分别固定其余两因素在零水平，可得到二因素互作对干物质重量影响的效应方程：

$Y_{L5-WP}=0.80000+0.02958X_1+0.05708X_3-0.05656X_1^2-0.07656X_3^2-0.05562X_1X_3\cdots$
$$\cdots\cdots\cdots\cdots\cdots\cdots\cdots\cdots\cdots\cdots\cdots\cdots\cdots\cdots\cdots\cdots\cdots\cdots\cdots\cdots\cdots\cdots\cdots（3）$$

由图6-2可见，当灌溉量在-2水平即较干旱时，干物质重量随着磷素的增施而升高，但当施磷量达到1水平时达到最大值，表明在干旱条件下施磷有助于玉米吸收水分，达到"以肥调水"的目的，但磷素过量也会导致玉米生长受到阻碍；当灌溉量在2水平即水分过量时，在施磷量-2~0范围干物质重量随磷素的增加而增长，在施磷量0~2范围干物质重量随磷素的增加而降低，在施磷量为0水平时出现拐点极值；同理固定施磷量在某一水平也有灌溉量过高或过低降低干物质重量的现象。以上表明低磷水促磷，低水磷促水，但灌溉量与施磷量任一因素处于过高或过低水平时都会影响玉米生长发育，适量的水磷配施可以促进玉米干物质积累，如灌溉量与施磷量都处于0水平时干物质重量最高。

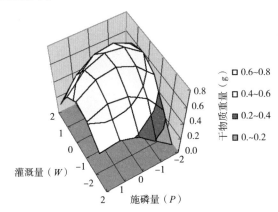

图6-2 黑垆土下水磷互作对玉米干物质重量积累的影响

黑垆土下水磷互作对玉米干物质积累影响显著（$\alpha=0.10$），体现了黑垆土缺磷的特点；针对黑垆土下玉米苗期对水肥的需求，在生产实践中有针对性地进行灌溉施肥，使玉米苗生长旺盛为后期生长发育打下坚实基础。从单因子对玉米干物质重量的影响来看，5叶期黑垆土的水磷敏感时期。

二、水氮磷钾互作对8叶期玉米干物质积累的影响

8叶期以灌溉量（X_1）和施氮量（X_2）、施磷量（X_3）、施钾量（X_4）为自变量，以玉米干物质重为因变量（Y）。经运算得到水肥的干物质重量效益方程如下：

$Y_{L8}=3.93000-0.03958X_1+0.55375X_2-0.02708X_3+0.05458X_4-0.26969X_1^2+0.19281X_2^2+0.23156X_3^2+0.12531X_4^2-0.32188X_1X_2+0.17813X_1X_3-0.08313X_1X_4-0.05188X_2X_3-0.07313X_2X_4-0.20313X_3X_4$⋯⋯⋯⋯⋯⋯⋯⋯⋯（4）

对方程（4）进行显著性检验得：$F_1=1.66276<F_{0.05}$（10，6）=4.06，表明无失拟因素存在，$F_2=3.66583>F_{0.01}$（14，16）=3.45，总决定系数$R^2=0.7623$，表明模型与实际情况拟合性很好。进一步对方程各项回归系数显著性检验，df=16，查t值表$t_{0.05}$=2.120，$t_{0.01}$=2.921，知施氮量一次项、灌溉量二次项均极显著，灌溉量与施氮量交互项、施磷量二次项显著。方程可用于预报。以下是α=0.10显著水平剔除不显著项后，得到简化后的回归方程：

$Y_{L8}=3.93000+0.55375X_2-0.26969X_1^2+0.19281X_2^2+0.23156X_3^2-0.32188X_1X_2$⋯⋯⋯⋯⋯⋯⋯⋯⋯⋯⋯⋯⋯⋯⋯⋯⋯⋯（5）

（一）主因素效应分析

由于采用通用旋转组合设计，偏回归系数已标准化，一次项系数绝对值大小可直接反映变量对干物质重量的影响程度，正负号表示因素的作用方向。因此由方程一次项系数可知试验各因素对干物质重量的作用大小关系为：

施氮量（X_2）>施钾量（X_4）>灌溉量（X_1）>施磷量（X_3）

（二）因素间的互作效应分析

黑垆土对达到α=0.05显著水平的灌溉量与施氮量互作效应进行分析，在方程（4）的基础上分别固定其余两因素在零水平，可得到两因素互作对干物质重量影响的效应方程：

$Y_{L8-WN}=3.93000-0.03958X_1+0.55375X_2-0.26969X_1^2+0.19281X_2^2-0.32188X_1X_2$⋯⋯⋯⋯⋯⋯⋯⋯⋯⋯⋯⋯⋯⋯⋯⋯⋯⋯（6）

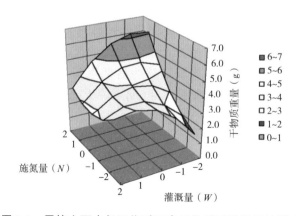

图6-3　黑垆土下水氮互作对玉米干物质重量积累的影响

由图6-3可见，在水分缺乏即灌溉量为-2时，干物质重量随着氮素的增加而升高，表明在干旱时氮素可以促进玉米对水分的吸收即"以氮调水"，同理,在氮素缺乏即施氮量为-2时，干物质重量随着灌溉量的增加而提高，但灌溉量过量即2水平时干物质重量反而下降。干物质重量极值出现在施氮量为2，灌溉量为-1时。以上表明，在黑垆土上水氮存在相互调节作用适当的干旱锻炼配合以适量的氮肥有助于玉米干物质积累。

黑垆土下水氮互作对玉米干物质积累影响显著（$\alpha=0.05$）。8叶期即拔节时玉米生长对水分与氮素需求旺盛，从单因子对玉米干物质重量的影响来看，8叶期为玉米对氮敏感时期，黑垆土下要注重水分供给。

三、水氮磷钾互作对12叶期玉米干物质积累的影响

12叶期以灌溉量（X_1）和施氮量（X_2）、施磷量（X_3）、施钾量（X_4）为自变量，以玉米干物质重为因变量（Y）。经运算得到水肥的干物质重量效益方程如下：

$Y_{L12}=5.37429+0.06667X_1+0.36500X_2+0.00750X_3+0.06583X_4-0.17461X_1^2+0.30664X_2^2+0.06539X_3^2+0.18414X_4^2+0.00000X_1X_2-0.17000X_1X_3+0.17125X_1X_4-0.07625X_2X_3-0.05000X_2X_4+0.04500X_3X_4$……………………………（7）

对方程（7）进行显著性检验得：$F_1=6.68072>F_{0.05}$（10，6）$=4.06$，表明失拟因素存在，$F_2=1.67768<F_{0.01}$（14，16）$=3.45$，表明模型与实际情况拟合性不好，不能用于预测。

四、水氮磷钾互作对15叶期玉米干物质积累的影响

15叶期以灌溉量（X_1）和施氮量（X_2）、施磷量（X_3）、施钾量（X_4）为自变量，以玉米干物质重为因变量（Y）。经运算得到水肥的干物质重量效益方程如下：

$Y_{L15}=5.76286+0.25292X_1+0.40958X_2-0.10542X_3-0.00292X_4-0.22478X_1^2+0.38647X_2^2+0.05522X_3^2+0.37772X_4^2-0.06937X_1X_2-0.25312X_1X_3+0.05812X_1X_4-0.03937X_2X_3+0.00188X_2X_4+0.09812X_3X_4$……………………………（8）

对方程（8）进行显著性检验得：$F_1=2.20488<F_{0.05}$（10，6）$=4.06$，表明无失拟因素存在，$F_2=6.61918>F_{0.01}$（14，16）$=3.45$，总决定系数$R^2=0.8528$，表明模型与实际情况拟合性很好。进一步对方程各项回归系数显著性检验，df=16，查t值表$t_{0.05}=2.120$，$t_{0.01}=2.921$，知施氮量一次项、施氮

量二次项、施钾量二次项均极显著，灌溉量一次项、灌溉量二次项、灌溉量与施磷量交互项均显著。方程可用于预报。以下是 α=0.10 显著水平剔除不显著项后，得到简化后的回归方程：

$$Y_{L15}=5.76286+0.25292X_1+0.40958X_2-0.22478X_1^2+0.38647X_2^2+0.37772X_4^2-0.25312X_1X_3 \cdots\cdots（9）$$

（一）主因素效应分析

由于采用通用旋转组合设计，偏回归系数已标准化，一次项系数绝对值大小可直接反映变量对干物质重量的影响程度，正负号表示因素的作用方向。因此由方程一次项系数可知试验各因素对干物质重量的作用大小关系为：

施氮量（X_2）>灌溉量（X_1）>施磷量（X_3）>施钾量（X_4）

（二）因素间的互作效应分析

黑垆土下对达到 α=0.05 显著水平的灌溉量与施磷量互作效应进行分析，在方程（8）的基础上分别固定其余两因素在零水平，可得到二因素互作对干物质重量影响的效应方程：

$$Y_{L15-WP}=5.76286+0.25292X_1-0.10542X_3-0.22478X_1^2+0.05522X_3^2-0.25312X_1X_3 \cdots\cdots（10）$$

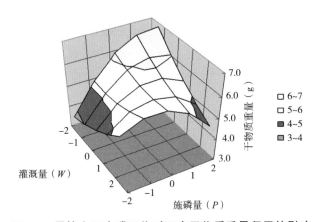

图6-4　黑垆土下水磷互作对玉米干物质重量积累的影响

黑垆土下水磷互作对玉米干物质积累影响显著（α=0.05）。由图6-4可见，灌溉量较低即-2水平时，干物质重量随着磷素的增加而升高，表明在干旱条件下施磷有助于干物质积累即"肥调水"；在磷素较低即施磷量为-2时，干物质重量随着灌溉量的增加而升高，表明在磷缺乏时增加土壤含水量有助于干物质积累即"水促肥"；而在灌溉量在-1~2范围，干物质重量随着磷素的增加先升高而后降低，表明磷素缺乏或过量都阻碍干物质积累。

五、水氮磷钾互作对 18 叶期玉米干物质积累的影响

18 叶期以灌溉量（X_1）和施氮量（X_2）、施磷量（X_3）、施钾量（X_4）为自变量，以玉米干物质重为因变量（Y）。经运算得到水肥的干物质重量效益方程如下：

$Y_{L18}=7.73429+0.30250X_1+0.58500X_2+0.02583X_3+0.09333X_4-0.45795X_1^2-0.04420X_2^2-0.24420X_3^2-0.01670X_4^2+0.01000X_1X_2-0.00375X_1X_3+0.09750X_1X_4+0.06125X_2X_3+0.02500X_2X_4-0.06875X_3X_4$……………………………（11）

对方程（11）进行显著性检验得：$F_1=2.13511<F_{0.05}$（10，6）=4.06，表明无失拟因素存在，$F_2=4.51194>F_{0.01}$（14，16）=3.45，总决定系数 $R^2=0.7979$，表明模型与实际情况拟合性很好。进一步对方程各项回归系数显著性检验，df=16，查 t 值表 $t_{0.05}=2.120$，$t_{0.01}=2.921$，知施氮量一次项、灌溉量二次项均极显著，灌溉量一次项、施磷量二次项均极显著。方程可用于预报。以下是 $\alpha=0.10$ 显著水平剔除不显著项后，得到简化后的回归方程：

$Y_{L18}=7.73429+0.30250X_1+0.58500X_2-0.45795X_1^2-0.24420X_3^2$………（12）

（一）主因素效应分析

由于采用通用旋转组合设计，偏回归系数已标准化，一次项系数绝对值大小可直接反映变量对干物质重量的影响程度，正负号表示因素的作用方向。因此由方程一次项系数可知试验各因素对干物质重量的作用大小关系为：

施氮量（X_2）>灌溉量（X_1）>施钾量（X_4）>施磷量（X_3）

（二）因素间的互作效应分析

18 叶期黑垆土各因素间互作效应不显著。

总结以上内容，黑垆土下各因素间互作效应均不显著；从单因子对玉米干物质积累的影响角度来看，黑垆土上单因素对干物质重量的作用大小关系为施氮量（X_2）>灌溉量（X_1）>施钾量（X_4）>施磷量（X_3），表明此时期玉米植株对水分与氮素的需求直接影响后期生长，这时黑垆土下注重水氮可促进玉米结实。

六、不同叶龄期水氮磷钾单因子影响综合比较

玉米的不同生育时期干物质积累受到水分状况和土壤肥力的影响较大，

单因子对干物质积累量的影响顺序见表6-2。就黑垆土而言，整个生育期氮素对玉米植株干物质积累的影响都尤为重要，灌溉量的作用处于第二位。从不同叶龄期单因子影响序列角度分析：5到12叶期即生长前期水氮玉米生长发育影响程度较大，12叶期后进入生殖生长阶段水肥单因子中水氮的作用明显。

表6-2　黑垆土下不同叶龄期水氮磷钾单因子影响序列比较

收获期	主因素效应分析
5叶期	P>W>K>N
8叶期	N>K>W>P
12叶期	未通过检验
15叶期	N>W>P>K
18叶期	N>W>K>P

水氮磷钾是玉米生长所必需的四大因子，每一种元素的施用都会促进玉米的干物质积累，但这三种肥料的施用都需要在适宜量的条件下才能发挥作用。从而使水分和养分之间具有协同效应，增水能够增加肥料的增产效应，增肥能够增加灌水的增产效应。因此在实际农业生产中，只有合理匹配水肥因子，才能起到以水促肥，以肥调水，才能充分发挥水肥因子的整体增产作用。

七、不同叶龄期水氮磷钾双因子影响综合比较

由表6-3可见，黑垆土下玉米5叶期即生长前期水磷互作效应达到较显著水平，进入8叶期即拔节期水氮互作效应达到显著水平，15叶期水磷互作效应达到较显著水平，体现出黑垆土缺磷的特点，实际生产中注重早期水氮合理配比，后期注重水磷供应有助于黑垆土上玉米的干物质积累。12叶期和18叶期水肥因子间交互效应均未达到显著水平。

表6-3　黑垆土下不同叶龄期水氮磷钾双因子影响比较

收获期	两因素互作效应分析
5叶期	WP（α=0.10）
8叶期	WN（α=0.05）
12叶期	因素间交互不显著
15叶期	WP（α=0.05）
18叶期	因素间交互不显著

第三节　水氮磷钾互作对玉米养分吸收的影响

根据干物质重量分析所得因素交互情况，进一步对比较性较强的处理进行养分吸收分析，由表6-4可见，黑垆土下水磷互作对玉米植株氮、磷、钾吸收影响如下：① 全氮比率最高的处理6较之全氮比率最低的处理1全氮比率提高52.08%，表明在受到水分胁迫时，提高施氮量可以促进玉米植株全氮比率。全氮量最高的处理是处理16较之全氮量最低的处理1提高124.61%。处理16与处理8施肥方式相同只是处理16水分供给充足（W：250ml），而处理8受到水分胁迫（W：150ml），导致处理16的全氮比率较之处理8提高21.43%，全氮量提高40.81%，表明施肥充足情况下，灌溉量的提高有助于氮素吸收；② 全磷比率、全磷量最高的处理16较之全磷比率、全磷量最低的处理14全磷比率提高140.00%，全磷量提高148.00%，表明其他水肥因素供给充分的条件下，施磷量由极低（P：0.075g/kg）向较高（P：0.225g/kg）水平提高时可以提高玉米植株的全磷比率与磷吸收总量，施肥方式相同的处理16与处理8由于灌溉量的不同，导致水分供给充足的处理16全磷比率较之水分受限的处理8提高34.58%，灌溉量充足与否对玉米植株全磷含量影响非常明显。

表6-4　黑垆土下水肥互作对玉米植株氮、磷、钾吸收影响

处理号	灌溉量（ml）	因素施用量			全氮比率（%）	全磷比率（%）	全钾比率（%）	全氮量（g）	全磷量（g）	全钾量（g）
		N（g/kg）	P（g/kg）	K（g/kg）						
L01	150	0.075	0.075	0.1	9.85	1.31	25.85	0.0573	0.0076	0.1504
L06	150	0.225	0.075	0.3	14.98	1.27	35.08	0.1111	0.0094	0.2602
L08	150	0.225	0.225	0.3	12.32	1.07	30.68	0.0914	0.0079	0.2276
L14	250	0.225	0.075	0.3	13.25	0.60	25.52	0.1097	0.0050	0.2111
L16	250	0.225	0.225	0.3	14.96	1.44	26.56	0.1287	0.0124	0.2284
L30	200	0.15	0.15	0.2	12.43	1.41	26.63	0.0855	0.0097	0.1833

第四节　水氮磷钾互作对玉米光合生理的影响

玉米在生长发育期间受很多因素的影响，其中水肥的作用尤为重要。许多研究表明，合理调控水肥与玉米的光合特性有明显的正相关性，这也是实

施玉米高产高效的重要措施（赵长海，逄焕成等，2009）。作物产量的高低首先取决于光合作用的面积和效率（刘帆，申双和等，2013；王帅，杨劲峰等，2008），而水肥是影响玉米光合作用不可缺少的因素。还有研究表明，水肥不足会抑制气孔的开放和作物的光合作用（于文颖，纪瑞鹏等，2015；王晓娟，贾志宽等，2012）。但以上研究均侧重于单因子对玉米光合特性及产量的调控效应，而水肥互作相结合对玉米光合特性影响研究很少，想要通过合理施用肥料，提高水分的利用效率，从而达到以肥调水、以水促肥，提高作物产量的目的还不够。因此本研究通过分析玉米光合特性的变化，探讨不同的水肥互作对玉米光合特性的影响。

一、水氮磷钾互作对 8 叶期玉米光合生理的影响

光合作用是植物生产力构成的最主要因素，研究作物光合作用有助于采取适当的栽培措施，提高作物的光合能力，从而提高产量（邹志荣等，2002）。根据干重分析所得因素交互情况，进一步对比较性较强的处理进行光合指标分析（表6-5），可见黑垆土下高水肥投入有助于蒸腾速率与气孔导度提高。

表6-5 试验结构矩阵与因素施用量

试验号	编码值				灌溉量（ml）	因素施用量		
	W	N	P	K		N（g/kg）	P（g/kg）	K（g/kg）
L01	-1	-1	-1	-1	150	0.075	0.075	0.10
L04	-1	-1	1	1	150	0.075	0.225	0.30
L08	-1	1	1	1	150	0.225	0.225	0.30
L12	1	-1	1	1	250	0.075	0.225	0.30
L16	1	1	1	1	250	0.225	0.225	0.30
L31	0	0	0	0	200	0.150	0.150	0.20

注：L代表黑垆土

（一）净光合速率

由图6-5可见，处理16的净光合速率最高，较之最低的处理4提高257.35%，主要原因在于处理16水分与养分供应充足，而处理4不但水分受限，而且养分供给不足特别是氮素严重缺乏造成净光合速率极低；水分供给充足（250ml）处理中净光合速率最高的是处理16，较之水分胁迫（150ml）

处理中净光合速率最高的处理8提高48.09%；表明在养分供给充足时，提高灌溉量可以促进玉米叶片的光合作用，起到"以水促肥"的目的；同样是水分胁迫（150ml）处理，由于处理8较之处理4提高了氮素的供给使得净光合速率提高141.31%，表明在水分受限情况下，提高氮素供给可以明显提高玉米叶片的光合作用，达到"以肥调水"的目的。因此，适量施水施肥有利于玉米进行光合作用，提高有机物合成的速率，从而利于干物质的积累。

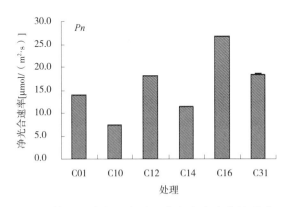

图6-5　黑垆土下水氮互作对玉米净光合速率的影响

（二）蒸腾速率与气孔导度

对气孔导度进行分析可见（图6-6），最低值都是处理4，处理16的蒸腾速率较之处理4提高167.80%，气孔导度提高155.65%，原因在于气孔导度对蒸腾作用的影响非常重要，植物主要通过气孔的大小来调节蒸腾作用和气体交换，因此气孔阻力（气孔导度的倒数）大时，蒸腾作用较弱。处理4水分供给不足，氮肥缺乏，导致气孔收缩，阻碍了玉米叶片的蒸腾作用。水分胁迫（150ml）处理1、4、8较之水分供给充足（250ml）处理12、16、31蒸腾速率与气孔导度明显下降，表明水分对于蒸腾速率与气孔导度影响最大，其次是氮素供给。

综上所述，黑垆土下水氮互作对于玉米叶片光合各指标影响明显：水分供给最为重要，其次是氮素供给。在养分供给充足时，提高灌溉量可以促进玉米叶片的光合作用，达到"以水促肥"的目的；在水分受限情况下，提高氮素供给可以明显提高玉米叶片的光合作用，达到"以肥调水"的目的。合理的水氮配施可以有效促进玉米叶片的净光合速率。

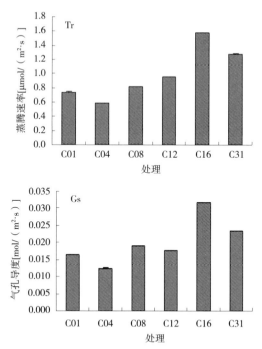

图6-6　黑垆土下水氮互作对玉米蒸腾速率（Tr）与气孔导度（Gs）的影响

二、水氮磷钾互作对 15 叶期玉米光合生理的影响

作物通过光合作用合成碳水化合物，积累干物质，积累量的大小直接反映在株高、茎粗、叶片数与叶面积等形态指标的变化上，因此研究水氮磷钾配施对玉米光合指标的影响，有助于了解水肥互作对作物生长发育的影响。根据干重分析所得因素交互情况，进一步对比较性较强的处理进行光合指标分析（表6-6）。

表6-6　试验结构矩阵与因素施用量

试验号	编码值				灌溉量	因素施用量		
	W	N	P	K	（ml）	N（g/kg）	P（g/kg）	K（g/kg）
L01	−1	−1	−1	−1	150	0.075	0.075	0.10
L06	−1	1	−1	1	150	0.225	0.075	0.30
L08	−1	1	1	1	150	0.225	0.225	0.30
L14	1	1	−1	1	250	0.225	0.075	0.30
L16	1	1	1	1	250	0.225	0.225	0.30
L30	0	0	0	0	200	0.150	0.150	0.20

注：L代表黑垆土

（一）净光合速率

由图6-7可见，水肥均受限的处理1净光合速率最低，然而水分同样受限的处理6由于氮素与钾素的供给提高，较之处理1净光合速率提高134.21%；净光合速率最高的处理16较之处理1提高218.58%，充分的水肥供应保证了高光合作用。同样是肥料营养供应充足的处理8由于水分供给不足而造成了净光合速率的降低。

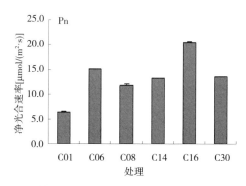

图6-7　黑垆土下水磷互作对玉米净光合速率的影响

（二）蒸腾速率与气孔导度

由图6-8可见，无论是蒸腾速率，还是气孔导度，水分供给不足、肥料缺乏都使得处理1处于最低水平；而水肥供给均充足的处理16蒸腾速率与气孔导度均处于最高水平，处理16蒸腾速率较之处理1提高236.11%，气孔导度提高228.92%。同样是水分受限的处理6较之处理1，蒸腾速率提高152.78%，气孔导度提高151.81%，表明水分、磷素匮缺时提高氮钾水平有助于玉米叶片的蒸腾速率与气孔导度的提高。

总结以上内容，水氮磷钾互作对15叶期玉米植光合生理的影响等角度进行了分析来看，水分仍然是光合速率的主要限制因子，受到水分限制的处理1，净光合速率均极低；高氮低磷（N：0.225g/kg，P：0.075g/kg）与水肥适中的处理净光合速率、蒸腾速率与气孔导度均较高。无论是蒸腾速率，还是气孔导度，水分供给不足、肥料缺乏都使得处理1处于最低水平，水肥供应保证了高光合作用，水分、磷素匮缺时提高氮钾水平有助于玉米叶片的蒸腾速率与气孔导度的提高。

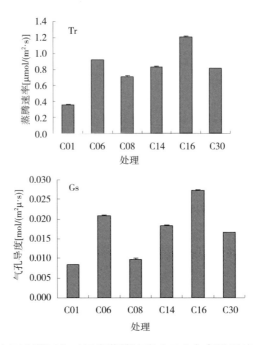

图6-8　黑垆土下水磷互作对玉米蒸腾速率（*Tr*）与气孔导度（*Gs*）的影响

第五节　水氮磷钾互作对玉米叶片保护系统的影响

水分胁迫下植物体内积累活性氧，植物本身对活性氧的伤害有精细而复杂的防御体系，即内源性保护性酶促清除系统，以保证细胞的正常机能（王娟等，2002）。植物在逆境条件下，会使细胞内活性氧自由基增加，导致细胞遭受氧化危害。因此作物需动员整个防御系统抵抗逆境胁迫诱导的氧化伤害，而清除系统中的超氧化物歧化酶（SOD）、过氧化物酶（POD）、过氧化氢酶（CAT）的活性就成为控制伤害的决定性因素。水分胁迫诱发的大量自由基也会使细胞膜脂过氧化而生成丙二醛（MDA）。其含量不仅直接标志膜脂过氧化程度，也间接表示组织中自由基的含量（张宝石，1996；赵丽英等，2005；王金胜，1997）。作物抗性生理的有关研究表明，细胞中SOD、POD、CAT活性和丙二醛（MDA）含量变化与作物的抗旱性有关（Boyer I S，1982），还有研究表明，干旱伤害程度与这三种酶活力的提高成负相关（Dhindsa R S，1981；Chowdhury R S，Choudhuri M A，1985）。本研究是在黑垆土下测定玉米叶片的超氧化物歧化酶（SOD）、过氧化物酶

（POD）、过氧化氢酶（CAT）活性和丙二醛（MDA）含量，以探讨不同水肥互作对植株叶片活性氧代谢的影响，以及膜脂过氧化的程度和保护酶活性的变化。

一、水氮磷钾互作对8叶期玉米叶片保护酶和丙二醛含量的影响

（一）SOD与POD

由图6-9可见，处理1、处理4、处理12的SOD活性均较低，原因在于氮素缺乏，即使提高灌溉量的处理12的SOD依然较低，可见氮素对玉米叶片SOD活性影响较为重要；处理8、处理16、处理31的SOD活性相对较高，原因在于氮素供应充分水分供给足量；SOD活性最高的处理16比SOD活性最低的处理4提高50.03%。由图6-9可见，POD活性同样表现出与SOD活性变化交替增减趋势，原因是POD与SOD有相互协调的作用，使活性氧维持在较低的水平上，从而降低对作物的毒害。受到水氮双重限制的处理4的POD活性最高，较之POD活性最低的处理8提高210.47%，表明低水高氮供给对玉米叶片造成较大伤害。

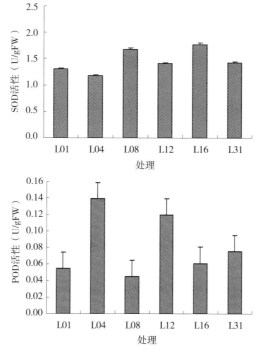

图6-9　黑垆土下水氮互作对玉米叶片SOD与POD活性的影响

（二）CAT

由图6-10可见，过氧化氢酶是植物体内清除H_2O_2的关键酶之一，水分胁迫（150ml）处理1、处理4、处理8的CAT活性均较高，表明水分胁迫明显刺激了玉米叶片保护系统。CAT活性最高的处理12较之CAT活性最低的处理16提高129.80%，原因在于处理12氮素严重缺乏，造成H_2O_2过多，而处理16氮素供给充足，有利于H_2O_2清除。

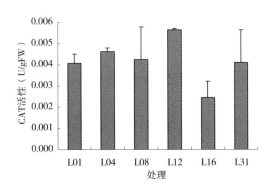

图6-10　黑垆土下水氮互作对玉米叶片CAT活性的影响

（三）MDA含量

由图6-11可见，处理12的MDA含量最低，而其SOD、POD、CAT活性均较高，降低了膜脂过氧化产物MDA的积累，而处理16的MDA含量最高，相应的POD、CAT活性均较低，导致膜脂过氧化产物MDA的不断积累。以上表明，MDA作为活性氧积累而导致膜伤害的膜脂过氧化产物，其含量与保护酶SOD、CAT活性的变化呈相反趋势。

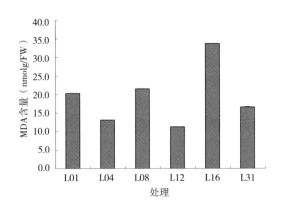

图6-11　黑垆土下水氮互作对玉米叶片MDA含量的影响

综上所述，黑垆土下水分与氮素对叶片保护酶和MDA含量的影响较大，在本试验中，SOD和POD彼此间在逆境条件下的协调能力亦较为明显。MDA作为活性氧积累而导致膜伤害的膜脂过氧化产物，其含量与保护酶SOD、CAT活性的变化呈相反趋势，说明保护酶活性的下降与MDA积累密切相关，可能互为因果，即一方面由于SOD、CAT活性下降，使有害自由基积累乃至超过伤害阈值，直接或间接启动膜脂过氧化反应，使MDA含量增加；另一方面，随着MDA的积累反过来又抑制了保护酶的活性，进一步促使膜系统受损加重。

二、水氮磷钾互作对15叶期玉米叶片保护酶和丙二醛含量的影响

植物在逆境中产生自由基，导致过氧化作用加强，造成膜脂破坏和植物伤害。SOD能将O^{2-}转化成O_2与H_2O_2，而H_2O_2又能在CAT、POD等的作用下转化成H_2O与O_2，维持活性氧代谢的平衡，保护膜结构，在一定程度上缓解或抵御逆境胁迫（Alscher等，2002；Chaitanya等，2002）。

（一）SOD与POD

由图6-12可见，SOD与POD整体保持交替增减趋势协调降低活性氧自由基。水肥均受限的处理1不但光合作用低，而SOD活性也最低。SOD活性最高的处理16较之处理1提高62.39%，水肥间的互作大大提高了SOD活性。处理16较之处理14的SOD活性提高29.36%，这说明其他因素满足生长时，磷素的提高增加了玉米叶片的SOD活性。就POD活性而言，POD活性最低的是处理8，高水平肥料投入低水分供给导致POD活性降低。高水分供给，充足的氮钾投入，较低的磷素供给的处理14的POD活性最高较之处理8提高87.71%，表明其他因素供给充足条件下，低水平磷素供给有助于增强POD活性。

（二）CAT

由图6-13可见，CAT活性最高的是处理8，较之CAT活性最低的处理6提高144.14%，一定的水分胁迫、适量氮磷配施有助于玉米叶片CAT活性的提高，说明适量的氮素磷素配施能提高保护酶活性，增强叶肉细胞对活性氧自由基的清除能力有效控制了膜脂过氧化水平，最大限度地维持了细胞的稳定性，延缓了衰老进程。而一定的水分胁迫、高氮低磷配施阻碍了CAT活性提高，处理6体现了这一点，适量的氮素与磷素逐步提高可以增加提高玉米叶片CAT活性。

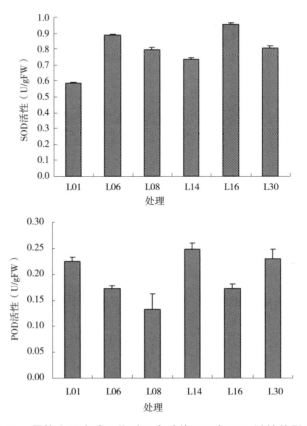

图6-12　黑垆土下水磷互作对玉米叶片SOD与POD活性的影响

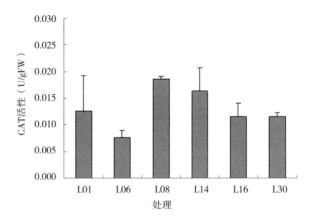

图6-13　黑垆土下水磷互作对玉米叶片CAT活性的影响

（三）MDA含量

由图6-14可见，水肥受限导致处理1的MDA含量最低，抵御逆境能力最低；处理6与处理相比MDA含量191.03%，同样水分受限但处理6氮素钾素的提高大大促进了MDA含量提高。水肥供给充足的处理16的MDA含量最高，较之处理1提高232.79%；处理16较之处理14的MDA含量提高42.86%，其他因素供给充足条件下，磷素由低水平逐步提高有助于MDA含量提高。

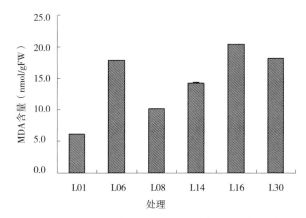

图6-14　黑垆土下水磷互作对玉米叶片MDA含量的影响

第六节　本章小结

一、水氮磷钾互作对不同叶龄期玉米株高与叶面积的影响

受到水分胁迫时适当增加施氮量有助于玉米植株高度增长，达到"肥调水"的目的，水丰氮缺（W：250ml，N：0.075g/kg）的水肥配比不利于玉米植株高度增长。高水高氮（W：250ml，N：0.225g/kg）水肥配比对玉米植株高度增长有一定的促进作用，但效果与低水高氮（W：150ml，N：0.225g/kg）处理相近，相比之下高水高氮水肥配比较为浪费资源，一定水分与较高氮肥配比不但能够得到相同的效果而且节约资源。5叶期叶面积最高值出现在处理20（W：200ml，N：0.300g/kg，P：0.150g/kg，K：0.2g/kg），黑垆土5叶期和8叶期两个叶期生长发育处于中间水平。

二、水氮磷钾互作对不同叶龄期玉米干物质积累的影响

从不同叶龄期单因子影响序列角度分析：5到12叶期即生长前期水氮对黑垆土下玉米生长发育影响程度较大，12叶期后进入生殖生长阶段，黑垆土下表现为水氮作用明显。从不同叶龄期因素互作效应来看，黑垆土下玉米5叶期即生长前期水磷互作效应达到较显著水平，进入8叶期即拔节期水氮互作效应达到显著水平，15叶期水磷互作效应达到较显著水平，体现出黑垆土缺磷的特点，实际生产中注重早期水氮合理配比，后期注重水磷供应有助于黑垆土上玉米的干物质积累。12和18叶期水肥因子间交互效应均未达到显著水平。

三、水肥互作对玉米养分吸收的影响

黑垆土下受到水分胁迫时，提高施氮量可以促进玉米植株全氮比率。施肥充足情况下，灌溉量的提高有助于氮素吸收。

四、水氮磷钾互作对不同叶龄期玉米光合生理的影响

8叶期水分对玉米叶片Pn的影响突出，受到水分限制的处理，Pn极低；其次是氮素的缺乏也同样降低了Pn。黑垆土下高水肥投入有助于Tr与Gs提高。

15叶期水分仍然是Pn的主要限制因子，受到水分限制的处理，Pn极低；高氮低磷（N：0.225g/kg，P：0.075g/kg）与水肥适中的处理Pn、Tr与Gs较高。黑垆土下无论是Tr，还是Gs，水分供给不足、肥料缺乏都使得处理处于最低水平，水肥供应保证了高光合作用，水分、磷素匮缺时提高氮钾水平有助于玉米叶片的Tr与Gs的提高。

五、水氮磷钾互作对不同叶龄期玉米叶片保护系统的影响

8叶期POD与SOD有协调一致的作用，使活性氧维持在较低水平上的规律。低氮高磷（N：0.075g/kg，P：0.225g/kg）使黑垆土下玉米叶片SOD活性与最高值相比降低50.03%。

15叶期表现出水分缺乏（W：150ml），玉米叶片酶活性较高，MDA含量较低的现象，黑垆土下MDA含量最高处理较之水分缺乏处理MDA含量提高232.79%。

参考文献

季耿善.1992.黑垆土的形成环境［J］.土壤学报（2）：113-125.

刘帆，申双和，李永秀，等.2013.不同生育期水分胁迫对玉米光合特性的影响［J］.气象科学（4）：378-383.

王金胜，郭春绒，程玉香.1997.铈离子清除超氧物自由基的机理［J］.中国稀土学报（2）：55-58.

王娟，李德全，谷令坤.2002.不同抗旱性玉米幼苗根系抗氧化系统对水分胁迫的反应［J］.西北植物学报，22（22）：285-290.

王生录，张兴高，武天云，等.1994.施肥对陇东旱塬黑垆土春玉米产量和水肥利用的影响［J］.甘肃农业科技（2）：22-24.

王帅，杨劲峰，韩晓日，等.2008.不同施肥处理对旱作春玉米光合特性的影响［J］.中国土壤与肥料（6）：23-27.

王晓娟，贾志宽，梁连友，等.2012.不同有机肥量对旱地玉米光合特性和产量的影响［J］.应用生态学报（2）：419-425.

于文颖，纪瑞鹏，冯锐，等.2015.不同生育期玉米叶片光合特性及水分利用效率对水分胁迫的响应［J］.生态学报（9）：2 902-2 909.

张宝石，徐世昌，宋凤斌，等.1996.玉米抗旱基因型鉴定方法和指标的探讨［J］.玉米科学（3）：19-22，26.

赵丽英，邓西平，山仑.2005.活性氧清除系统对干旱胁迫的响应机制［J］.西北植物学报（2）：413-418.

赵长海，逄焕成，李玉义.2009.水磷互作对潮土玉米苗期生长及磷素积累的影响［J］.植物营养与肥料学报（1）：236-240.

Alscher R G，Erturk L N，Health L S.2002.Role of superoxide sismuteses （SODs） in controlling oxidative stress implants［J］.Journal of Experimental Botany，53:1 331-1 341.

Boyer I S. 1982.Plant productivity and environment［J］. Science，218: 443-448.

Chaitanya K V，Sundar D M，Masilamani S. 2002.Variation in heat stress-induced antioxidant enzyme activities among three mulberry cultivars［J］. Plant Growth Regulation, 36: 74-79.

Chowdhury R S，Choudhuri M A. 1985.Hydrogen peroxide metabolism as index of water stress tolerance injute [J]. Physiologia Plantarum, 65: 503-507.

Dhindsa R S, Matow E D.1981. rought tolerance in two mnosses: correlated with enzymatic defense against lipid peroxidation [J]. Journal of Experimental Bomny, 32: 79-91.

第七章 红壤下小麦水氮磷钾互作效应

红壤是我国南方14省（区）的重要土壤类型，总面积约218万hm^2，占国土面积22.7%，占全国耕地面积28%，而生产的粮食占全国粮食总产44.5%，茶、丝、糖占93%，肉类占全国总产54.8%，是我国粮食、经济作物、肉类产品的重要基地。由于红壤地区高温高湿，土壤矿物风化淋溶强烈，土壤"酸、黏、瘦"，这些均不利于作物的生长和高产；特别是红壤旱地水分蒸发量大、保水能力差，且养分更为缺乏，尤其土壤的有效磷（赵其国，1995），所以干旱年份常造成大幅度减产（袁展汽等，2007）。因此，在红壤上，采取有效的培肥施肥措施，提高肥料利用率，减轻施肥对环境的污染及节约有限自然资源都有一定现实意义。为探明施肥对红壤质量变化规律，本章通过对湖南红壤下小麦的生长发育指标与生理生化等指标的分析，探讨水肥多因子对作物生长的耦合效应与机理，为红壤的合理利用和区域农业的可持续发展提供理论依据。

第一节 水氮磷钾互作对小麦生长发育的影响

作物生长发育性状能够指示土壤养分条件的好坏，不同水肥配比条件下的小麦株高、叶面积生长动态规律不尽相同（表7-1）。水氮磷钾配比在不同时期对小麦株高影响的方差分析结果表现如表7-2所示。

表7-1 红壤下水肥交互对小麦苗期与抽穗期的株高和叶面积的影响

水分水平	养分水平			株高（cm）		叶面积（cm^2/株）		水分水平	养分水平			株高（cm）		叶面积（cm^2/株）	
W	N	P	K	苗期	抽穗期	苗期	抽穗期	W	N	P	K	苗期	抽穗期	苗期	抽穗期
W_1	N_1	P_1	K_1	17.75	24.00	19.41	11.97	W_2	N_1	P_1	K_1	22.95	38.50	28.96	14.06
		P_1	K_2	20.25	23.50	18.86	11.06			P_1	K_2	25.75	39.00	30.56	20.93
		P_1	K_3	23.63	27.00	25.23	17.96			P_1	K_3	23.63	39.00	30.57	19.02
		P_2	K_1	19.75	24.00	20.25	13.17			P_2	K_1	20.43	34.00	22.23	12.60
		P_2	K_2	18.75	24.15	19.48	15.00			P_2	K_2	25.00	35.75	26.49	14.20
		P_2	K_3	25.13	27.50	27.16	16.14			P_2	K_3	26.25	37.50	24.03	19.16
		P_3	K_1	21.63	22.25	21.58	8.18			P_3	K_1	23.48	34.50	25.09	11.46

续表

水分水平 W	养分水平 N	P	K	株高（cm）苗期	株高 抽穗期	叶面积（cm²/株）苗期	叶面积 抽穗期	水分水平 W	养分水平 N	P	K	株高（cm）苗期	株高 抽穗期	叶面积（cm²/株）苗期	叶面积 抽穗期
		P₃	K₂	22.25	22.50	22.08	8.55			P₃	K₂	24.60	28.50	21.47	17.74
		P₃	K₃	22.75	23.00	22.20	10.55			P₃	K₃	24.25	30.50	24.32	17.97
N₂	P₁		K₁	24.13	21.60	19.94	14.62	N₂	P₁		K₁	25.53	33.50	21.14	19.09
	P₁		K₂	22.00	21.00	23.60	13.32		P₁		K₂	26.53	35.25	20.64	19.21
	P₁		K₃	23.25	21.75	26.29	17.75		P₁		K₃	26.10	34.50	22.27	15.80
	P₂		K₁	22.00	20.00	18.59	12.72		P₂		K₁	24.03	33.50	20.34	12.31
	P₂		K₂	19.75	19.50	21.05	14.59		P₂		K₂	22.93	32.00	19.40	14.25
	P₂		K₃	22.88	23.50	24.18	15.29		P₂		K₃	23.05	33.50	22.02	15.25
	P₃		K₁	18.50	19.75	20.34	12.00		P₃		K₁	18.20	26.00	17.69	11.30
	P₃		K₂	19.63	18.50	19.26	12.46		P₃		K₂	20.48	27.50	22.61	13.84
	P₃		K₃	22.88	20.75	25.39	18.84		P₃		K₃	21.00	26.75	21.10	12.58
N₃	P₁		K₁	21.50	23.00	21.20	17.22	N₃	P₁		K₁	21.98	30.00	20.60	16.08
	P₁		K₂	22.05	24.00	25.78	15.53		P₁		K₂	24.58	28.50	25.46	16.50
	P₁		K₃	21.75	24.00	25.59	17.99		P₁		K₃	23.75	32.75	26.82	17.04
	P₂		K₁	20.00	22.75	18.52	19.85		P₂		K₁	20.95	32.00	18.75	12.82
	P₂		K₂	22.25	23.00	22.33	20.02		P₂		K₂	23.50	31.00	25.07	18.42
	P₂		K₃	23.38	23.50	25.95	20.49		P₂		K₃	22.88	33.75	24.43	17.06
	P₃		K₁	17.88	20.50	17.74	16.89		P₃		K₁	20.80	29.50	19.49	14.62
	P₃		K₂	20.13	23.00	21.99	21.56		P₃		K₂	24.08	34.00	26.13	19.82
	P₃		K₃	22.50	24.50	24.96	19.22		P₃		K₃	25.30	29.50	28.90	22.89

表7-2 红壤下小麦苗期与抽穗期水肥交互对株高和叶面积影响的显著性水平分析

变异来源	显著水平 苗期株高	显著水平 抽穗期株高	显著水平 苗期叶面积	显著水平 抽穗期叶面积
W	0.0001	0.0001	0.0001	0.0112
N	0.0006	0.0001	0.0001	0.0097
P	0.4188	0.0001	0.0001	0.0001
K	0.0001	0.0204	0.0001	0.0001
W*N	0.2471	0.0068	0.0425	0.0001
W*P	0.2213	0.0112	0.0001	0.0001
W*K	0.0046	0.4111	0.0003	0.0185
N*P	0.0001	0.0029	0.2804	0.0001
N*K	0.2471	0.5198	0.971	0.0048
P*K	0.0476	0.7697	0.0001	0.0026
W*N*P	0.0499	0.0198	0.0001	0.0001
W*N*K	0.9085	0.7909	0.2252	0.0046
W*P*K	0.7086	0.7614	0.1082	0.0003
N*P*K	0.0221	0.3169	0.1281	0.0615
W*N*P*K	0.4764	0.2734	0.0004	0.0032

注：数据为方差分析所得的差异显著性水平值

一、小麦株高

苗期，水氮钾三因素对株高的影响顺序为W > K > N（表7-2），说明苗期作物对水分的需求较多。此期N_1（0.05g/kg）水平条件下株高极显著高于另外两水平，且N_2（0.15g/kg）与N_3（0.45g/kg）水平间差异不显著，这说明此期作物吸氮量较少，氮素过多不利于小麦株高的增加。K_3（0.40g/kg）水平条件下株高最高，其较K_2（0.10g/kg）和K_1（0.00g/kg）水平分别高出4.91%、11.24%。苗期水钾交互对株高的影响显著（图7-1），水分胁迫条件下，K_3（0.40g/kg）水平条件下的株高最高；而在无水分胁迫时，K_2（0.10g/kg）水平条件下的株高最高。这说明苗期以水促钾对株高的影响显著。氮磷交互对苗期作物株高的负效应显著。

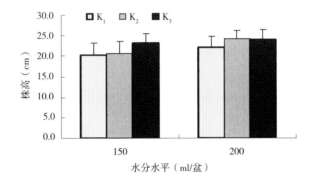

图7-1　红壤苗期水钾交互对株高的影响

生长至抽穗期，水分对作物株高的促进作用加大，无水分胁迫较有水分胁迫的株高增加了43.80%。N_1（0.05g/kg）与N_2（0.15g/kg）水平株高较N_3（0.45g/kg）水平高出11.78%，且N_1和N_2间差异不显著，这说明随生育进程的推进，株高生长所需氮素较苗期有所提高，但过多的氮素仍不利于株高的增加。由于红壤的保水蓄水能力较差，因此磷肥的增多虽不利于株高的增加，但起到了壮根、壮苗的作用，以增强作物的抗旱能力。抽穗期钾素对株高的促进作用显著，K_3（0.40g/kg）较K_1（0.00g/kg）和K_2（0.10g/kg）水平的株高分别增加4.75%、27.22%。水氮、氮磷交互对株高的影响达到显著水平，但规律性不强。因此在抽穗期，作物对水分和氮素的吸收加大，不同的钾水平间的株高差异亦在不断加大。

二、小麦叶面积

由图7-2可见苗期和抽穗期，钾素对小麦叶面积的影响均占主导地位，高钾水平条件下小麦的叶面积最大，中钾水平次之，低钾水平最差。这两个时期水分对叶面积的影响显著，但不同水分水平间叶面积差异较小，这说明水分不是影响叶面积大小的首要因子，这可能与田间灌水后，红壤黏性大，易板结，致使土壤表面易开裂、水分蒸散较快有关。两个生育期内，N_1、P_1水平条件下的叶面积最大，原因可能是土壤含水量较小，氮、磷素在土壤中的溶解性和移动性差所致。因此对与小麦的叶面积来说，以水促氮、以水促磷效果较差。抽穗期，磷钾交互对叶面积的正交互作用显著，随磷、钾水平的提高，叶面积逐渐增加，因此此期，以钾促磷效果显著。

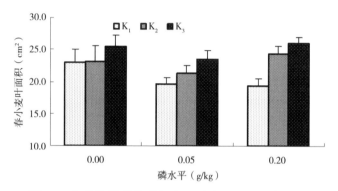

图7-2 红壤下抽穗期磷钾交互对叶面积的影响

综上所述，由于红壤的土壤质地较黏重，有机质含量低且酸性较大，土壤表面易开裂，水分蒸散较快，因此水分对作物株高与叶面积的促进作用不大，导致氮素与磷素在土壤中的溶解性和移动性较差，且土壤对磷的固定能力较强，所以过多的氮磷含量不利于作物株高与叶面积的生长。而钾素对作物苗期与抽穗期株高、叶面积的促进作用显著，原因可能与湖南红壤缺钾较严重有关（李雪梅，杨修立，2004）。抽穗期，磷钾交互对叶面积有正交互作用，以钾促磷效果明显。

第二节　水氮磷钾互作对小麦光合指标的影响

作物通过光合作用合成碳水化合物，积累干物质，积累量的大小直接反映在株高、茎粗、叶片数与叶面积等形态指标的变化上，因此研究水氮磷钾配施对小麦光合指标的影响，有助于了解水肥耦合对作物生长发育的影响。

一、水氮磷钾互作对小麦叶片净光合速率的影响

衡量光合作用能力的大小通常用单位绿叶面积的光合速率（Pn）表示。而光合速率的大小与产量构成有极其密切的关系，本试验通过水氮磷钾配施对作物的光合特性进行研究，目的是为寻求作物高产形成的机理。

红壤下不同水氮磷钾互作对小麦Pn、Tr、Cs光和指标有不同影响（表7-3）。方差分析结果表明（表7-4），水肥单因子及交互因子对小麦叶片净光合速率的影响均达到了极显著水平，单因子影响的大小顺序是，水>磷>氮>钾，水分对小麦净光合速率的影响占主导地位，磷次之。无水分胁迫较有水分胁迫处理的净光合速率高出31.38%，原因是土壤中含水量提高，叶片光合能力增强，净光合速率增加，这与张晓萍的研究结果类似。磷素对红壤下小麦叶片的净光合速率的影响达到了极显著水平，且不同磷水平在两种水分条件下表现不一。水分胁迫时，磷素与净光合速率之间呈正相关关系，P_3（0.20g/kg）水平较P_2（0.05g/kg）和P_1（0.00g/kg）水平分别提高了9.76%、28.04%，这可能与施用磷肥可增强细胞膜的稳定性，增强作物对干旱的抵抗能力有关（张岁岐，山仑，1998）；而在无水分胁迫时，磷水平的提高不利于叶片净光合速率的增加，原因是水磷对净光合速率的影响有相互替代作用。氮素对净光合速率的影响与磷类似，水分胁迫时，N_3（0.45g/kg）水平条件下的净光合速率最高，且较另外两个磷水平平均提高了9.96%，这说明在水分胁迫不十分严重时，施氮量的增加可显著提高小麦叶片的Pn（尹光华，刘作新，2006）；而无水分胁迫时，氮水平的提高则不利于净光合速率的增加，这与OSBORNE（1986）研究的在土壤水分正常供应情况下，叶片氮素水平与叶片光合作用能力成正比的结论相反，原因可能是随供水量的提高，随土壤对氮素的溶解与吸收加大，致使红壤酸性增加，限制了氮、磷营养作用的发挥，使光合性能减弱，Pn降低。K_2（0.10g/kg）水平条件下叶片的净光合速率最高，较其他两水平平均高出4.99%，且水钾交互对Pn的影响显著，这说明适量的钾肥可以增加其光合速率，有利于光合产物的积累，缺钾或钾浓度过高光合速率都会降低（张恩平，李天来，2005）。

表7-3 红壤下水氮磷钾互作对小麦光合指标的影响

水分水平 W	养分水平 N	P	K	光合指标 Pn	Tr	Cs	水分水平 W	养分水平 N	P	K	光合指标 Pn	Tr	Cs
W_1	N_1	P_1	K_1	9.61	0.59	0.02	W_2	N_1	P_1	K_1	32.60	10.20	0.23
		P_1	K_2	11.90	1.89	0.05			P_1	K_2	31.08	8.87	0.19
		P_1	K_3	11.40	1.34	0.03			P_1	K_3	31.25	10.33	0.22
		P_2	K_1	12.20	1.86	0.05			P_2	K_1	23.35	3.82	0.08

水分水平 W	养分水平 N	P	K	Pn	Tr	Cs	水分水平 W	养分水平 N	P	K	Pn	Tr	Cs
		P₂	K₂	10.65	2.12	0.06			P₂	K₂	20.80	1.97	0.04
		P2	K3	16.25	3.04	0.08			P2	K3	19.73	2.01	0.04
		P3	K1	12.40	1.52	0.04			P3	K1	18.80	0.55	0.01
		P3	K2	11.88	1.27	0.03			P3	K2	20.03	1.63	0.03
		P3	K3	11.28	0.93	0.02			P3	K3	21.25	1.80	0.03
	N2	P1	K1	12.48	0.90	0.02		N2	P1	K1	21.53	2.00	0.04
		P1	K2	12.70	1.61	0.04			P1	K2	22.88	2.79	0.05
		P1	K3	14.13	1.05	0.03			P1	K3	20.13	4.30	0.08
		P2	K1	13.18	1.59	0.04			P2	K1	20.13	2.12	0.04
		P2	K2	14.68	1.27	0.03			P2	K2	24.43	2.85	0.05
		P2	K3	13.58	3.28	0.08			P2	K3	19.05	1.39	0.03
		P3	K1	14.38	1.56	0.04			P3	K1	19.58	0.98	0.02
		P3	K2	14.10	1.18	0.03			P3	K2	19.03	2.04	0.04
		P3	K3	16.28	1.88	0.05			P3	K3	4.94	0.68	0.01
	N3	P1	K1	14.00	1.37	0.03		N3	P1	K1	9.62	1.97	0.03
		P1	K2	16.75	1.79	0.04			P1	K2	12.43	3.39	0.06
		P1	K3	17.08	1.85	0.04			P1	K3	12.70	3.11	0.04
		P2	K1	10.63	0.82	0.02			P2	K1	10.00	2.37	0.04
		P2	K2	17.03	1.61	0.04			P2	K2	7.21	1.12	0.02
		P2	K3	11.03	0.79	0.02			P2	K3	9.23	1.66	0.03
		P3	K1	17.65	1.53	0.03			P3	K1	10.40	1.87	0.03
		P3	K2	12.78	0.78	0.02			P3	K2	15.00	4.52	0.08
		P3	K3	20.80	2.54	0.06			P3	K3	9.99	2.51	0.04

表7-4 红壤下小麦叶片净光合速率的显著性水平分析

变异来源	F 值	显著水平
W	36 316.71	0.0001
N	4 838.33	0.0001
P	17 834.28	0.0001
K	539.50	0.0001
W*N	9 044.85	0.0001
W*P	47 099.54	0.0001
W*K	3 008.54	0.0001
N*P	3 649.15	0.0001
N*K	369.02	0.0001
P*K	1 322.33	0.0001
W*N*P	3 662.37	0.0001
W*N*K	1 260.75	0.0001
W*P*K	898.78	0.0001
N*P*K	650.99	0.0001
W*N*P*K	1 683.55	0.0001

注：数据为方差分析所得的差异显著性水平值

（一）W_1条件下氮磷钾配施对叶片净光合速率的影响

水分胁迫条件下的方差分析结果表明（表7-5），磷素对Pn的影响占主导地位。氮磷、氮钾、磷钾及氮磷钾交互对Pn的影响均达到了极显著水平（图7-3）。氮磷交互对Pn的影响表现：不施磷时，N_2水平条件下的Pn最高；而随供磷水平的提高，N_3P_3组合的Pn达到最高值，这说明以磷促钾效果明显。氮钾交互在低氮水平条件下随供钾水平的提高Pn逐渐增加；而在中氮水平条件下，氮钾的正交互效应显著，N_2K_2组合的净光合速率最高；高氮水平时，氮钾耦合协同效应减弱。磷钾配比对Pn的影响随供氮水平的提高而增加，但两者的交互效应不明显。氮磷钾交互对净光合速率的影响与上述类似。

表7-5　W_1和W_2条件下叶片净光合速率的显著性水平分析

变异来源	W_1		W_2	
	F 值	显著水平	F 值	显著水平
N	714.59	0.0001	14 068.14	0.0001
P	3 467.04	0.0001	65 655.94	0.0001
K	895.02	0.0001	2 779.13	0.0001
N*P	983.19	0.0001	6 713.67	0.0001
N*K	597.9	0.0001	1 062.59	0.0001
P*K	57.77	0.0001	2 315.49	0.0001
N*P*K	973.27	0.0001	1 388.26	0.0001

注：数据为方差分析所得的差异显著性水平值

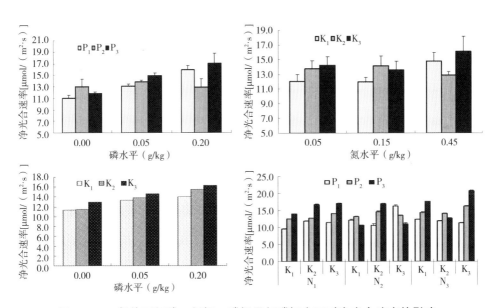

图7-3　W_1条件下氮磷、氮钾、磷钾及氮磷钾交互对净光合速率的影响

（二）W_2条件下氮磷钾配施对叶片净光合速率的影响

无水分胁迫时，P对净光合速率的主导地位不变，氮磷、氮钾、磷钾及氮磷钾交互对Pn的影响均达到了极显著水平（图7-4）。分析结果表明，氮磷钾的两因子及三因子耦合对Pn的拮抗效应显著，随土壤中氮、磷、钾水平的提高，Pn逐渐降低。原因首先是固体磷肥在施入土壤后，经吸水溶解后，通过扩散作用向作物根系迁移，且其移动又依赖于土壤紧实度、土壤水分和土壤固磷能力等因素（Benbi D K，Gilkes R J，1987），因此磷在土壤中的移动距离非常短；其次而红壤是典型的酸性土壤，质地紧实、黏重，过2mm筛后土壤板结严重、易开裂，土壤空隙度和有效水降低，从而使营养元素吸收利用降低，过多的肥料投入对作物的生长产生了毒害作用。

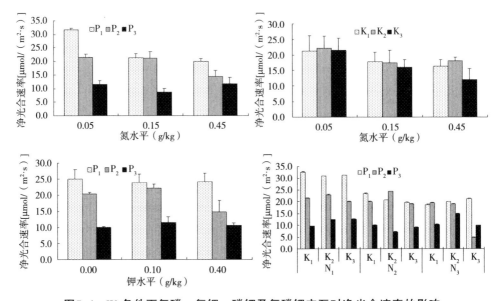

图7-4　W_2条件下氮磷、氮钾、磷钾及氮磷钾交互对净光合速率的影响

综上所述，在红壤下，水分的作用占主导地位，且水分成为氮素与磷素对小麦净光合速率影响的主要限制因素。水分胁迫时，氮、磷、钾单因子及交互因子对Pn有显著的促进作用；而无水分胁迫时，除钾水平的提高增加了小麦的Pn外，氮、磷水平的提高抑制了作物Pn的增加。

二、水氮磷钾互作对叶片蒸腾速率和气孔导度的影响

水肥不同配比对小麦叶片蒸腾速率和气孔导度的影响均达到了极显著水平（表7-6），单因子对叶片蒸腾速率的影响顺序为水>氮>磷>钾，对气孔导

度影响的大小顺序为：氮>水>磷>钾。土壤供水量的增加使叶片的蒸腾速率和气孔导度分别提高了97.40%、54.61%。

氮素在两种水分条件下对叶片蒸腾速率和气孔导度的影响表现不同。水分胁迫时，N_2（0.15g/kg）水平较另外两水平的 Tr 和 Gs 分别高出28.06%、31.90%，且 N_1（0.05g/kg）与 N_3（0.45g/kg）水平间差异不显著；而无水分胁迫时，随供氮水平的提高，Tr 和 Gs 数值逐渐降低且降幅较大，原因可能与随红壤中氮素含量的提高，土壤的酸性增强有关。

钾素对这两个指标的影响表现类似，水分胁迫时，钾素与 Tr 和 Gs 之间呈显著的正相关，即 K_3（0.40g/kg）水平条件下的 Tr 和 Gs 最高，且蒸腾速率较另外两水平分别提高了23.45%、42.15%，气孔导度则分别提高了23.46%、42.31%；而无水分胁迫时，随供水量的提高，K_2（0.10g/kg）水平条件下的 Tr 和 Gs 最高，K_3 水平次之，K_1 最差，K_2 水平的蒸腾速率较另外两水平分别提高了4.93%、12.62%，气孔导度亦显著高于另外两水平，但增幅略小，原因与钾对净光合速率的影响相同。

表7-6　红壤水肥交互下叶片蒸腾速率和气孔导度的显著性水平分析

变异来源	蒸腾速率μmol/（m²·s）		气孔导度mol/（m²·s）	
	F 值	显著水平	F 值	显著水平
W	2 957.11	0.0001	969.64	0.0001
N	1 300.66	0.0001	1 056.37	0.0001
P	799.54	0.0001	897.45	0.0001
K	66.94	0.0001	47.05	0.0001
W*N	1 746.38	0.0001	1 434.18	0.0001
W*P	701.21	0.0001	610.65	0.0001
W*K	28.39	0.0001	29.08	0.0001
N*P	852.95	0.0001	725.63	0.0001
N*K	46.95	0.0001	23.1	0.0001
P*K	21.05	0.0001	17.25	0.0001
W*N*P	899.97	0.0001	806.88	0.0001
W*N*K	176.43	0.0001	142.76	0.0001
W*P*K	52.12	0.0001	47.41	0.0001
N*P*K	11.54	0.0001	10.4	0.0001
W*N*P*K	76.36	0.0001	64.3	0.0001

注：数据为方差分析所得的差异显著性水平值

表7-7及图7-5表明，水分胁迫时，钾素对蒸腾速率和气孔导度的影响占主导地位。氮磷钾配施对蒸腾速率和气孔导度的影响相同，原因是气孔导度对蒸腾作用的影响非常重要，植物主要通过气孔的大小来调节蒸腾作用和气体交换，因此气孔阻力（气孔导度的倒数）小时，蒸腾作用较强。下面以

蒸腾速率为例说明。在水分胁迫时，氮磷、氮钾、磷钾及氮磷钾对Tr的影响均达到了极显著水平（表7-7）。氮磷交互在中氮水平条件下的Tr显著高于低氮和高氮水平，但氮磷耦合互作的规律性不强。氮钾交互随供氮水平的提高，两者耦合由协同转为拮抗。从氮磷、氮钾交互对Tr的影响可知，氮肥施用不足或氮含量过高，均会对蒸腾速率有不利影响，氮素成为与磷、钾耦合的限制性因素。磷钾耦合对Tr的影响显著，但交互的规律性不强。氮磷钾耦合对蒸腾速率的影响达到极显著水平，且$N_2P_2K_3$组合的Tr最高。

表7-7 红壤W_1条件下叶片蒸腾速率和气孔导度的显著性水平分析

变异来源	蒸腾速率μmol/（m²·s）		气孔导度mol/（m²·s）	
	F值	显著水平	F值	显著水平
N	44.3	0.0001	45.05	0.0001
P	6.16	0.0033	21.45	0.0001
K	62.54	0.0001	52.22	0.0001
N*P	70.21	0.0001	64.58	0.0001
N*K	40.71	0.0001	38.35	0.0001
P*K	8.67	0.0001	8.20	0.0001
N*P*K	35.41	0.0001	28.96	0.0001

注：数据为方差分析所得的差异显著性水平值

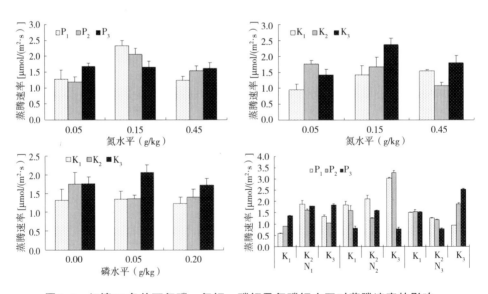

图7-5 红壤W_1条件下氮磷、氮钾、磷钾及氮磷钾交互对蒸腾速率的影响

表7-8表明，无水分胁迫时，磷肥取代了钾肥的主导地位，氮磷交互次之。氮磷、氮钾、磷钾及氮磷钾交互对Tr和Gs的影响均达到极显著水平，但由图7-6

可知，氮、磷、钾两因子及三因子交互对Tr的拮抗效应显著，原因与Pn相同。

表7-8　红壤W_2条件下叶片蒸腾速率和气孔导度的显著性水平分析

变异来源	蒸腾速率μmol/（m²·s）		气孔导度mol/（m²·s）	
	F 值	显著水平	F 值	显著水平
N	3 124.01	0.0001	3 678.72	0.0001
P	1 554.93	0.0001	2 239.41	0.0001
K	29.77	0.0001	9.23	0.0003
N*P	1 746.21	0.0001	2 188.80	0.0001
N*K	187.34	0.0001	173.23	0.0001
P*K	66.42	0.0001	81.24	0.0001
N*P*K	52.18	0.0001	54.29	0.0001

注：数据为方差分析所得的差异显著性水平值

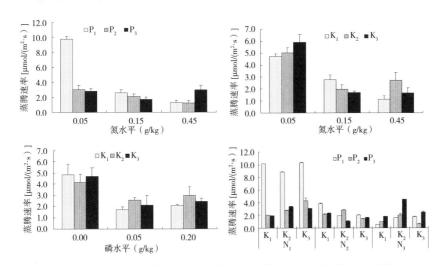

图7-6　W_2条件下氮磷、氮钾、磷钾及氮磷钾交互对蒸腾速率的影响

综上所述，水分是影响Tr和Gs的首要限制因子，两种水分条件下的氮磷钾配施对这两个指标的影响差异较大。水分胁迫时，氮磷钾耦合协同效应显著，分析表明氮肥施用不足或氮含量过高，均会对蒸腾速率有不利影响，氮素成为与磷、钾耦合的限制性因素，且$N_2P_2K_3$组合的Tr最高。而无水分胁迫时，氮磷钾两因子及三因子交互对Tr的拮抗效应显著。

第三节　水氮磷钾互作对小麦叶片保护酶和丙二醛含量的影响

植物在逆境条件下，会使细胞内活性氧自由基增加，导致细胞遭受氧化危害。因此，作物需动员整个防御系统抵抗逆境胁迫诱导的氧化伤害，而清除系统中的超氧化物歧化酶（SOD）、过氧化物酶（POD）、过氧化氢酶（CAT）的活性就成为控制伤害的决定性因素。水分胁迫诱发的大量自由基也会使细胞膜脂过氧化而生成丙二醛（MDA）。其含量不仅直接标志膜脂过氧化程度，也间接表示组织中自由基的含量（张宝石，1996；赵丽英等，2005）。作物抗性生理的有关研究表明，细胞中SOD、POD、CAT活性和丙二醛（MDA）含量变化与作物的抗旱性有关（Boyer I S，1982）。

一、水氮磷钾互作对叶片保护酶的影响

植物体内存在的SOD、CAT和POD等抗氧化酶，能够在逆境胁迫和衰老过程中清除植物体内过量的活性氧，维持活性氧的代谢平衡和保护膜结构，协同抵御不良环境的胁迫。因此抗氧化酶活性和MDA含量常被作为研究植物逆境生理和衰老生理的指标。表7-9为红壤下小麦叶片保护酶和丙二醛含量。

表7-9 红壤下水肥对小麦叶片保护酶和丙二醛的影响

处理	因子排列	SOD （U/mg）	POD （U/mg）	CAT （U/g）	MDA （nmol/mg）
1	$W_1N_1K_1$ P_1	16.44	0.84	127.08	0.44
2	$W_1N_2K_2$ P_1	13.62	1.31	178.49	0.70
3	$W_1N_2K_2$ P_2	9.88	1.24	157.41	0.65
4	$W_1N_2K_2$ P_3	10.70	1.15	95.50	0.67
5	$W_2N_1K_1$ P_1	15.56	1.34	167.86	0.58
6	$W_2N_2K_2$ P_1	15.93	0.97	154.81	0.54
7	$W_2N_2K_2$ P_2	14.83	1.26	129.82	0.55
8	$W_2N_2K_2$ P_3	16.13	1.31	116.82	0.41

（一）小麦叶片SOD与POD

SOD是生物防御活性氧伤害的重要保护酶之一，防止超氧自由基对生物膜系统的氧化，对细胞的抗氧化、衰老具有重要的意义，它的活性高低标志着植物细胞自身抗衰老能力的强弱。在两种水分条件下，不同处理间的SOD活性表现类似，均是随磷水平的提高先减少后略有增加（图7-7）。水分胁迫时，SOD活性下降幅度较大，其中$W_1N_1K_1P_1$组合较$W_1N_2K_2P_2$组合的SOD活性下降了66.39%，原因是SOD活性随干旱程度加深而加强，这可能是干旱胁迫产生的自由基作为底物诱导加强了抗氧化酶活性，因此在干旱缺水和磷胁迫时，SOD活性的提高利于清除逆境条件下生成的自由基，从而对生物膜的功能和结构起保护作用（杜秀敏，殷文炎，2001）；无水分胁迫时，SOD活性变化趋势与水分胁迫时类似，但变幅降低，可见在非胁迫条件下，SOD

活性与逆境之间有微弱的正相关，这是其适应逆境的生理基础（齐秀东，2005）。由此可见，在红壤上SOD活性主要受到水分和磷素的影响，且受水分胁迫的程度较大。

POD活性表现出与SOD活性变化交替增减趋势（图7-7），原因是POD与SOD有相互协调的作用，使活性氧维持在较低的水平上，从而降低对作物的毒害。在两种水分条件下，两个酶的活性表现不一。水分胁迫时，随供氮、钾素含量的提高，POD活性提高了56.24%，磷素含量与POD活性呈负相关，P_3（0.20g/kg）水平较P_1（0.05g/kg）和P_2（0.00g/kg）水平的POD活性分别降低了14.31%、7.93%。

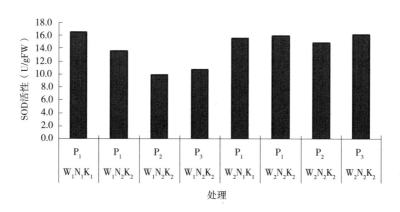

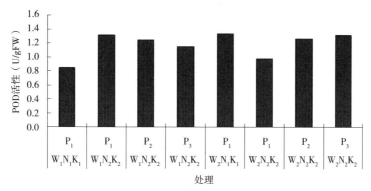

图7-7　红壤水肥互作对小麦叶片SOD和POD的影响

（二）小麦叶片CAT

由图7-8可见水分胁迫条件下，CAT活性先随氮、钾含量的提高而升高，活性增加了40.46%；而后随供磷水平的提高而下降，变化趋势与POD活性类似，原因是这两种酶均有催化分解H_2O_2的作用（林植芳，李双顺，1988）。

而在无水分胁迫时，CAT活性受到养分的胁迫而逐渐下降。这说明CAT活性在水分供应充足时，受养分胁迫较严重，即养分缺乏时CAT活性提高，从而增加作物的抗逆性。

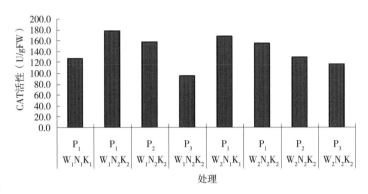

图7-8　水肥互作对小麦叶片CAT的影响

二、水氮磷钾互作对小麦叶片丙二醛含量的影响

MDA是细胞膜脂过氧化指标，其含量的变化反映了细胞膜脂过氧化水平，它既是膜脂过氧化产物，又可以强烈地与细胞内各种成分发生反应，使多种酶和膜系统严重损伤。图7-9表明不同处理间，MDA含量随水肥的变化而呈降低的趋势，这说明在作物受到水分和养分胁迫时，MDA含量的增加会强烈地与细胞内各种成分发生反应，使多种酶和膜系统严重损伤。无水分胁迫时，P_3（0.20g/kg）水平的MDA含量较P_1（0.00g/kg）和P_2（0.05g/kg）水平降低了36.45%、33.04%。

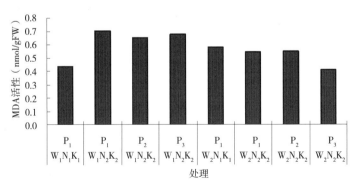

图7-9　红壤水肥互作对小麦叶片MDA的影响

众多研究表明，磷素营养与水分之间有着非常密切的关系。水分影响植物体内磷素营养的吸收、利用和分配，反之适宜的磷素营养水平也能够在一定程度上提高植物对干旱的适应性及其水分利用效率，达到"以肥调水"的目的。作物在逆境条件下，水分和养分的缺乏，会导致叶片保护酶和MDA含量的变化。水分胁迫下动态平衡受到破坏，SOD、POD和CAT等保护酶活性发生相应变化，而这些变化又与MDA积累密切相关。自由基活性氧浓度未超过伤害"阈值"时，保护酶会表现出积极应对；而超过"阈值"后，保护酶则以被动忍耐为主。这就引起了一系列链式反应，导致蛋白质变性、核酸降解、保护酶活性下降。这就进一步促使了膜脂过氧化，使丙二醛含量增加，膜的完整性破坏，作物受到伤害。另一方面，MDA积累又抑制了SOD、POD和CAT的活性，从而使保护酶系统丧失功能，进一步加剧膜系统受损。在红壤下，水分和养分的增加使小麦叶片保护酶活性和丙二醛含量提高，从而增加了作物的抗逆性。磷素作为植物细胞分裂、保护酶形成过程中最重要的元素，其含量的高低和分配的有效性直接影响和破坏细胞膜结构、抑制细胞分裂、降低保护酶活性、加剧MDA含量的积累。

第四节　水氮磷钾互作对小麦生物产量的影响

水肥交互对小麦生物产量的影响可见（表7-10），W_2水平下的小麦产量整体高于W_1，W_1下$N_2P_1K_3$生物产量最高达2.4076g/盆，W_2下$N_2P_3K_3$生物产量最高达3.8604g/盆，说明水分是影响产量的关键因素，在提高水分的同时需要增施磷肥。

表7-10　红壤下水肥交互对小麦生物产量的影响

水分水平	养分水平			生物产量（g/盆）	水分水平	养分水平			生物产量（g/盆）
W	N	P	K		W	N	P	K	
W_1	N_1	P_1	K_1	1.4506	W_2	N_1	P_1	K_1	3.1309
		P_1	K_2	1.4478			P_1	K_2	3.2872
		P_1	K_3	1.9528			P_1	K_3	3.1848
		P_2	K_1	1.4907			P_2	K_1	2.5604
		P_2	K_2	1.6101			P_2	K_2	2.9992
		P_2	K_3	1.8403			P_2	K_3	3.3137
		P_3	K_1	1.6172			P_3	K_1	2.6536
		P_3	K_2	1.7636			P_3	K_2	2.7436
		P_3	K_3	1.8564			P_3	K_3	3.2677
	N_2	P_1	K_1	1.4914		N_2	P_1	K_1	2.4504
		P_1	K_2	1.5485			P_1	K_2	2.7688
		P_1	K_3	2.4076			P_1	K_3	3.0832

续表

水分水平	养分水平			生物产量（g/盆）	水分水平	养分水平			生物产量（g/盆）
W	N	P	K		W	N	P	K	
		P_2	K_1	1.5123			P_2	K_1	2.9319
		P_2	K_2	1.6763			P_2	K_2	3.1982
		P_2	K_3	2.2869			P_2	K_3	2.6099
		P_3	K_1	1.4923			P_3	K_1	2.3086
		P_3	K_2	1.4935			P_3	K_2	2.8493
		P_3	K_3	2.0191			P_3	K_3	3.8604
	N_3	P_1	K_1	1.2702		N_3	P_1	K_1	1.2508
		P_1	K_2	1.3355			P_1	K_2	1.4945
		P_1	K_3	1.0678			P_1	K_3	1.4945
		P_2	K_1	1.3622			P_2	K_1	1.2993
		P_2	K_2	1.0401			P_2	K_2	1.5402
		P_2	K_3	1.2493			P_2	K_3	1.6305
		P_3	K_1	0.9116			P_3	K_1	1.7417
		P_3	K_2	1.5661			P_3	K_2	3.1313
		P_3	K_3	1.8670			P_3	K_3	2.4240

方差分析结果表明（表7-11），小麦生物产量受水分状况和土壤肥力的影响较大。水肥单因子及交互因子对红壤下小麦生物产量的影响均达到了极显著水平。由于F值的大小表示主效应和互作变异的大小，因此水肥影响红壤小麦生物产量的顺序为：W> N> K> WN> NP> P> WNP> WK> NK> WNPK> PK> NPK> WP> WPK> WNK，说明水分对小麦生物产量的影响处于主导地位，氮次之。无水分胁迫较有水分胁迫条件下的生物产量提高了62.36%，这是因为水分胁迫时，不同的"干""湿"交替条件导致水肥间耦合效果差异显著。

表7-11　红壤下水肥交互对小麦生物产量影响的显著性水平分析

变异来源	F 值	显著水平
W	1 989.63	0.0001
N	584.22	0.0001
P	33.18	0.0001
K	152.52	0.0001
W*N	137.91	0.0001
W*P	14.94	0.0001
W*K	18.42	0.0001
N*P	41.24	0.0001
N*K	17.70	0.0001
P*K	15.91	0.0001
W*N*P	24.34	0.0001
W*N*K	3.72	0.0064

续表

变异来源	F 值	显著水平
W*P*K	4.60	0.0015
N*P*K	15.09	0.0001
W*N*P*K	17.63	0.0001

注：数据为方差分析所得的差异显著性水平值

一、W₁ 条件下氮磷钾配施对小麦生物产量的影响

王伯仁，徐明岗（2005）研究发现，在红壤旱地上，长期施肥明显改变土壤的生态环境，特别在不平衡施肥处理和不施用有机肥料处理中，土壤生产性能变差，作物生长出现养分失调和生理病害严重症状。

在本试验中，W_1 条件下的分析结果表明（表7-12），氮肥对生物产量的影响占主导地位，N_2（0.15g/kg）条件下小麦的生物产量最高，其较 N_1（0.05g/kg）和 N_3（0.45g/kg）水平分别提高了9.97%、36.49%。不同磷水平间的生物产量差异不显著，这是因为磷素主要通过扩散作用向根部迁移，水分亏缺降低了作物对磷素的吸收利用。钾水平与小麦的生物产量呈显著的正相关关系，K_3（0.40g/kg）较 K_2（0.10g/kg）和 K_1（0.00g/kg）水平下的生物产量分别增加了22.74%、31.34%，原因与红壤普遍缺钾有关，这与王伯仁，徐明岗（2005）研究相符。

表7-12　红壤W_1条件下小麦生物产量的显著性水平分析

变异来源	F 值	显著水平
N	74.32	0.0001
P	1.61	0.2058
K	63.37	0.0001
N*P	5.07	0.0011
N*K	10.81	0.0001
P*K	2.52	0.0477
N*P*K	8.63	0.0001

注：数据为方差分析所得的差异显著性水平值

氮磷、磷钾及氮磷钾交互对小麦生物产量的影响达到了极显著水平，磷钾交互对生物产量的影响达到显著水平（图7-10）。氮磷交互对生物产量的影响结果表明，氮素是影响生物产量的主因素，磷肥的增产效果不明显；磷钾交互的结果与氮磷相同。氮钾耦合对生物产量的协同效应显著，且在 N_2

（0.15g/kg）水平条件下N_2K_3组合生物产量最高，其较该水平条件下的其他组合平均高出45.81%，这说明在红壤水分胁迫时以钾促氮效果明显。综上所述，在红壤水分不足时氮钾的合理配比是作物增产的关键。

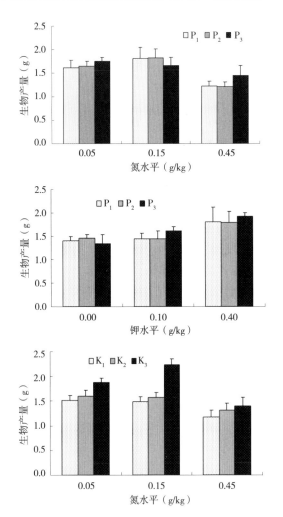

图7-10 W_1条件下氮磷、氮钾、磷钾及氮磷钾交互对生物产量的影响

二、W_2条件下氮磷钾配施对小麦生物产量的影响

无水分胁迫时，氮肥保持对生物产量的主导地位不变（表7-13），但氮素水平的提高不利于生物产量的增加，其原因可能是土壤pH值影响着土壤养分的有效性，进而影响了作物的生长；王伯仁等研究指出：在施N和NK的处

理中，土壤的pH值降低，土壤酸化严重，致使小麦、玉米等作物不能生长；周奇（1999）等对桑园土壤研究亦发现，长期施用化学肥料，土壤呈酸化趋势。P_3（0.20g/kg）水平条件下的生物产量最高，其较另外两水平的生物产量平均提高了12.96%，且P_1和P_2水平间生物产量差异不显著，这说明供磷水平的提高满足了作物物质生产过程对营养元素的需求，因而具有明显的增产效果（山仑，1994；李立科，1982；Begg JE等，1979），具体的原因有：第一，红壤发育完全，且淋溶强烈，造成养分淋失严重，使土壤养分缺乏，这使磷成为限制物产量提高的主要因子，所以供磷水平的提高大大提高了作物的生物产量（王伯仁，徐明岗，2005）；第二，施磷量较高时会导致磷在土壤中发生较大的迁移（李云开等，2002）。钾素与小麦生物产量呈正相关关系，K_3（0.40g/kg）水平较K_2（0.10g/kg）和K_1（0.00g/kg）水平下的生物产量分别提高了3.57%、22.34%。以上分析表明红壤缺磷缺钾较严重。

表7-13　红壤下W_2条件下小麦生物产量的显著性水平分析

变异来源	F 值	显著水平
N	845.08	0.0001
P	61.39	0.0001
K	130.49	0.0001
N*P	79.29	0.0001
N*K	12.00	0.0001
P*K	23.38	0.0001
N*P*K	30.31	0.0001

注：数据为方差分析所得的差异显著性水平值

氮磷、氮钾、磷钾及氮磷钾交互对小麦生物产量的影响均达到了极显著水平（图7-11）。氮磷、氮钾耦合对生物产量的拮抗效应显著，原因为氮素是影响生物产量主要限制因子，而氮素对产量的副作用明显。磷钾交互对生物产量的影响有正交互作用，P_3K_3组合生物产量最高，较生物产量最低的P_3K_1组合提高了42.48%。氮磷钾交互对生物产量的影响达到极显著水平，且$N_2P_2K_3$组合的生物产量最高。造成以上结果的原因可能是增施氮肥，使土壤酸性增强，进而降低了氮肥的有效性，造成作物减产。

综上所述，由于红壤风化淋溶强烈，矿质元素大量淋失，是一种既酸又瘦的低产土壤（徐明岗等，1998），所以水肥因素对红壤上作物产量的影响较为复杂。水分是水肥互作影响作物生物产量的主要限制因子。水分胁迫时，氮、钾单因子及交互因子对生物产量的促进作用较大，在本试验中，红壤供水不足时，以钾促氮效果明显，且氮钾的合理配比是作物增产的关键。而在无水分胁迫时，水分促进了氮肥的溶解与吸收，致使土壤酸化严重，从而降低了养分的有效性；而磷钾交互对生物产量的正交互作用显著，增产明显。这与红壤地区长期施用氮肥，土壤酸化严重，且土壤中磷钾素的严重缺乏有关。因此在本试验中，水分胁迫时增施氮钾肥和无水分胁迫时增施磷钾肥是小麦增产的关键。

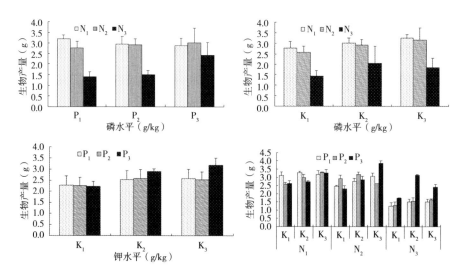

图7-11　W₂条件下氮磷、氮钾、磷钾及氮磷钾交互对生物产量的影响

第五节　水氮磷钾互作对小麦经济产量的影响

水和肥是作物产量的主要限制因子，通过对经济产量方差分析的结果表明（表7-14）：除水磷交互对小麦经济产量的影响显著、钾素和水磷钾交互对小麦产量的影响不明显外，其他单因子和交互因子对小麦产量的影响差异均达到了极显著水平。单因子对产量影响的大小顺序为：水>氮>磷>钾，其中水分的影响占主导地位，供水量的提高使产量显著增加了近4倍（表7-15）。氮、磷素对小麦产量的影响在两种水分条件下的表现相同，产量随氮、磷水平的提高而降低。钾素对产量的影响在两种水分条件下的表现不同，水分胁迫时，K₃（0.40g/kg）水平产量效应最高，较另外两个水平产量提高了1倍多；而在无水分胁迫时，K₂（0.10g/kg）水平的产量效应最高。这说明水分促进了作物对钾的吸收利用，以水促钾效果显著。

表7-14　红壤下水肥交互对小麦经济产量的影响

水分水平 W	养分水平 N	P	K	经济产量（g/盆）	水分水平 W	养分水平 N	P	K	经济产量（g/盆）
W_1	N_1	P_1	K_1	0.2002	W_2	N_1	P_1	K_1	0.5714
		P_1	K_2	0.0823			P_1	K_2	0.7132
		P_1	K_3	0.1940			P_1	K_3	0.6944
		P_2	K_1	0.0323			P_2	K_1	0.4292
		P_2	K_2	0.0613			P_2	K_2	0.3216
		P_2	K_3	0.2426			P_2	K_3	0.2577
		P_3	K_1	0.0000			P_3	K_1	0.0000
		P_3	K_2	0.0000			P_3	K_2	0.0000
		P_3	K_3	0.0000			P_3	K_3	0.0000
	N_2	P_1	K_1	0.0775		N_2	P_1	K_1	0.1106
		P_1	K_2	0.0375			P_1	K_2	0.3385
		P_1	K_3	0.0413			P_1	K_3	0.2277
		P_2	K_1	0.0000			P_2	K_1	0.5249
		P_2	K_2	0.0697			P_2	K_2	0.4578
		P_2	K_3	0.0453			P_2	K_3	0.2535
		P_3	K_1	0.0000			P_3	K_1	0.0000
		P_3	K_2	0.0000			P_3	K_2	0.0255
		P_3	K_3	0.0000			P_3	K_3	0.0000
	N_3	P_1	K_1	0.1091		N_3	P_1	K_1	0.2242
		P_1	K_2	0.0000			P_1	K_2	0.3555
		P_1	K_3	0.1655			P_1	K_3	0.3207
		P_2	K_1	0.0000			P_2	K_1	0.3305
		P_2	K_2	0.0429			P_2	K_2	0.2379
		P_2	K_3	0.1020			P_2	K_3	0.4104
		P_3	K_1	0.0000			P_3	K_1	0.1565
		P_3	K_2	0.0000			P_3	K_2	0.3602
		P_3	K_3	0.0000			P_3	K_3	0.0965

表7-15　红壤下水肥交互对小麦经济产量影响的显著性水平分析

处理因子	F 值	显著水平
W	599.17	0.0001
N	215.45	0.0001
P	32.64	0.0001
K	1.70	0.1868
W*N	68.48	0.0001
W*P	3.71	0.0267
W*K	14.13	0.0001
N*P	50.62	0.0001
N*K	3.79	0.0057
P*K	4.11	0.0034
W*N*P	33.8	0.0001
W*N*K	16.25	0.0001
W*P*K	0.56	0.6934
N*P*K	4.24	0.0001
W*N*P*K	4.10	0.0002

注：数据为方差分析所得的差异显著性水平值

表7-15表明，两种水分条件下，单因子及交互因子对小麦产量的影响均达到了极显著水平，氮磷耦合对产量的拮抗效应显著，随供磷、钾水平的提高，产量逐渐降低（图7-12）；而氮钾、磷钾、氮磷钾交互对产量影响的规律性不强，具体原因还有待进一步研究。

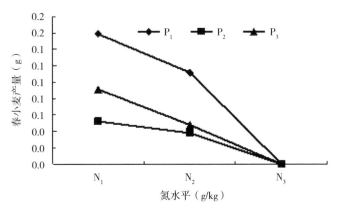

图7-12　红壤氮磷交互对小麦产量的影响

无水分胁迫时，单因子及交互因子对产量的影响均达到了极显著水平，但氮磷、氮钾、磷钾及氮磷钾耦合对产量的拮抗效应显著，且交互的规律性不强（表7-16）。

表7-16　W_1和W_2条件下小麦的经济产量的方差分析

变异来源	F 值	显著水平	F 值	显著水平
N	90.89	0.0001	150.67	0.0001
P	33.48	0.0001	16.27	0.0001
K	28.57	0.0001	5.15	0.0079
N*P	9.32	0.0001	47.24	0.0001
N*K	22.59	0.0001	8.4	0.0001
P*K	8.89	0.0001	1.46	0.2239
N*P*K	4.86	0.0001	4.12	0.0004

注：数据为方差分析所得的差异显著性水平值

第六节　水氮磷钾互作对小麦氮磷钾吸收状况的影响

表7-17为不同水磷配合对小麦植株氮磷钾养分含量的影响情况。通过对小麦植株氮的吸收分析可知，全氮含量最高的处理组合为$W_2N_2P_2K_2$。水

分对小麦全氮含量的影响明显，随土壤中供水量的增加，植株含氮量提高了9.77%，这说明以磷促氮明显。全磷含量最高的处理组合为$W_2N_2P_3K_2$。在水分胁迫时，随供磷水平的增加，植株的含磷量逐渐提高，这说明土壤水分胁迫时，P_3（0.20g/kg）水平条件下植株吸磷量最高。植株中含钾量最高的处理组合为$W_1N_2P_2K_2$，植株内的全钾含量在水分胁迫时为先增加后减少，这说明在P_2（0.05g/kg）条件下钾肥的利用率最高，而随施磷量的增加，磷钾耦合由协同转为拮抗效应。无水分胁迫时，植株全钾含量有降低的趋势。

综上所述，在两种水分条件下，植株内全氮、磷、钾含量的表现趋势大致相同，随供磷水平的提高，植株内氮、磷含量增加，而钾含量的规律性不强，这说明在红壤下，磷含量的提高促进了作物对氮素的吸收利用。

表7-17　红壤下不同水肥交互对小麦氮磷钾吸收状况的影响

水分水平	养分水平	全氮（%）	全磷（%）	全钾（%）
W_1	N_1K_1-P_1	1.90	0.26	3.27
	N_2K_2-P_1	2.53	0.29	5.24
	N_2K_2-P_2	2.69	0.31	5.54
	N_2K_2-P_3	2.61	0.85	5.31
W_2	N_1K_1-P_1	2.20	0.34	2.82
	N_2K_2-P_1	2.55	0.21	4.82
	N_2K_2-P_2	2.76	0.32	3.59
	N_2K_2-P_3	2.73	0.38	4.16

第七节　本章小结

本章主要从红壤下水氮磷钾互作对小麦生长发育特性、光合生理指标、叶片的酶活性、产量、养分吸收的影响等角度进行了分析。

1. 从对小麦生长发育特性影响来看，苗期水分对株高与叶面积的促进作用不大，而在生长后期作用显著。钾素对小麦株高与叶面积均具有促进作用，但以水促氮、以水促磷效果较差。

2. 从对小麦生理特性影响来看，水分是影响小麦光合指标的主要限制因素。水分胁迫时，氮磷钾对光合指标的耦合协同效应显著，且氮素成为与磷、钾耦合影响蒸腾速率的限制因素；而在无水分胁迫时，除钾水平的提高增加了小麦的Pn外，氮、磷水平的提高抑制了作物Pn的增加，氮磷钾两因子及交互因子对Tr和Cs的拮抗效应显著。

3. 从对小麦生理特性影响来看，水分和磷素的增加使红壤下小麦叶片保护酶活性提高而丙二醛含量降低，从而增加了作物的抗逆性。

4. 从对小麦生物产量影响来看，水分是影响作物生物产量的主要限制因子。水分不足时，以钾促氮效果明显；而在无水分胁迫时，水氮交互负效应明显；磷钾交互对生物产量的正交互作用显著。水分胁迫时增施氮钾肥和无水分胁迫时增施磷钾肥是提高生物产量的关键。

5. 从对小麦产量影响来看，由于红壤上小麦成熟期未结籽粒的处理较多，水肥因素对产量的影响较差且规律性不强，且本试验仅为一年的生长状况，产量低的原因还有待进一步研究。

6. 从对小麦对氮磷钾吸收情况来看，在两种水分条件下，植株内全氮、磷、钾含量的表现趋势大致相同，随供磷水平的提高，植株内全氮、全磷含量增加，说明在红壤下，磷含量的提高促进了作物对氮素的吸收利用，而全钾含量的规律性不强。

参考文献

杜秀敏，殷文炭，赵彦修，等.2001.植物中活性氧的产生及清除机制［J］.生物工程学报，17（2）：121-125.

李立科.1982.磷肥对渭北旱原小麦抗旱增产的作用［J］.陕西农业科学（5）：7-9.

李雪梅，杨修立.2004.红壤旱地钾、镁肥肥效及其平衡施用对玉米产量的影响［J］.湖南农业科学（1）：21-22.

李云开，杨培岭，刘洪禄.2002.保水剂农业应用及其效应研究进展［J］.农业工程学报，18（2）：182-186.

林植芳，李双顺，林桂珠，等.1988.衰老叶片和叶绿体中H_2O_2的积累和膜质过氧化的关系［J］.植物生理学报，14（1）：16-22.

齐秀东，孙海军，郭守华.2005.SOD-POD活性在小麦抗旱生理研究中的指向作用［J］.植物生理学报，21（6）：230-232.

山仑.1994.改善作物抗旱性及水分利用效率研究进展.高产高教生理学研究［M］.北京：科学出版社.

王伯仁，徐明岗，文石林.2005.长期不同施肥对旱地红壤性质和作物生长的影响［J］.水土保持学报，19（2）：97-144.

徐明岗，张久权，文石林.1998.南方红壤丘陵区人工草地的合理施肥［J］.中国草地（1）：62-66.

尹光华，刘作新. 2006.水肥耦合条件下春小麦叶片的光合作用［J］. 兰州大学学报，42（1）：40-43.

袁展汽，肖运萍，刘仁根. 2007.红壤旱地花生抗旱栽培技术研究初报［J］. 江西农业学报，19（1）：34-35.

张宝石，徐世昌，宋凤斌，等.1996. 玉米抗旱基因型鉴定方法和指标的探讨［J］.玉米科学（3）：19-22，26.

张恩平，李天来. 2005.钾营养对番茄光合生理及氮磷钾吸收动态的影响［J］.沈阳农业大学学报，36（5）：532-535.

张岁岐，山仑. 1998.磷素营养对春小麦抗旱性的影响［J］. 应用与环境生物学报，4（2）：115-119.

赵丽英，邓西平，山仑.2005. 活性氧清除系统对干旱胁迫的响应机制［J］. 西北植物学报（2）：413-418.

赵其国.1995.我国红壤退化问题［J］. 土壤（6）：281-285.

周奇，张益农. 1999.浙江嘉湖平原桑园土壤酸化调查研究［J］. 土壤通报（5）：206-207.

Begg J E，Tumer N C. 1979.Crop water deficits［J］. Adv，Agron，28：161-217.

Benbi D K，Gilkes R J. 1987.The movement into soil of P from superphosphate grains and its availabiolity to plants［J］. Fertilizer Research，12：21-36.

Boyer I S.1982. Plant productivity and environment［J］. Science，218：443-448.

Osborne B A. 1986.Effect of nitrate-nitrogen limitation on photosynthesis of the diatom phaeodectylum tricomutum bohlim［J］. Plant Cell Eviron，9：617-625.

第八章 红壤下玉米水氮磷钾互作效应

红壤是我国南方14省（区）的主要土壤类型，总面积约218万km²，占国土面积的22.7%，而生产的粮食占全国粮食总产量的44.5%，是我国粮食和经济作物的重要基地。但红壤却因酸、黏、瘦的特点使红壤改良的任务艰巨，制约南方粮食主产区的经济发展。在南方红壤地区种植玉米，对于缓解饲料短缺和粮食不足，确保南方乃至全国粮食安全具有重要的现实意义和长远的战略意义（黄国勤等，2009）。因此本章主要研究红壤下玉米水氮磷钾互作效应分析，从水肥角度进行调节，为玉米在红壤地区的节肥型种植提供理论依据。

第一节 水氮磷钾互作对玉米生长发育的影响

施肥对提高作物产量有明显效果（Uhland等，1995）。不论哪种土壤类型，有机肥料、氮磷配施及氮磷钾配施能大大促进作物生长发育，从而提高作物产量（宋永林等，2001；Gianquinto等，1995）。

一、水氮磷钾互作对玉米株高的影响

由表8-1可见，受到水分、氮素（W：150ml，N：0.075g/kg）双重胁迫的处理1到4，与仅受到水分单一胁迫的处理5到8（W：150ml）相比，玉米植株高度增长相对较低，表明在受到水分胁迫时适当增加施氮量有助于玉米植株高度增长，达到"肥调水"的目的。处理9到12（W：250ml，N：0.075g/kg）水分供给充足，但氮素缺乏相对处理5到8玉米植株高度增长相对较低，甚至与受到水分、氮素双重胁迫的处理1到4相比也有所降低，表明水多氮少（W：250ml，N：0.075g/kg）的水肥配比不利于玉米植株高度增长。处理13到16（W：250ml，N：0.225g/kg）玉米植株高度增长相对较高，表明高水高氮（W：250ml，N：0.225g/kg）水肥配比对玉米植株高度增长有一定的

促进作用，但效果与低水高氮处理5到8（W：150ml，N：0.225g/kg）相近，相比之下高水高氮水肥配比较为浪费资源，一定水分与较高氮肥配比不但能够得到相同的效果而且节约资源。受到水分严重胁迫的处理17（W：100ml）与受到严重水淹的处理18（W：300ml）玉米植株高度增长均较低，表明水分过多与过少都不利用玉米植株高度增长。

表8-1　红壤下水肥互作对玉米株高的影响

处理号	株高（cm）	
	8叶期	18叶期
H01	17.15	55.16
H02	17.78	45.49
H03	16.78	48.39
H04	16.62	52.41
H05	17.57	50.02
H06	17.92	53.80
H07	17.13	49.72
H08	18.18	52.58
H09	19.50	60.81
H10	21.12	57.42
H11	21.52	59.93
H12	19.77	60.14
H13	20.62	65.54
H14	20.57	63.37
H15	20.55	52.89
H16	20.73	59.51
H17	18.00	47.21
H18	20.37	60.88
H19	17.35	44.38
H20	14.57	47.74
H21	18.92	43.54
H22	19.08	34.50
H23	20.47	47.72
H24	15.48	48.60
H25	22.78	51.47

注：L代表黑垆土，C代表潮土，H代表红壤

二、水氮磷钾互作对玉米叶面积的影响

8叶期即进入拔节期玉米植株生长旺盛红壤下叶面积最高值出现在处理20（W：200ml，N：0.300g/kg，P：0.150g/kg，K：0.2g/kg），处理9到12这一处理区域虽然水分供给充分（W：250ml）由于氮素缺乏（N：0.075g/kg），

导致玉米叶面积较小而且与5叶期相比变化幅度较小，表明无论其他因素供给充足与否，此时期一旦缺乏氮素供给即会导致玉米叶面积降低，生长缓慢，表明此时期为玉米对氮素的敏感时期，水分供给极度过量的处理18（W：300ml）表现出叶面积较低的特点，表明此时期水分供给过量不但不会促进玉米叶面积增长，反而阻碍了玉米植株生长。处理19到24这一处理区域由于水分供给适量（W：200ml）且肥料供给适中使得叶面积较高，变化幅度较大，表明适当的水肥配比有利于玉米生长。

综上所述，水氮受限是导致玉米植株增长缓慢，叶面积动态变化的主要因素，8叶期与12叶期是玉米生长对氮素的敏感期，低水高氮（W：150ml，N：0.225g/kg）配施处理玉米株高增长与叶面积增大效果与高水低氮（W：250ml，N：0.075g/kg）配施相近，红壤下叶面积最高值出现在处理20（W：200ml，N：0.300g/kg，P：0.150g/kg，K：0.2g/kg），5叶期和8叶期玉米生长发育最快。

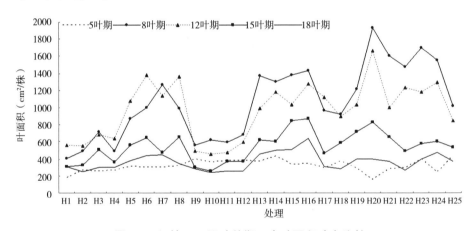

图8-1 红壤下不同叶龄期玉米叶面积动态比较

第二节 水氮磷钾互作对玉米干物质积累的影响

对湖南祁阳站红壤下玉米不同叶龄期（5叶期、8叶期、12叶期、15叶期、18叶期采样）的干物质积累的分析，探讨水肥多因子对玉米生长的互作效应与机理，为在红壤上的合理施肥提供理论依据。

一、水氮磷钾互作对5叶期玉米干物质积累的影响

5叶期以灌溉量（X_1）和施氮量（X_2）、施磷量（X_3）、施钾量（X_4）为

自变量，以玉米干物质重为因变量（Y）。经运算得到红壤下水肥的干物质重量效益方程如下：

$$Y_{H5}=0.99000+0.08208X_1-0.02125X_2+0.00875X_3+0.00542X_4-0.06510X_1^2-0.02135X_2^2-0.08260X_3^2-0.09135X_4^2-0.04437X_1X_2+0.00687X_1X_3+0.01062X_1X_4-0.03687X_2X_3+0.00188X_2X_4-0.00188X_3X_4 \cdots\cdots（1）$$

对方程（1）进行显著性检验得：$F_1=1.85076<F_{0.05}$（10，6）=4.06，表明无失拟因素存在，$F_2=5.89999>F_{0.01}$（14，16）=3.45，总决定系数$R^2=0.8377$，表明模型与实际情况拟合性很好。进一步对方程各项回归系数显著性检验，df=16，查t值表$t_{0.05}=2.120$，$t_{0.01}=2.921$，知灌溉量一次项、灌溉量二次项、施磷量二次项、施钾量二次项均极显著。方程可用于预报。以下是$\alpha=0.10$显著水平剔除不显著项后，简化后的回归方程：

$$Y_{H5}=0.99000+0.08208X_1-0.06510X_1^2-0.08260X_3^2-0.09135X_4^2-0.04437X_1X_2 \cdots\cdots（2）$$

（一）主因素效应分析

由于采用通用旋转组合设计，偏回归系数已标准化，一次项系数绝对值大小可直接反映变量对干物质重量的影响程度，正负号表示因素的作用方向。因此由方程一次项系数可知试验各因素对干物质重量的作用大小关系为：

灌溉量（X_1）＞施氮量（X_2）＞施磷量（X_3）＞施钾量（X_4）

（二）因素间的互作效应分析

红壤下对达到$\alpha=0.10$显著水平的灌溉量与施氮量互作效应进行分析，在方程（1）的基础上分别固定其余两因素在零水平，可得到二因素互作对干物质重量影响的效应方程：

$$Y_{H5-WN}=0.99000+0.08208X_1-0.02125X_2-0.06510X_1^2-0.02135X_2^2-0.04437X_1X_2 \cdots\cdots（3）$$

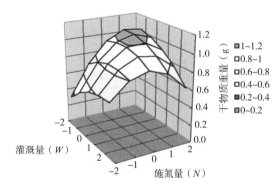

图8-2　红壤下水氮互作对玉米干物质重量积累的影响

由图8-2可见，首先，当灌溉量固定在任一个水平时，在施氮量在-2~0范围干物质重量随着施氮量的增加而升高，增长速率比施氮量在0~1范围要高很多，表明在施氮量为-2~0时氮素增长效果明显，缺少氮素的土地上施氮增产明显；不同灌溉水平的差异在于随着灌溉量的增加，氮素增产速率降低。其次在施氮量在0~1范围内干物质重量变化率不同：灌溉量在-2~0处于增长趋势，而且随着灌溉量的提高增长率降低，干物质重量在施氮量为1水平时达到最大值；灌溉量在0~2范围时干物质重量处于降低趋势，而且随着灌溉量的提高降低趋势增加。以上表明在施氮量一定的情况下，灌溉量过多或过少，氮肥肥效得不到最大程度发挥，干物质重量都不能达到最高水平；同时，无论灌溉量处在哪一个水平，随着施氮量变化干物质重量也有这样的变化趋势，施氮量低时干物质重量增加明显，氮肥具有明显的增产效应；但当施氮量达到一定值时，随着施氮量的增加干物质重量几乎没有增加或降低，此时，如果继续施用氮肥，就会降低肥料利用率，增加投入产出比。从图8-2上也可以看出干物质重量最高时并不是灌溉量和施氮量最大时产生的，灌溉量和施氮量都有一个高产临界值，施氮量的高产临界值为0~1，灌溉量在-1水平左右。

二、水氮磷钾互作对 8 叶期玉米干物质积累的影响

8叶期以灌溉量（X_1）和施氮量（X_2）、施磷量（X_3）、施钾量（X_4）为自变量，以玉米干物质重为因变量（Y）。经运算得到水肥的干物质重量效益方程如下：

$Y_{H8}=4.39286+0.47375X_1+0.58708X_2+0.26208X_3+0.03292X_4-0.05853X_1^2+0.17897X_2^2-0.07353X_3^2+0.38772X_4^2+0.04937X_1X_2-0.16313X_1X_3+0.07438X_1X_4+0.03188X_2X_3+0.09687X_2X_4-0.05812X_3X_4$ ……………………（4）

对方程（4）进行显著性检验得：$F_1=3.67241<F_{0.05}(10，6)=4.06$，表明无失拟因素存在，$F_2=4.18654>F_{0.01}(14，16)=3.45$，总决定系数$R^2=0.7856$，表明模型与实际情况拟合性很好。进一步对方程各项回归系数显著性检验，df=16，查t值表$t_{0.05}=2.120$，$t_{0.01}=2.921$，知灌溉量一次项、施氮量一次项、施钾量二次项均极显著。方程可用于预报。以下是$\alpha=0.10$显著水平剔除不显著项后，得到简化后的回归方程：

$Y_{H8}=4.39286+0.47375X_1+0.58708X_2+0.26208X_3+0.38772X_4^2$………（5）

（一）主因素效应分析

由于采用通用旋转组合设计，偏回归系数已标准化，一次项系数绝对

值大小可直接反映变量对干物质重量的影响程度，正负号表示因素的作用方向。因此由方程一次项系数可知试验各因素对干物质重量的作用大小关系为：

施氮量（X_2）>灌溉量（X_1）>施磷量（X_3）>施钾量（X_4）

表明施氮量与灌溉量对这一时期玉米生长影响突出，此时注重水氮合理配施有助于玉米植株干物质积累。

（二）因素间的互作效应分析

8叶期红壤下各因素间交互效应不显著。

由此看来，8叶期即拔节时玉米生长对水分与氮素需求旺盛，是玉米对氮的敏感时期，此时也要要注重水分供给。

三、水氮磷钾互作对 12 叶期玉米干物质积累的影响

12叶期以灌溉量（X_1）和施氮量（X_2）、施磷量（X_3）、施钾量（X_4）为自变量，以玉米干物质重为因变量（Y）。经运算得到水肥的干物质重量效益方程如下：

$$Y_{H12}=5.34143+0.52583X_1+0.67833X_2+0.14167X_3+0.18833X_4+0.25027X_1^2+0.43027X_2^2+0.21652X_3^2+0.30652X_4^2+0.05250X_1X_2-0.22125X_1X_3-0.15125X_1X_4-0.02750X_2X_3+0.03000X_2X_4+0.01875X_3X_4\cdots\cdots（6）$$

对方程（5）进行显著性检验得：F_1=4.92566>$F_{0.05}$（10，6）=4.06，表明失拟因素存在，F_2=3.04737<$F_{0.01}$（14，16）=3.45，表明模型与实际情况拟合性不好，不能用于预测。说明水肥互作效应不明显。

四、水氮磷钾互作对 15 叶期玉米干物质积累的影响

15叶期以灌溉量（X_1）和施氮量（X_2）、施磷量（X_3）、施钾量（X_4）为自变量，以玉米干物质重为因变量（Y）。经运算得到水肥的干物质重量效益方程如下：

$$Y_{H15}=5.82714+0.44750X_1+0.68833X_2+0.09000X_3+0.19333X_4+0.20842X_1^2+0.34842X_2^2+0.19467X_3^2+0.48217X_4^2-0.00500X_1X_2-0.07125X_1X_3-0.04125X_1X_4+0.04250X_2X_3+0.01750X_2X_4+0.07625X_3X_4\cdots\cdots（7）$$

对方程（6）进行显著性检验得：F_1=3.45084<$F_{0.05}$（10，6）=4.06，表明无失拟因素存在，F_2=4.18559>$F_{0.01}$（14，16）=3.45，总决定系数R^2=0.7855，表明模型与实际情况拟合性很好。进一步对方程各项回归系数显著性检验，df=16，查t值表$t_{0.05}$=2.120，$t_{0.01}$=2.921，知灌溉量一次项、施氮

量一次项、施钾量二次项均极显著，施氮量二次项显著。方程可用于预报。以下是 α=0.10 显著水平剔除不显著项后，得到简化后的回归方程：

$$Y_{H15}=5.82714+0.44750X_1+0.68833X_2+0.34842X_2^2+0.48217X_4^2\cdots\cdots（8）$$

（一）主因素效应分析

由于采用通用旋转组合设计，偏回归系数已标准化，一次项系数绝对值大小可直接反映变量对干物质重量的影响程度，正负号表示因素的作用方向。因此由方程一次项系数可知试验各因素对干物质重量的作用大小关系为：

施磷量（X_3）>施氮量（X_2）>灌溉量（X_1）>施钾量（X_4）

（二）因素间的互作效应分析

15叶期红壤下水肥因素交互不显著，但此时磷素单一因素影响重要性上升到第一位。

五、水氮磷钾互作对 18 叶期玉米干物质积累的影响

18叶期以灌溉量（X_1）和施氮量（X_2）、施磷量（X_3）、施钾量（X_4）为自变量，以玉米干物质重为因变量（Y）。经运算得到水肥的干物质重量效益方程如下：

$$Y_{H18}=7.15571+0.25250X_1+0.73167X_2+0.14917X_3+0.18083X_4-0.01997X_1^2+0.10878X_2^2+0.03128X_3^2+0.24503X_4^2+0.04375X_1X_2+0.03000X_1X_3+0.03625X_1X_4+0.03250X_2X_3+0.03875X_2X_4+0.09250X_3X_4\cdots\cdots（9）$$

对方程（8）进行显著性检验得：$F_1=3.78261<F_{0.05}（10，6）=4.06$，表明无失拟因素存在，$F_2=3.81515>F_{0.01}（14，16）=3.45$，总决定系数 $R^2=0.7695$，表明模型与实际情况拟合性很好。进一步对方程各项回归系数显著性检验，$df=16$，查t值表$t_{0.05}=2.120$，$t_{0.01}=2.921$，知施氮量一次项极显著，灌溉量一次项、施钾量一次项据均显著。方程可用于预报。以下是 α=0.10 显著水平剔除不显著项后，得到简化后的回归方程：

$$Y_{H18}=7.15571+0.25250X_1+0.73167X_2+0.24503X_4^2\cdots\cdots（10）$$

（一）因素效应分析

由于采用通用旋转组合设计，偏回归系数已标准化，一次项系数绝对值大小可直接反映变量对干物质重量的影响程度，正负号表示因素的作用方向。因此由方程一次项系数可知试验各因素对干物质重量的作用大小关系为：

施氮量（X_2）>灌溉量（X_1）>施钾量（X_4）>施磷量（X_3），表明此时期玉米植株对水分与氮素的需求直接影响后期生长，此时注重水氮可促进玉米结实。

（二）因素间的互作效应分析

18叶期红壤下各因素间互作效应不显著。

六、不同叶龄期水、氮、磷、钾单因子影响综合比较

研究表明，不同水肥的输入模式在3种土壤上对玉米不同生育时期的影响表现不一。玉米的不同生育时期干物质积累受到水分状况和土壤肥力的影响较大，单因子对干物质积累量的影响顺序见表8-2。

表8-2　红壤下不同叶龄期水氮磷钾单因子影响序列比较

收获期	主因素效应分析
5叶期	W>N>P>K
8叶期	N>W>P>K
12叶期	未通过检验
15叶期	P>N>W>K
18叶期	N>W>K>P

就红壤而言，5叶期到12叶期即生长前期灌溉量与施氮量对玉米植株干重积累的影响处于同样主导地位，其次是施磷量，最后是施钾量，营养生长时期红壤上玉米对水与氮的大量需求尤为突出，步入12叶期后即生殖生长时期，施磷量对红壤上玉米植株干重积累的影响有所提高，施氮量依然对玉米干物质积累具有主要影响。

在红壤上看来，水氮磷钾仍然是玉米生长所必需的四大因子，每一种元素都会促进玉米干物质积累，并在特定时期及施用量的条件下发挥作用，从而使水分与养分之间具有协同效应，实现到以水促肥，以肥调水，才能充分发挥水肥因子的整体增产作用。

七、不同叶龄期水、氮、磷、钾双因子影响综合比较

红壤下除5叶期水氮互作效应达到较显著水平外，其余四个叶龄期水氮磷钾间双因子交互效应均未达到显著水平（图8-3），由于红壤地区高温高湿，土壤矿物风化淋溶强烈，土壤"酸、黏、瘦"，保水能力差，且养分更为缺乏，红壤上营养元素的交互规律性较差，只有生长早期水氮体现出弱交

互作用，这些均不利于玉米的生长和高产。

表8-3　红壤下不同叶龄期水氮磷钾双因子影响比较

收获期	两因素互作效应分析
5叶期	WN（α=0.10）
8叶期	因素间交互不显著
12叶期	因素间交互不显著
15叶期	因素间交互不显著
18叶期	因素间交互不显著

第三节　水氮磷钾互作对玉米养分吸收的影响

根据干物质重量分析所得因素交互情况，进一步对比较性较强的处理进行养分吸收分析，这些处理包括三个常规比较处理即1，16以及最后25~31中一组干物质积累平均水平处理。主要进行玉米植株氮磷钾的吸收分析。

由表8-4可见，红壤下氮磷互作对玉米植株氮、磷、钾吸收影响如下：植株全氮比率最高的是处理30即水肥供应适中的处理，较之植株全氮比率最低的处理12提高82.77%，而植株全氮量最高的是处理14，处理1水肥供给均受限导致全氮比率与全氮量均较低，处理10虽然水分、钾素供给有所改善，但较低的氮磷（N：0.075g/kg，P：0.075g/kg）供给也没有明显的提高植株全氮含量；植株全磷比率最高的也是处理30表明水肥均衡（W：200ml，N：0.150g/kg，P：0.150g/kg，K：0.2g/kg）施用不但对氮素吸收比率有利，而且也能给促进玉米植株全磷比率，处理30较之全磷比率最低的处理14提高97.80%，高氮低磷（N：0.225g/kg，P：0.075g/kg）配比导致处理14全磷比率极低，处理30较之处理10全磷比率提高78.22%，高钾低氮低磷（N：0.075g/kg，P：0.075g/kg，K：0.3g/kg）不利于玉米植株全磷比率提高。然而植株全磷量最高的是处理12，即低氮高磷处理（N：0.075g/kg，P：0.225g/kg），高水分灌溉促进玉米植株对磷素的吸收。处理10的全钾比率最高，表明充分的灌溉与较高的施钾量有助于玉米植株全钾比率提高，然而全钾量最高的是处理12，该处理为低氮高磷（N：0.075g/kg，P：0.225g/kg）配比。

表8-4　红壤下水肥互作对玉米植株氮、磷、钾吸收影响

| 处理号 | 因素施用量 | | | | 全氮比率（%） | 全磷比率（%） | 全钾比率（%） | 全氮量（g） | 全磷量（g） | 全钾量（g） |
	灌溉量（ml）	N（g/kg）	P（g/kg）	K（g/kg）						
H01	150	0.075	0.075	0.1	7.20	1.18	23.22	0.0455	0.0074	0.1466
H10	250	0.075	0.075	0.3	7.50	1.01	31.20	0.0455	0.0061	0.1890
H12	250	0.075	0.225	0.3	6.56	1.71	28.58	0.0502	0.0131	0.2188
H14	250	0.225	0.075	0.3	11.48	0.91	24.43	0.0964	0.0076	0.2051
H16	250	0.225	0.225	0.3	10.01	1.38	18.46	0.0902	0.0125	0.1663
H30	200	0.15	0.15	0.2	11.99	1.80	25.06	0.0840	0.0126	0.1756

注：H代表红壤

第四节　水氮磷钾互作对玉米光合生理的影响

一、8叶期玉米光合生理分析

根据干重分析所得因素交互情况，进一步对单因素前两位的水氮交互处理进行光合指标以及叶片酶活性等指标分析：各因素之间未构成互作效应。根据试验各因素对干物质重量的作用较大的施氮量、灌溉量进行分析（表8-5）。

表8-5　试验结构矩阵与因素施用量

| 试验号 | 编码值 | | | | 灌溉量（ml） | 因素施用量（g/kg） | | |
	W	N	P	K		N	P	K
H01	−1	−1	−1	−1	150	0.075	0.075	0.10
H04	−1	−1	1	1	150	0.075	0.225	0.30
H08	−1	1	1	1	150	0.225	0.225	0.30
H12	1	−1	1	1	250	0.075	0.225	0.30
H16	1	1	1	1	250	0.225	0.225	0.30
H31	0	0	0	0	200	0.150	0.150	0.20

注：H代表红壤

（一）净光合速率

由图8-3可见，净光合速率最高的是处理8，该处理水分适量氮素供应充分，较之净光合速率最低的处理16提高169.46%；而处理1、处理4、处理12则缺乏氮素，即便有不同水分供应净光合速率依然较低，不及处理8的50%；处理16水分过量，NPK供应较高，可见较高的水肥互作特别是高水氮互作不利于玉米的光合作用，适量水肥配比有利于作物进行光合作用，促进有机物合成的速率，从而利于干物质的积累。总之，氮素对玉米的净光合速率影响最大，水分次之。

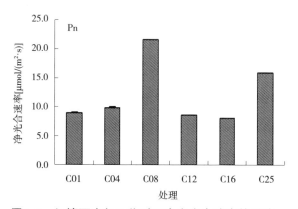

图8-3 红壤下水氮互作对玉米净光合速率的影响

（二）蒸腾速率与气孔导度

由图8-4可见，蒸腾速率最高的是处理8，该处理水分适量氮素供应充分，较之蒸腾速率最低的处理16提高219.51%，原因是氮素促进了根系的吸水能力，而当蒸腾速率超过根系吸水力时，为保持其动态平衡，会使气孔关闭，从而限制了叶片的蒸腾速率的提高；而处理1、处理4、处理12则缺乏氮素，即便有不同水分供应蒸腾速率依然较低；处理16水分过量，NPK供应较高，可见较高的水肥互作特别是高水氮互作不利于玉米的蒸腾，适量水肥配比有利于作物进行蒸腾作用。总之，氮素对玉米的蒸腾速率影响最大，水分次之。气孔导度对蒸腾作用的影响非常重要，而且步调较为一致，规律性趋势相近。植物主要通过气孔的大小来调节蒸腾作用和气体交换，因此气孔阻力（气孔导度的倒数）小时，蒸腾作用较强。

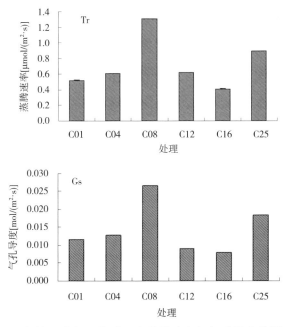

图8-4　红壤下水氮互作对玉米蒸腾速率与气孔导度的影响

综上所述，红壤下水分与氮肥对Pn的影响具有相互替代作用，水分胁迫时，可通过提高氮素水平来促进水氮的正交互效应；而无水分胁迫时，水分促进了氮素对Pn的正交互作用，但当二者均过量，即高水高氮投入时反倒变为负交互作用，对玉米的光合作用产生抑制。因此，充足的水分供应与适量的氮肥供给相互作用可以提高玉米光合作用，提高干物质积累。

二、15叶期玉米光合生理分析

玉米在生长发育期间受水、肥、热、风等很多因素的影响，在诸多因素中，水肥的作用尤为重要（张依章，张秋英，2006）。作物产量的高低首先取决于光合作用的面积和效率，而水肥是影响玉米光合作用不可缺少的因素。有研究表明：作物光合作用依赖于土壤水肥变化，水肥不足会抑制气孔的开放和作物的光合作用（梁宗锁，1996）。根据干重分析所得因素交互情况，进一步对比较性较强的处理进行光合指标分析（表8-6）。

表8-6   试验结构矩阵与因素施用量

试验号	编码值				灌溉量（ml）	因素施用量（g/kg）		
	W	N	P	K		N	P	K
H 01	−1	−1	−1	−1	150	0.075	0.075	0.10
H 10	1	−1	−1	1	250	0.075	0.075	0.30
H 12	1	−1	1	1	250	0.075	0.225	0.30
H 14	1	1	−1	1	250	0.225	0.075	0.30
H 16	1	1	1	1	250	0.225	0.225	0.30
H 30	0	0	0	0	200	0.150	0.150	0.20

注：H代表红壤

（一）净光合速率

由图8-5可见，整体上氮素供应充足处理14、16、30的净光合速率较高，而氮素缺乏的处理1、10、12的净光合速率较低，突出显示了氮素对于玉米叶片光合作用的重要性，氮素的缺乏减小叶面积，降低叶片光合系统活性。处理14的净光合速率最高较之最低的处理10提高154.00%，足以证明氮素供给的提高对光合作用的促进作用。但在氮素供给充足时磷素的大幅度提高不利于玉米叶片光合作用的进一步提高，表现为处理16较之处理14的净光合速率降低44.55%。

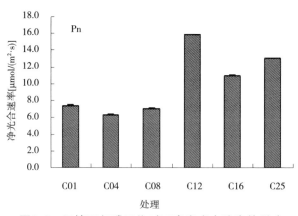

图8-5   红壤下氮磷互作对玉米净光合速率的影响

（二）蒸腾速率与气孔导度

由图8-6可见，玉米叶片的蒸腾速率与气孔导度具有和净光合速率相似的规律性。氮素缺乏严重影响了蒸腾速率与气孔导度的提高，而水分充足，高氮低磷处理依然表现出高蒸腾速率与气孔导度。

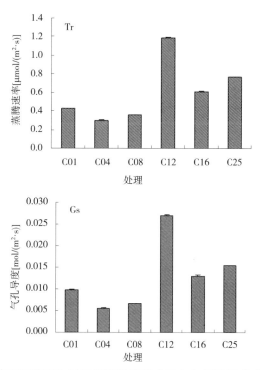

图8-6　红壤下氮磷互作对玉米蒸腾速率（Tr）与气孔导度（Gs）的影响

综上所述，红壤下不论水分供给高低，氮素的缺乏都会导致玉米叶片光合作用各指标受限，氮素供给的提高有助于玉米叶片形成良好的光合体系，同时高氮高磷组合反而阻碍了光合作用进一步提高，氮磷合理配施加之水分供给充分有助于玉米叶片的光合作用。

第五节　水氮磷钾互作对玉米叶片保护系统的影响

水分胁迫下植物体内会积累活性氧，而植物本身对活性氧的伤害有独特的防御体系，即内源性保护性酶促清除系统，以保证细胞的正常机能（王娟等，2002）。整个酶促系统中超氧化物歧化酶（SOD）、过氧化物酶（POD）、过氧化氢酶（CAT）的活性就成为控制伤害的决定性因素。水分胁迫诱发的大量自由基也会使细胞膜脂过氧化而生成丙二醛（MDA），直接标志着膜脂过氧化程度，也间接表示组织中自由基的含量（张宝石，1996；赵丽英等，2005；王金胜，1997）。有关研究表明，细胞中SOD、POD、CAT活性和丙二醛（MDA）含量变化与作物的抗旱性有关（Boyer I S，1982）。本研究以此为突破口，在红壤下测定玉米叶片的超氧化物歧化酶（SOD）、过氧化物酶（POD）、过氧化氢酶（CAT）活性和丙二醛（MDA）含量，以探讨不同水肥互作对植株叶片活性氧代谢的影响，以及膜脂过氧化的程度和保护酶活性的变化。

一、红壤下8叶期玉米叶片保护和丙二醛含量分析

（一）SOD与POD

SOD是生物防御活性氧伤害的重要保护酶之一，防止超氧自由基对生物膜系统的氧化，对细胞的抗氧化、衰老具有重要的意义，它的活性高低标志着植物细胞自身抗衰老能力的强弱。由图8-7可见，处理1、处理4、处理12的SOD活性均较低，原因在于氮素缺乏，即使提高灌溉量的处理12的SOD依然较低，可见氮素对玉米叶片SOD活性影响最重要；处理8、处理16、处理25的SOD活性相对较高，原因在于氮素供应充分水分供给足量；SOD活性最高的处理8比SOD活性最低的处理4提高34.64%。

POD活性表现出与SOD活性变化交替增减趋势（图8-7），原因是POD与SOD有相互协调的作用，使活性氧维持在较低的水平上，从而降低对作物的毒害。处理4、处理12的POD活性较高，原因在于氮素缺乏，POD活性最高的处理12与POD活性最低的处理8相比提高232.43%，可见水分缺乏与NPK营养供应不充分不利于玉米防御活性氧伤害。

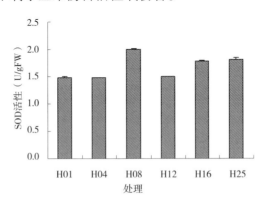

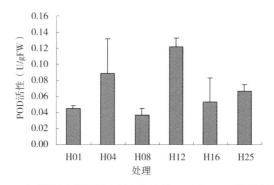

图8-7　红壤下水氮互作对玉米叶片SOD与POD活性的影响

（二）CAT

由图8-8可见，处理12的CAT活性最高，较之CAT活性最低的处理25提高72.46%，这说明CAT活性在水分供应充足时，受养分胁迫较严重，即养分缺乏时CAT活性提高，从而增加作物的抗逆性。

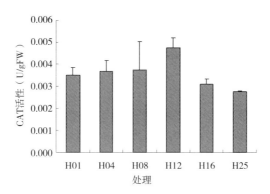

图8-8　红壤下水氮互作对玉米叶片CAT活性的影响

（三）MDA含量

MDA是细胞膜脂过氧化指标，其含量的变化反映了细胞膜脂过氧化水平，它既是膜脂过氧化产物，又可以强烈地与细胞内各种成分发生反应，使多种酶和膜系统严重损伤。由图8-9可见，灌溉量为150ml水分受限的情况下，处理8的MDA含量较高，原因在于氮素供给过量对玉米叶片造成较大伤害；灌溉量在250ml水分供给过量情况下，依然存在由于氮素过量对玉米叶片造成伤害的现象，MDA含量的增加会强烈地与细胞内各种成分发生反应，使多种酶和膜系统严重损伤。总之，对玉米叶片MDA含量影响最大的是氮素，其次是水分供给。

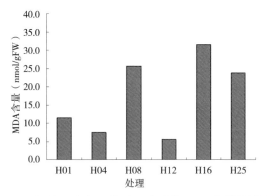

图8-9 红壤下水氮互作对玉米叶片MDA含量的影响

二、红壤下15叶期玉米叶片保护和丙二醛含量分析

植物在衰老过程中以及多种逆境条件下，细胞内活性氧产生与清除之间的平衡遭到破坏，积累起来的活性氧就会对细胞产生伤害（万美亮，1999）、矿质营养元素的缺乏及毒害元素的富集，也会引起植物体内活性氧代谢不平衡和相应的清除系统的改变（潘晓华，2003；刘厚诚，2003）。

（一）SOD与POD

由图8-10可见，就SOD活性而言，氮素影响较为突出，处理1、处理10、处理12的氮素供给缺乏不论水分充足与否，其SOD活性与氮素供给充足的处理14、处理16、处理30相比均较低。就POD活性而言，POD活性最高是处理10较之POD活性最低的处理12提高51.95%，同样是水分充足、低氮处理但处理12的磷素供给过量导致了POD活性明显下降，表明在土壤缺氮的情况下，大量的磷素施入不利于POD活性调节。

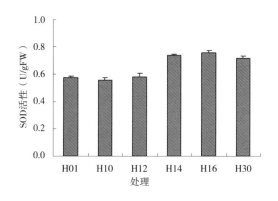

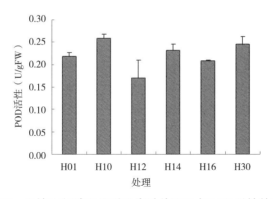

图8-10 红壤下氮磷互作对玉米叶片SOD与POD活性的影响

（二）CAT

由图8-11可见，CAT活性最高的是处理12，即水分充足、低氮高磷处理，较之CAT活性最低的处理1提高123.38%，水肥双重限制导致处理1的CAT活性极低；处理10较之处理1CAT活性提高9.83%，表明在氮磷匮乏时，即使提高灌溉量也不能明显提高玉米叶片CAT活性；处理12较之处理10的CAT活性提高103.36%，表明在水分充足、氮素供给不足条件下提高磷素供给有助于玉米叶片CAT活性的明显提高。

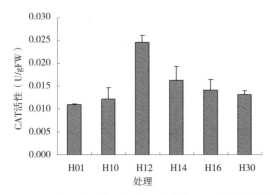

图8-11 红壤下氮磷互作对玉米叶片CAT活性的影响

（三）MDA含量

由图8-12可见，MDA含量与SOD活性具有相似的规律，氮素供给不足的处理1、处理10、处理12的MDA含量均较低，而氮素供给相对充足的处理14、处理13、处理30的MDA含量较高，表明氮素供给不足严重影响玉米叶片MDA含量。总结以上内容，主要从红壤下水氮磷钾互作对15叶期玉米植株叶片酶活性与丙二醛含量的影响等角度进行了分析，均表现出水分缺乏，玉米叶片酶活性较高，MDA含量较低的现象，表明此时水分供给状况直接关系着叶片抵御过氧化的威胁，注重土壤水分状况有利于此时玉米叶片自我保护系统功能正常。

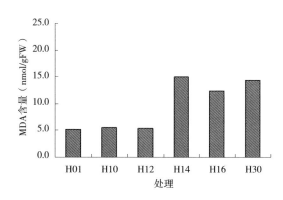

图8-12　红壤下氮磷互作对玉米叶片MDA含量的影响

第六节　本章小结

红壤是在高温高湿条件下形成的主要土壤类型，在我国农业生产中占有重要地位。根据红壤的特性合理有效配置水肥资源对节约资源，实现农业可持续发展具有重要意义。通过对红壤下不同叶龄期水氮磷钾交互作用的研究，主要得出以下结论。

一、水氮磷钾互作对不同叶龄期玉米株高与叶面积的影响

受到水分胁迫时适当增加施氮量有助于玉米植株高度增长，达到"肥调水"的目的，水丰氮缺（W：250ml，N：0.075g/kg）的水肥配比不利于玉米植株高度增长。高水高氮（W：250ml，N：0.225g/kg）水肥配比对玉米植株高度增长有一定的促进作用，但效果与低水高氮（W：150ml，N：0.225g/kg）处理相近，相比之下高水高氮水肥配比较为浪费资源，一定水分与较高氮肥配比不但能够得到相同的效果而且节约资源。5叶期叶面积最高值出现在处理20（W：200ml，N：0.300g/kg，P：0.150g/kg，K：0.2g/kg），5叶期和8叶期玉米生长发育最快。

二、水氮磷钾互作对不同叶龄期玉米干物质积累的影响

从不同叶龄期单因子影响序列角度分析：5叶期到12叶期即生长前期水氮对玉米生长发育影响程度较大，12叶期后进入生殖生长阶段氮磷作用明显。从不同叶龄期因素互作效应来看：红壤下除5叶期水氮互作效应达到较显著水平外，其余四个叶龄期水氮磷钾间双因子交互效应均未达到显著水平，由于红壤地区高温高湿，土壤矿物风化淋溶强烈，土壤"酸、黏、瘦"，保水能力差，且养分更为缺乏，红壤上营养元素的交互规律性较差，只有生长早期水氮体现出弱交互作用，这些均不利于玉米的生长和高产。

三、水氮磷钾互作对玉米养分吸收的影响

红壤下植株全氮、全磷比率最高的是水肥供应适中的处理，表明水肥均衡（W：200ml，N：0.150g/kg，P：0.150g/kg，K：0.2g/kg）施用不但对氮素吸收比率有利，而且也能给促进玉米植株全磷比率，植株全氮量最高的是高氮低磷（N：0.225g/kg，P：0.075g/kg）处理，植株全磷量最高的是低氮高磷处理（N：0.075g/kg，P：0.225g/kg），高水分灌溉促进玉米植株对磷素的吸收。

四、水氮磷钾互作对不同叶龄期玉米光合生理的影响

8叶期水分对玉米叶片Pn的影响突出，受到水分限制的处理，Pn极低；其次是氮素的缺乏也同样降低了Pn。红壤下一定的水分限制和高水平肥料投入有助于Tr与Gs的提高。

15叶期水分仍然是Pn的主要限制因子，受到水分限制的处理，Pn极低；高氮低磷（N：0.225g/kg，P：0.075g/kg）与水肥适中的处理Pn、Tr与Gs均较高。红壤下不论水分供给高低，氮素的缺乏都会导致玉米叶片光合作用各指标受限，氮素供给的提高有助于玉米叶片形成良好的光合体系，同时高氮高磷（N：0.225g/kg，P：0.225g/kg）组合反而阻碍了光合作用进一步提高，氮磷合理配施加之水分供给充分有助于玉米叶片的光合作用。

五、水氮磷钾互作对不同叶龄期玉米叶片保护系统的影响

8叶期表现出POD与SOD有协调一致的作用，使活性氧维持在较低水平

上的规律。低氮高磷（N：0.075g/kg，P：0.225g/kg）使红壤下POD活性最高值比低水高肥处理POD活性提高232.42%，表明低水高肥处理对过氧化程度有促进作用，MDA含量较高，导致叶片保护功能下降。

15叶期表现出水分缺乏（W：150ml），玉米叶片酶活性较高，MDA含量较低的现象，红壤下MDA含量最高处理较之水分缺乏处理MDA含量提高185.58%，表明此时水分供给状况直接关系着叶片抵御过氧化的威胁，注重土壤水分状况有利于此时玉米叶片自我保护系统功能正常。

参考文献

黄国勤，贺娟芬，赵其国.2009.红壤旱地不同玉米种植系统的生态学功能评价［J］.土壤学报（3）：442-451.

梁宗锁，李新有.1996.节水灌溉条件下玉米气孔导度与光合速度的关系［J］.干旱地区农业研究，14（2）：101-105.

刘厚诚.2003.缺磷胁迫下长豇豆幼苗膜脂过氧化及保护酶活性的变化［J］.园艺学报，30（2）：215-217.

潘晓华.2003.低磷胁迫对不同水稻品种叶片膜脂过氧化及保护酶活性的影响［J］.中国水稻科学，17（1）：57-60.

宋永林，姚造华，袁锋明，等.2001.北京褐潮土长期施肥对夏玉米产量及产量变化趋势影响的定位研究［J］.北京农业科学（6）：14-17.

万美亮.1999.缺磷胁迫对甘蔗膜脂过氧化及保护酶系统活性的影响［J］.华南农业大学学报，20（2）：13-18.

王娟，李德全，谷令坤.2002.不同抗旱性玉米幼苗根系抗氧化系统对水分胁迫的反应［J］.西北植物学报，22（22）：285-290.

王金胜，郭春绒，程玉香.1997.铈离子清除超氧物自由基的机理［J］.中国稀土学报（2）：55-58.

张宝石，徐世昌，宋凤斌，等.1996.玉米抗旱基因型鉴定方法和指标的探讨［J］.玉米科学（3）：19-22，26.

赵丽英，邓西平，山仑.2005.活性氧清除系统对干旱胁迫的响应机制［J］.西北植物学报（2）：413-418.

Gianquinto G，Burin M. 1995.Yield response of crisphead lettuce and kohlrabi to mineral and organic fertilization in different soils［J］. Adv. in Hort. Sci.，9（4）：173-179.

Uhland G，Tveitnes S. 1995.Effects of long-term crop rotations，fertilizer，farm，manure and straw on crop productivity［J］. Norw. J. Agric. Sci. ，9：143-161.

第九章　三种土壤类型水氮磷钾互作效应比较

潮土、黑垆土、红壤三种土壤在我国不同地区农业生产中占有重要的地位，但由于以上三种土壤所处的地理位置以及形成这些土壤的水热条件不同，其土肥水交互效应必然有差异。我国是水肥资源俱缺的国家，根据不同土壤的特性合理有效配置水肥资源对节约资源，实现农业可持续发展具有重要意义（郭丙玉，高慧等，2015；王鹏勃，李建明等，2015）。通过比较以上三种土壤水氮磷钾交互效应的差异性，不仅可以从宏观尺度上把握如何根据土壤条件进行合理的水分与养分资源的调控，而且还可以从微观尺度上指导水肥精确管理。因此，本章试图在以上各章研究结果的基础上，结合生产实际，对三种不同土壤下水氮磷钾的交互作用做一些比较探讨。

第一节　三种土壤类型小麦水氮磷钾互作效应比较

一、水、氮、磷、钾单因子影响序列比较分析

研究表明，不同水肥的输入模式在三种土壤上对小麦的影响表现不一。小麦的最终干物质积累受水分状况和土壤肥力的影响较大，单因子对生物产量的影响顺序见表9-1。

表9-1　单因子对三种土壤下小麦生物产量影响的因子排序

土壤类型	因子影响大小排序	备注
潮土	W>N>P	K 不显著
黑垆土	W>P>K	N 不显著
红壤	W>N>K>P	

从表9-1可以看出，在三种土壤类型下，水分对小麦生物产量的影响均占主导地位，说明水分既是小麦生长发育必需的要素之一，又是营养元素

吸收、合成及运转的媒介，也是植株体内生理生化活动的参与者和介质，所以土壤和小麦的水分状况对小麦的生长发育有着重要的影响（图9-1）。研究发现，在小麦的整个生育期内，W_1水平共灌水2 950ml/盆，W_2共灌水3 550ml/盆，两者灌水量相差了16.90%，在潮土、黑垆土和红壤下，少灌水（W_1）获得的生物产量分别是充分灌溉（W_2）生物产量的52.04%、47.81%、37.64%，这说明在以上三种供试土壤条件下，水分胁迫均导致减产。从减产幅度来看，红壤减幅最大，黑垆土与潮土次之且两者相差不大。由上可见，尽管红壤处于高降水地区，但缺水或水分亏缺给小麦带来的减产反而较降水少的黑垆土与潮土更为严重，这与一般常规认识是不同的。据有关专家研究，已证明适度水分亏缺可使小麦产生一定的补偿效应（即"有益"作用），并以此作为非充分灌溉的依据，虽然补偿效应或有益作用的产生事前可有一个大体判断，但在较复杂的田间条件下，某种水分条件属适度亏缺还是严重亏缺，对作物"有益"还是 "有害"是处在迅速变动之中的，如掌握不好、不及时，"有益"将很快转变为"有害"。因此，如何调配好不同水热梯度下的农田土壤的灌水量成为节水灌溉的关键因素（山仑等，2003）。

图 9-1　不同水分条件下小麦长势对比

通过本试验研究还发现，水分条件成为氮素在三种不同土壤下对小麦影响的重要因子。在水分胁迫下，潮土和红壤下N_2（0.15g/kg）水平对小麦的生物产量最高，且N_2（0.15g/kg）较N_1（0.05g/kg）和N_3（0.45g/kg）生物产量增加近6倍，而黑垆土在水分胁迫时，不同的氮水平间生物产量差异不显著。表明在潮土、红壤在干旱缺水时，氮肥施用量不宜过低或过高，即水分供应不充足时如何把握氮肥的施用量是这两种土壤下节水节氮的关键；无水分胁迫时，供氮水平的提高抑制了潮土和红壤上小麦的生物产量 N_1（0.05g/kg）水平条件下小麦的生物产量最高，在两种土壤条件下，N_1（0.05g/kg）分别较N_2（0.15g/kg）和N_3（0.45g/kg）水平的生物产量增加4%~5%和70%~80 %；

而黑垆土在无水分胁迫时，氮水平间的生物产量差异不显著。这表明三种土壤在水分供应充足时，以水促氮效果明显，过量的氮肥会造成小麦的减产。

两种水分条件下，磷素对不同土壤下的干物质积累影响对比明显。水分胁迫时，潮土下磷水平与小麦的生物产量呈显著的正相关关系（图9-2）。黑垆土下P_2（0.05g/kg）水平条件下的生物产量最高，不施磷或磷肥用量过多均会造成小麦的减产。红壤下不同磷水平间的生物产量差异不显著。这表明在缺水情况下，磷对不同水热梯度下的形成的土壤的物质生产的影响表现不一。无水分胁迫时，磷肥在三种土壤下对小麦的增产效应显著，在潮土上，施磷较不施磷水平的生物产量平均提高17.57%，且P_2（0.05g/kg）与P_3（0.20g/kg）水平间差异不显著；在黑垆土上，磷肥用量与生物产量的正相关关系显著，P_3（0.20g/kg）较P_1（0.00g/kg）和P_2（0.05g/kg）水平下的生物产量分别增加了11.19%、48.99%；而在红壤上的情况为P_3（0.20g/kg）水平条件下的生物产量最高，其较另外两水平的生物产量平均提高了12.96%，且P_1（0.00g/kg）和P_2（0.05g/kg）水平间生物产量差异不显著。由此表明，磷素在三种不同水热梯度形成的土壤中的含量较少，供磷水平的提高满足了小麦物质生产过程对营养元素的需求，因而具有明显的增产效果。

在水分胁迫下，钾素对潮土和红壤的小麦生产性能的促进效果较为明显，而对黑垆土的影响不显著。无水分胁迫时，表现为钾素显著提高了黑垆土和红壤的物质产出，而潮土下钾水平间的生物产量差异较小。

综上所述，水氮磷钾是小麦生长所必需的四大因子，每一种元素的施用都会促进小麦的生长，但这三种肥料的施用都需要在适宜量的条件下才能发挥作用。从而使水分和养分之间具有协同效应，增水能够增加肥料的增产效应，增肥能够增加灌水的增产效应。因此在实际农业生产中，只有合理匹配水肥因子，才能起到以肥调水，以水促肥，才能充分发挥水肥因子的整体增产作用。

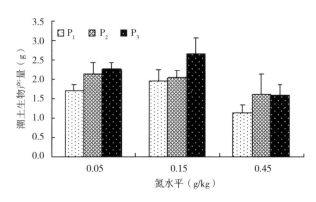

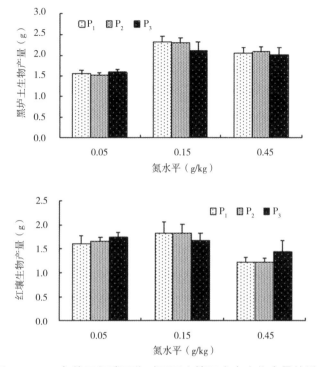

图 9-2　W_2条件下氮磷互作对不同土壤下小麦生物产量的影响

二、水、氮、磷、钾因子交互影响的比较分析

（一）氮磷互作比较

在水分胁迫条件下，氮磷互作对潮土和红壤下物质产出的影响达到极显著水平，对黑垆土的影响虽然达到显著水平，但差异相对较小（图9-3）。无水分胁迫时，氮磷交互在三种土壤下对物质积累的影响表现为，在低氮水平时对潮土上的生物产量影响不明显，对红壤表现为拮抗效应，对黑垆土则表现为N_1P_2组合协同效应最好；中氮水平条件下，潮土N_2P_2组合的协同效应最好，黑垆土表现为施磷量与生物产量呈正相关关系，红壤的表现与黑垆土类似，但增幅略小；高氮水平条件下，潮土和红壤随供氮水平的提高而严重减产，而黑垆土随供氮水平的提高氮磷表现为协同效应，N_3P_3组合的生物产量最高。

综上所述，水分的增加对潮土和红壤上氮磷交互的促进作用较小，而对黑垆土的氮磷耦合协同效应促进作用较大，因此水氮磷的合理配比是黑垆土上小麦高产的保障。

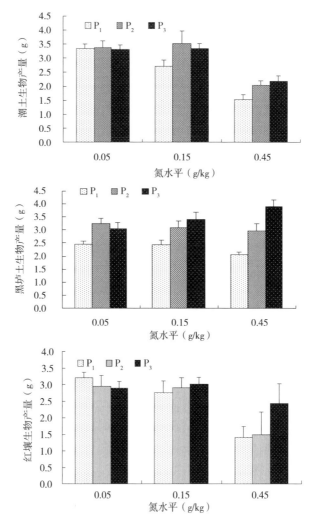

图 9-3 W₁条件下氮磷互作对不同土壤下小麦生物产量的影响

(二) 氮钾互作比较

水分胁迫时，氮钾交互对黑垆土物质产出影响的规律性不强，但对潮土和红壤上生物产量的影响则表现为抛物线变化。低氮水平时，潮土上氮钾交互的规律性不强，而在红壤上的协同效应显著；中氮水平条件下，氮钾在两种土壤上均表现为正交互作用，且N₂K₃组合的生物产量最高；而在高氮水平条件下，小麦的物质积累明显减少且低于低氮处理（图9-4）。

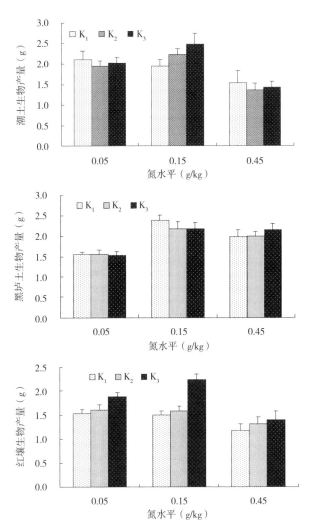

图9-4　W₁条件下氮钾互作对不同土壤下小麦生物产量的影响

　　无水分胁迫时，氮钾交互对三种土壤干物质的影响表现不同。N₁水平条件下，氮钾在潮土上为负交互作用，在红壤上为正交互作用；N₂水平下，氮钾在潮土和红壤上表现类似，均为协同促进作用，而随供氮水平的提高，氮钾交互在这两种土壤上均由协同转为拮抗作用，且生物产量低于N₁水平。而在黑垆土上随供氮水平的提高，生物产量逐渐提高，但不同的钾水平间差异不大（图9-5）。

　　综上所述，两种水分条件下的氮钾交互在潮土和红壤上的表现类似，而黑垆土的氮钾交互作用在无水分胁迫下更为明显。

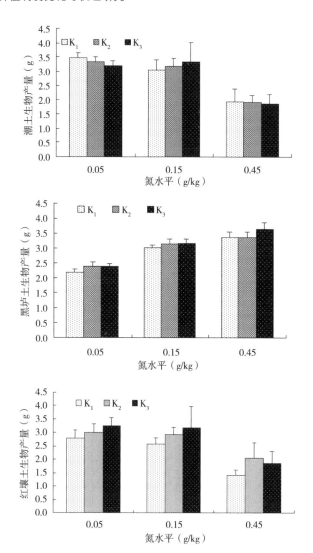

图9-5　W₂条件下氮钾互作对不同土壤下小麦生物产量的影响

（三）磷钾互作比较

水分胁迫时，潮土磷钾交互对小麦生物产量的影响达到极显著水平，协同效应显著，且P₃K₃组合生物产量最高。红壤上磷钾交互的结果与潮土类似，而黑垆土上磷钾交互的规律性不强（图9-6）。

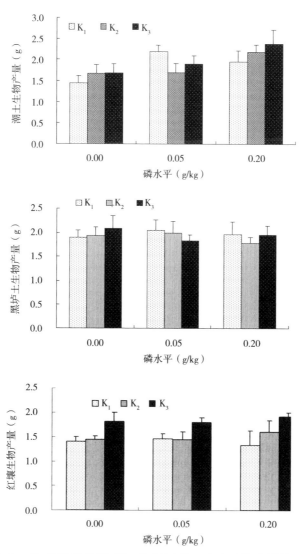

图9-6　W_1条件下磷钾互作对不同土壤下小麦生物产量的影响

　　无水分胁迫时，在潮土和黑垆土上磷钾交互主要表现为磷素间的差异，随供钾水平的提高，P_2和P_3水平条件下的生物产量最高。而在红壤上，磷钾交互在不施钾条件下的生物产量间差异不大，而随供钾水平的提高，P_3与钾耦合的生物产量最好，这说明在红壤上以钾促磷效果较好（图9-7）。综上所述，三种土壤在两种水分条件下的表现类似，水分对磷钾交互的促进作用不大。

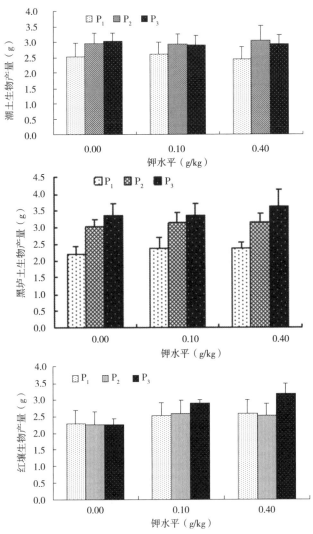

图9-7　W₂条件下磷钾互作对不同土壤下小麦生物产量的影响

（四）氮磷钾互作比较

在水分胁迫的条件下，氮对潮土和红壤影响较为明显，N_1和N_2水平间的生物产量差异不大，但氮施用过高则会造成减产。干旱胁迫条件下，钾元素的差异在红壤上表现突出，这说明红壤内钾素含量缺乏；不同钾水平对潮土产量影响不大，这可能与该土壤的钾供应充足有关。不同磷水平间在三种不同土壤上的产量差异显著，这说明三种土壤内磷素均缺乏，增施磷肥是小麦增产的保障（图9-8）。

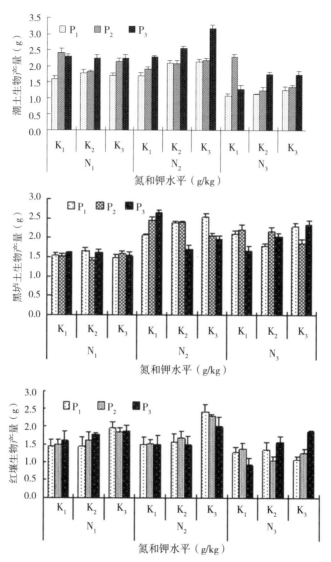

图9-8　W₁条件下氮磷钾互作对不同土壤下小麦生物产量的影响

$\quad$无水分胁迫下，氮磷钾配施在水分供应充足的情况下在三种水热梯度形成的土壤上表现不一。氮肥对这三种土壤的物质产出均有不同程度的影响，其对黑垆土的增产效应最大，而对潮土和红壤下小麦的影响为中氮 > 低氮 > 高氮，即在这两种土壤上氮肥不足或过多均会造成小麦的减产。钾肥对黑垆土上小麦产量的差异影响不明显，而对红壤的影响较大，这说明钾素缺乏是影响水热条件较高的红壤地区产量的限制因子。磷素在这三种土壤条件下差异均较为明显，这说明在这三种不同水热梯度形成的土壤中，磷肥的含量较为缺乏，即增施磷肥是这三种土壤下小麦增产高产的保障（图9-9、图9-10）。

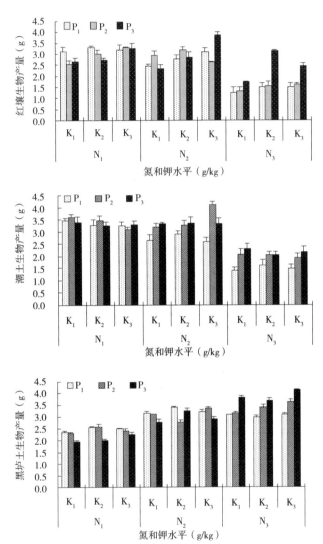

图9-9 W$_2$条件下氮磷钾互作对不同土壤下小麦生物产量的影响

综上所述，水分加大了氮磷钾三因素的耦合效应，供水量的增加，显著提高了氮肥的增产效应，而磷与钾素的增产效应与氮肥合理配施才能实现。

图9-10　三种土壤下水氮磷钾配施对小麦长势影响的对比

第二节　三种土壤类型玉米水氮磷钾互作效应比较

一、水、氮、磷、钾互作对玉米生长发育的影响比较分析

（一）玉米株高

由表9-1和表9-2可见，受到水分、氮素（W：150ml，N：0.075g/kg）双重胁迫的处理1到处理4，与仅受到水分单一胁迫的处理5至处理8（W：150ml）相比，玉米植株高度增长相对较低，表明在受到水分胁迫时适当增加施氮量有助于玉米植株高度增长，达到"肥调水"的目的。处理9至处理12（W：250ml，N：0.075g/kg）水分供给充足，但氮素缺乏相对处理5至处理8玉米植株高度增长相对较低，甚至与受到水分、氮素双重胁迫的处理1到4相比也有所降低，表明水多氮少（W：250ml，N：0.075g/kg）的水肥配比不利于玉米植株高度增长。处理13至处理16（W：250ml，N：0.225g/kg）玉米植株高度增长相对较高，表明高水高氮（W：250ml，N：0.225g/kg）水肥配比对玉米植株高度增长有一定的促进作用，但效果与低水高氮处理5至处理8（W：150ml，N：0.225g/kg）相近，相比之下高水高氮水肥配比较为浪费资源，一定水分与较高氮肥配比不但能够得到相同的效果而且节约资源。受到水分严重胁迫的处理17（W：100ml）与受到严重水淹的处理18（W：300ml）玉米植株高度增长均较低，表明水分过多与过少都不利用玉

米植株高度增长。

表9-2　三种土壤下水肥互作对玉米株高影响

处理号	株高（cm）		处理号	株高（cm）		处理号	株高（cm）	
	8叶期	18叶期		8叶期	18叶期		8叶期	18叶期
L01	15.58	51.36	C01	17.54	54.58	H01	17.15	55.16
L02	14.34	49.17	C02	17.80	57.17	H02	17.78	45.49
L03	15.52	51.19	C03	16.33	49.30	H03	16.78	48.39
L04	17.95	52.52	C04	12.38	29.77	H04	16.62	52.41
L05	12.98	36.89	C05	10.00	38.94	H05	17.57	50.02
L06	12.53	34.79	C06	11.82	42.39	H06	17.92	53.80
L07	17.32	45.51	C07	12.63	38.44	H07	17.13	49.72
L08	18.62	49.71	C08	12.21	40.29	H08	18.18	52.58
L09	17.35	49.67	C09	13.90	39.09	H09	19.50	60.81
L10	18.16	51.29	C10	13.68	42.14	H10	21.12	57.42
L11	21.33	66.78	C11	14.95	41.29	H11	21.52	59.93
L12	18.87	56.48	C12	13.23	36.13	H12	19.77	60.14
L13	20.75	57.11	C13	11.63	42.49	H13	20.62	65.54
L14	20.73	56.02	C14	13.30	43.16	H14	20.57	63.37
L15	19.45	49.64	C15	16.63	37.14	H15	20.55	52.89
L16	20.27	59.70	C16	14.43	43.17	H16	20.73	59.51
L17	19.13	39.02	C17	13.44	30.99	H17	18.00	47.21
L18	13.20	33.63	C18	13.18	26.11	H18	20.37	60.88
L19	17.45	51.75	C19	14.20	51.10	H19	17.35	44.38
L20	17.65	39.19	C20	15.24	40.84	H20	14.57	47.74
L21	22.60	46.32	C21	17.18	40.58	H21	18.92	43.54
L22	18.55	45.32	C22	16.78	39.23	H22	19.08	34.50
L23	21.42	41.40	C23	15.50	41.67	H23	20.47	47.72
L24	18.40	47.78	C24	18.95	36.28	H24	15.48	48.60
L25	23.38	50.95	C25	16.83	44.29	H25	22.78	51.47

注：L代表黑垆土，C代表潮土，H代表红壤

（二）玉米叶面积

5叶期叶面积总体：红壤>黑垆土>潮土，此时玉米生长所需养分主要来自身和土壤，而对水分养分的需求差异不大，所以三种土壤下玉米不同处理的叶面积差异不明显。

8叶期即进入拔节期玉米植株生长旺盛，三种土壤下玉米不同处理的叶面

积差异明显，潮土下叶面积最高值出现在处理8（W：150ml，N：0.225g/kg，P：0.225g/kg，K：0.3g/kg），黑垆土与红壤下叶面积最高值均出现在处理20（W：200ml，N：0.300g/kg，P：0.150g/kg，K：0.2g/kg），三种土壤下均表现出处理9到处理12这一处理区域虽然水分供给充分（W：250ml）由于氮素缺乏（N：0.075g/kg），导致玉米叶面积较小而且与5叶期相比变化幅度较小，表明无论其他因素供给充足与否，此时期一旦缺乏氮素供给即会导致玉米叶面积降低，生长缓慢，表明此时期为玉米对氮素的敏感时期，三种土壤下处理9到处理12总体差异在于叶面积黑垆土>潮土>红壤，这一特点也验证了黑垆土、潮土、红壤水热梯度逐步上升的分布特点。三种土壤下水分供给极度过量的处理18（W：300ml）均表现出叶面积较低的特点，表明此时期水分供给过量不但不会促进玉米叶面积增长，反而阻碍了玉米植株生长。三种土壤下处理19到处理24这一处理区域由于水分供给适量（W：200ml）且肥料供给适中使得叶面积较高，变化幅度较大，表明适当的水肥配比有利于玉米生长，三种土壤下处理19到处理24总体差异在于叶面积红壤>黑垆土>潮土。12叶期规律与8叶期类似，15叶期后即生殖生长期三种土壤下各处理间差异逐渐变小，18叶期最后收获时三种土壤下各处理间差异与8叶期相近，差异作用18叶期较之8叶期叶面积有一定的提高。

综上所述，三种土壤下水氮受限是导致玉米植株增长缓慢，叶面积动态变化的主要因素，8叶期与12叶期是玉米生长对氮素的敏感期。三种土壤下均表现出低水高氮（W：150ml，N：0.225g/kg）配施处理玉米株高增长与叶面积增大效果与高水低氮（W：250ml，N：0.075g/kg）配施相近，差异在于不同土壤自身养分含量与土壤含水量不同导致同样的水肥配施对玉米株高、叶面积动态影响不同：5叶期叶面积总体：红壤>黑垆土>潮土；潮土下叶面积最高值出现在8叶期的处理8（W：150ml，N：0.225g/kg，P：0.225g/kg，K：0.3g/kg），黑垆土与红壤下叶面积最高值均出现在处理20（W：200ml，N：0.300g/kg，P：0.150g/kg，K：0.2g/kg），叶面积最高值排序：红壤>潮土>黑垆土，红壤下5叶期和8叶期玉米生长发育最快，潮土5叶期生长缓慢，8叶期生长发育较快，黑垆土两个叶期生长发育处于中间水平。

二、水、氮、磷、钾互作对不同叶龄期玉米干物质积累的影响比较分析

通过对陕西长武站黑垆土、河南封丘站潮土、湖南祁阳站红壤下玉米不同叶龄期（5叶期、8叶期、12叶期、15叶期、18叶期采样）的干物质积累的

分析，探讨水肥多因子对玉米生长的互作效应与机理，为三种土壤的合理施肥提供理论依据。

（一）5 叶期玉米干物质积累

三种土壤下5叶期即苗期玉米地上部干物质积累数学模型分析表明，潮土下氮磷互作对玉米干物质积累影响显著（α=0.05），体现了潮土"氮少、磷缺"的特点；红壤下水氮互作对玉米干物质积累影响显著（α=0.10），表明了保肥能力较弱的红壤下玉米苗期对氮素的大量需求；黑垆土下水磷互作对玉米干物质积累影响显著（α=0.10），体现了黑垆土缺磷的特点；针对三种土壤下玉米苗期对水肥的不同需求，在生产实践中有针对性地进行灌溉施肥，使玉米苗生长旺盛为后期生长发育打下坚实基础。从单因子对玉米干物质重量的影响来看，5叶期为潮土与红壤的水氮敏感时期，黑垆土处于水磷敏感时期。

（二）8 叶期玉米干物质积累

从三种土壤下水氮磷钾互作对15叶期玉米植株干物质积累的影响角度进行了分析，潮土下氮磷互作又一次对玉米干物质积累影响显著（α=0.05）。红壤下水肥因素交互不显著，但此时磷素单一因素影响重要性上升到第一位。黑垆土下水磷互作对玉米干物质积累影响显著（α=0.05）。

（三）18叶期玉米干物质积累

从三种土壤下水氮磷钾互作对18叶期玉米植株干物质积累的影响角度进行了分析，三种土壤下各因素间互作效应均不显著；从单因子对玉米干物质积累的影响角度来看：潮土上单因素对干物质重量的作用大小关系为灌溉量（X_1）>施钾量（X_4）>施磷量（X_3）>施氮量（X_2）表明此时期玉米植株对水分与钾素的需求直接影响后期生长，红壤上单因素对干物质重量的作用大小关系为施氮量（X_2）>灌溉量（X_1）>施钾量（X_4）>施磷量（X_3），表明此时期玉米植株对水分与氮素的需求直接影响后期生长，黑垆土上单因素对干物质重量的作用大小关系为施氮量（X_2）>灌溉量（X_1）>施钾量（X_4）>施磷量（X_3），表明此时期玉米植株对水分与氮素的需求直接影响后期生长；此时期潮土下注重水钾有助于玉米生殖生长，红壤、黑垆土下注重水氮可促进玉米结实。

（四）不同叶龄期水氮磷钾单因子影响综合比较

研究表明，不同水肥的输入模式在三种土壤上对玉米不同生育时期的影响表现不一。玉米的不同生育时期干物质积累受到水分状况和土壤肥力的影响较大，从不同叶龄期单因子影响序列角度分析：5叶期到12叶期即生长前期水氮对三种土壤下玉米生长发育影响程度较大特别是潮土最为明显，12叶期后进入生殖生长阶段水肥单因子对三种土壤下玉米干物质影响各异，黑垆土下表现为水氮作用明显，潮土下表现为水钾作用明显，红壤下氮磷作用明显。

由此看来，水氮磷钾是玉米生长所必需的四大因子，每一种元素的施用都会促进玉米的干物质积累，但这三种肥料的施用都需要在适宜量的条件下才能发挥作用。从而使水分和养分之间具有协同效应，增水能够增加肥料的增产效应，增肥能够增加灌水的增产效应。因此在实际农业生产中，只有合理匹配水肥因子，才能起到以水促肥，以肥调水，才能充分发挥水肥因子的整体增产作用，这也与谭和芳（2008）、杨玉敏（2015）等的研究一致。

从水肥互作对玉米植株氮、磷、钾吸收的影响来看：黑垆土下全氮比率最高的处理6，表明在受到水分胁迫时，提高施氮量可以促进玉米植株全氮比率。全氮量最高的处理是处理16处理，与水分胁迫处理8相比施肥充足情况下，灌溉量的提高有助于氮素吸收，全磷比率、全磷量最高的处理16；潮土下植株全氮比率、全氮量最高的是处理14即灌溉量、施氮量、施钾量均充足，施磷量的提高（P：0.075g/kg→0.225g/kg）对其他条件均适中时的玉米植株氮吸收有一定的阻碍作用，全磷量最高的处理是处理16即水肥供给均充足的处理，植株全钾比率变化不明显；红壤下植株全氮、全磷比率最高的是处理30即水肥供应适中的处理，表明水肥均衡（W：200ml，N：0.150g/kg，P：0.150g/kg，K：0.2g/kg）施用不但对氮素吸收比率有利，而且也能给促进玉米植株全磷比率，植株全氮量最高的是处理14即高氮低磷（N：0.225g/kg，P：0.075g/kg）处理，植株全磷量最高的是处理12，即低氮高磷处理（N：0.075g/kg，P：0.225g/kg），高水分灌溉促进玉米植株对磷素的吸收。

三、水、氮、磷、钾互作对玉米养分吸收的影响比较分析

根据干物质重量分析所得因素交互情况，进一步对比较性较强的处理进行养分吸收分析，这些处理包括三个常规比较处理即处理1、处理16以及最后处理25至处理31中一组干物质积累平均水平处理。

从水肥互作对玉米植株氮、磷、钾吸收的影响来看：黑垆土下全氮比率最高的是处理6，表明在受到水分胁迫时，提高施氮量可以促进玉米植株全氮比率。全氮量最高的是处理16，与水分胁迫处理8相比施肥充足情况下，灌溉量的提高有助于氮素吸收，全磷比率、全磷量最高的是处理16；潮土下植株全氮比率、全氮量最高的是处理14，即灌溉量、施氮量、施钾量均充足，施磷量的提高（P：0.075g/kg→0.225g/kg）对其他条件均适中时的玉米植株氮吸收有一定的阻碍作用，全磷量最高的是处理16即水肥供给均充足

的处理，植株全钾比率变化不明显；红壤下植株全氮、全磷比率最高的是处理30即水肥供应适中的处理，表明水肥均衡（W：200ml，N：0.150g/kg，P：0.150g/kg，K：0.2g/kg）施用不但对氮素吸收比率有利，而且也能给促进玉米植株全磷比率，植株全氮量最高的是处理14，即高氮低磷（N：0.225g/kg，P：0.075g/kg）处理，植株全磷量最高的是处理12，即低氮高磷处理（N：0.075g/kg，P：0.225g/kg），高水分灌溉促进玉米植株对磷素的吸收。

四、水、氮、磷、钾互作对玉米光合生理的影响比较分析

（一）8叶期玉米光合生理

从水肥互作对玉米光合生理影响来看，水分为光合速率的主要限制因子，三种土壤下受到水分限制的处理1，净光合速率均极低；其次是氮素的缺乏也同样降低了净光合速率；潮土下高氮低磷对于蒸腾速率与气孔导度均具有阻碍作用，红壤下一定的水分限制和高水平肥料投入有助于蒸腾速率与气孔导度的提高，黑垆土下高水肥投入有助于蒸腾速率与气孔导度提高，这也与常敬礼（2008）的研究结果类似（常敬礼等，2008）。

（二）15叶期玉米光合生理

从三种土壤下水氮磷钾互作对15叶期玉米植光合生理的影响等角度进行了分析。水分仍然是光合速率的主要限制因子，三种土壤下受到水分限制的处理1，净光合速率均极低；三种土壤下高氮低磷（N：0.225g/kg，P：0.075g/kg）与水肥适中的处理净光合速率、蒸腾速率与气孔导度均较高。

（1）潮土下水肥供给不足会导致玉米叶片的光合作用降低，在水分供给充足情况下氮磷互作通过减少气孔阻力来促进了蒸腾速率的增加。特别是磷素匮乏的潮土地区特别要注意磷肥的使用，同时注重氮肥与磷肥的合理配施。

（2）红壤下不论水分供给高低，氮素的缺乏都会导致玉米叶片光合作用各指标受限，氮素供给的提高有助于玉米叶片形成良好的光合体系，同时高氮高磷（N：0.225g/kg，P：0.225g/kg）组合反而阻碍了光合作用进一步提高，氮磷合理配施加之水分供给充分有助于玉米叶片的光合作用。

（3）黑垆土下无论是蒸腾速率，还是气孔导度，水分供给不足、肥料缺乏都使得处理1处于最低水平，水肥供应保证了高光合作用，水分、磷素匮缺时提高氮钾水平有助于玉米叶片的蒸腾速率与气孔导度的提高。

五、水、氮、磷、钾互作对玉米叶片保护系统的影响比较分析

（一）8叶期玉米叶片保护酶

三种土壤下水氮磷钾互作对8叶期玉米叶片酶活性与丙二醛含量的影响等角度进行了分析。三种土壤下均表现出POD与SOD有协调一致的作用，使活性氧维持在较低水平上的规律。潮土下施氮量过量与施磷量较低的施肥配比会对玉米叶片造成伤害，红壤下低氮高磷对玉米叶片过氧化程度有促进作用，导致叶片受害，同样低氮高磷也对黑垆土下玉米叶片酶产生破坏，导致保护系统功能降低。

（二）15叶期玉米叶片保护酶

15叶期三种土壤下均表现出水分缺乏，玉米叶片酶活性较高，MDA含量较低的现象，黑垆土下MDA含量最高处理较之水分缺乏处理MDA含量提高232.79%，潮土下MDA含量最高处理较之水分缺乏处理MDA含量提高108.46%，红壤下MDA含量最高处理较之水分缺乏处理MDA含量提高185.58%，表明此时水分供给状况直接关系着叶片抵御过氧化的威胁，注重土壤水分状况有利于此时玉米叶片自我保护系统功能正常。

第三节　本章小结

黑垆土、潮土、红壤是在不同水热条件下形成的主要土壤类型，在我国农业生产中占有重要地位。本章分别研究了黑垆土、潮土、红壤下玉米不同水肥条件下不同叶龄期的交互效应。但由于以上三种土壤所处的地理位置以及形成这些土壤的水热条件不同，其土肥水交互效应必然有差异。我国是水肥资源俱缺的国家，根据不同土壤的特性合理有效配置水肥资源对节约资源，实现农业可持续发展具有重要意义。通过比较以上三种土壤交互效应上的差异性，不仅可以从宏观尺度上把握如何根据土壤条件进行合理的水分与养分资源的调控，而且还可以从微观尺度上指导水肥精确管理。通过对三种不同土壤下不同叶龄期水氮磷钾交互作用的研究，主要得出以下结论。

一、三种土壤类型小麦水氮磷钾交互效应比较

水分对三种土壤下小麦产量的影响占主导地位。水分胁迫均导致减产，但从减产幅度来看，红壤减幅最大，黑垆土与潮土次之且两者相差不大。分

析表明尽管红壤处于高降水地区，但水分亏缺给小麦带来的减产反而较降水少的黑垆土与潮土更为严重。

水分和土壤是氮、磷、钾肥导致小麦增产或减产的关键要素。水分和养分之间的合理配比是小麦在不同水热梯度形成的土壤下增产的依据。因此只有合理匹配水肥因子，才能以肥调水，以水促肥，充分发挥水肥因子的整体增产作用。

水分和土壤是影响肥料间的交互效应差异两个重要因素。三种土壤下，氮素是氮磷、氮钾交互影响小麦物质产出的主因子。氮磷耦合协同效应要以适宜的水分条件为基础，水分亏缺或肥料用量过高均可导致三种土壤下小麦的减产。氮素是氮钾交互在三种土壤下影响小麦物质产出的限制因子，氮钾交互在不同水分和土壤条件下大致表现为由不规律到协同再到拮抗的抛物线变化。磷钾交互在水分胁迫时，在潮土和红壤上的协同效应显著，而在黑垆土上的规律性不强；而无水分胁迫时，在潮土和黑垆土上磷钾交互主要表现为磷素间的差异，在红壤上则是以钾促磷效果较好。综上所述，水分加大了氮磷钾三因素间的耦合效应，供水量的增加，显著提高了氮肥的增产效应，而磷与钾素的增产效应与氮肥合理配施才能实现。

二、三种土壤类型玉米水氮磷钾交互效应比较

受到水分胁迫时适当增加施氮量有助于玉米植株高度增长，达到"肥调水"的目的，水丰氮缺（W：250ml，N：0.075g/kg）的水肥配比不利于玉米植株高度增长。高水高氮（W：250ml，N：0.225g/kg）水肥配比对玉米植株高度增长有一定的促进作用，但效果与低水高氮（W：150ml，N：0.225g/kg）处理相近，相比之下高水高氮水肥配比较为浪费资源，一定水分与较高氮肥配比不但能够得到相同的效果而且节约资源。5叶期叶面积总体：红壤>黑垆土>潮土；潮土下叶面积最高值出现在8叶期的处理8（W：150ml，N：0.225g/kg，P：0.225g/kg，K：0.3g/kg），黑垆土与红壤下叶面积最高值均出现在处理20（W：200ml，N：0.300g/kg，P：0.150g/kg，K：0.2g/kg），叶面积最高值排序：红壤>潮土>黑垆土，红壤下5叶期和8叶期玉米生长发育最快，潮土5叶期生长缓慢，8叶期生长发育较快，黑垆土两个叶期生长发育处于中间水平。

从不同叶龄期单因子影响序列角度分析：5到12叶期即生长前期水氮对三种土壤下玉米生长发育影响程度较大特别是潮土最为明显，12叶期后进入生殖生长阶段水肥单因子对三种土壤下玉米干物质影响各异，黑垆土下表现

为水氮作用明显，潮土下表现为水钾作用明显，红壤下氮磷作用明显。

8叶期水分对玉米叶片Pn的影响突出，三种土壤下受到水分限制的处理，Pn均极低；其次是氮素的缺乏也同样降低了Pn。潮土下高氮低磷（N：0.225g/kg，P：0.075g/kg）对于Tr与Gs均具有阻碍作用，红壤下一定的水分限制和高水平肥料投入有助于Tr与Gs的提高，黑垆土下高水肥投入有助于Tr与Gs提高。

15叶期水分仍然是Pn的主要限制因子，三种土壤下受到水分限制的处理，Pn均极低；三种土壤下高氮低磷（N：0.225g/kg，P：0.075g/kg）与水肥适中的处理Pn、Tr与Gs均较高。

8叶期三种土壤下均表现出POD与SOD有协调一致的作用，使活性氧维持在较低水平上的规律。低氮高磷（N：0.075g/kg，P：0.225g/kg）使黑垆土下玉米叶片SOD活性与最高值相比降低50.03%，潮土下低氮高磷（N：0.075g/kg，P：0.225g/kg）施肥配比使玉米叶片POD活性与最高值相比降低38.02%，而且MDA含量较高，红壤下POD活性最高值比低水高肥处理POD活性提高232.42%，表明低水高肥处理对过氧化程度有促进作用，MDA含量较高，导致叶片保护功能下降。

15叶期三种土壤下均表现出水分缺乏（W：150ml），玉米叶片酶活性较高，MDA含量较低的现象，黑垆土下MDA含量最高处理较之水分缺乏处理MDA含量提高232.79%，潮土下MDA含量最高处理较之水分缺乏处理MDA含量提高108.46%，红壤下MDA含量最高处理较之水分缺乏处理MDA含量提高185.58%，表明此时水分供给状况直接关系着叶片抵御过氧化的威胁，注重土壤水分状况有利于此时玉米叶片自我保护系统功能正常。

参考文献

常敬礼，杨德光，谭巍巍，等.2008.水分胁迫对玉米叶片光合作用的影响[J].东北农业大学学报（11）：1-5.

郭丙玉，高慧，唐诚，等.2015.水肥互作对滴灌玉米氮素吸收、水氮利用效率及产量的影响[J].应用生态学报（12）：3 679-3 686.

山仑.2003.节水农业与作物高效用水[J].河南大学学报（自然科学版）（1）：1-5.

谭和芳，谢金学，汪吉东，等.2008.氮磷钾不同配比对小麦产量及肥料利用率的影响[J].江苏农业学报（3）：279-283.

王鹏勃，李建明，丁娟娟，等.2015.水肥耦合对温室袋培番茄品质、产量及水分利用效率的影响［J］.中国农业科学（2）：314-323.

杨玉敏，杨武云，万洪深，等.2015.氮磷钾胁迫下不同D基因组人工合成小麦生长和养分积累差异［J］.植物营养与肥料学报（5）：1 123-1 131.

第十章 河南封丘潮土长期不同施肥对冬小麦与夏玉米的物质生产及生理特性的影响

河南封丘潮土地区地势平坦、土层深厚，质地较疏松，通透性好，适合种植玉米这种植株高大、根系多、分枝多的作物。一些潮土地区常常成为我国重要的粮棉基地。在潮土的研究方面，王慎强等（2001）研究长期施用有机肥与化肥对潮土土壤化学和生物学性质的影响，结果表明，有机肥和化肥均使土壤有机质、全氮、全磷、速效磷、速效钾、阳离子交换性提高，增加土壤微生物数量和活性，但有机肥在培肥地力、创造有利于微生物生长繁育的土壤环境方面明显优于化学肥料（张水清，黄绍敏等，2010）。充足的土壤养分供给能够促进植物的生长发育，增加植株高度，增大绿叶叶面积，提高光合产物的积累量。本章从潮土长期定位施肥的角度探讨其对冬小麦、夏玉米生长发育特性及产量形成的影响。

第一节 长期不同施肥处理对冬小麦、夏玉米生长发育的影响

一、长期不同施肥处理对冬小麦、夏玉米株高的影响

从图10-1和图10-2中可以看出，施肥处理对株高的增加有较大的促进作用。随着生育进程冬小麦和夏玉米的株高都逐渐增加，而且株高的增加都有一个慢—快—慢的S形曲线的过程。但3个施肥处理整个生育时期的株高均明显高于CK，且在各个时期的株高增加速率也明显高于CK。3个施肥处理间的株高差异在整个生育时期不明显，NPK处理和1/2NPK+1/2OM处理的冬小麦苗期至拔节期的株高增加速率大于OM处理，但随后从拔节期至开花期又表现出OM处理的株高增加速率较大。以上结果说明，有机无机肥配施处理对

冬小麦和夏玉米株高增加的影响不大，无机肥与有机肥相比在生育前期能够促进株高的快速增加，但效果不明显。

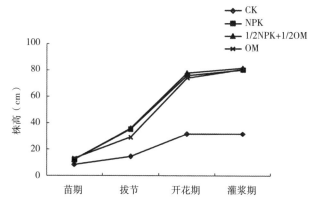

图10-1　长期不同施肥处理对冬小麦株高的影响

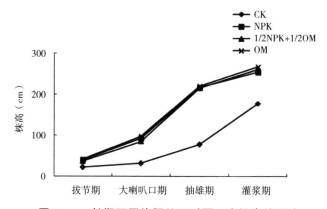

图10-2　长期不同施肥处理对夏玉米株高的影响

二、长期不同施肥处理对冬小麦、夏玉米叶面积指数的影响

从图10-3和图10-4中可以看出，施肥处理对植株叶面积指数的增加有较大的促进作用。随着生育进程冬小麦和夏玉米的叶面积指数都表现出先快速增加而后缓慢降低的过程。但3个施肥处理整个生育时期的叶面积指数均明显高于CK，且生育前期的叶面积指数增加速率也明显高于CK。3个施肥处理间的叶面积指数存在一定差异，在整个生育时期的平均叶面积指数表现为1/2NPK+1/2OM处理＞NPK处理＞OM处理。在前两个生育时期，NPK处理下的叶面积指数大于1/2NPK+1/2OM处理，在生育后期则表现为

1/2NPK+1/2OM处理的叶面积指数大于NPK处理。在生育前期叶面积指数增加的过程中，不同处理间的增加速率大小为：NPK处理＞1/2NPK+1/2OM处理＞OM处理，而在生育后期叶面积指数降低的过程中，不同处理间的降低速率大小为：NPK处理＞1/2NPK+1/2OM处理＞OM处理。以上结果说明，有机无机肥配施处理对冬小麦和夏玉米叶面积指数的变化有较大的影响，无机肥与有机肥相比在生育前期能够促进植株叶片的快速生长，使叶面积指数迅速增加，但由于肥效持续时间短，在生育后期其叶片衰老迅速，导致叶面积指数快速下降。而有机肥肥效缓慢，在前期的促进作用不明显，但在生育后期便能提供较充足的养分，进而延缓了叶片的衰老，使叶面积下降缓慢。

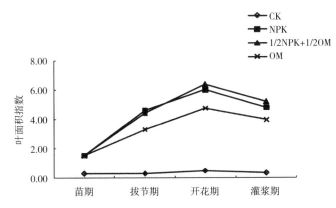

图10-3　长期不同施肥处理对冬小麦叶面积指数的影响

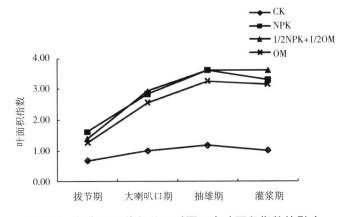

图10-4　长期不同施肥处理对夏玉米叶面积指数的影响

三、长期不同施肥处理对冬小麦、夏玉米干物质积累的影响

从图10-5和图10-6中可以看出，施肥处理对植株干物质的积累有较大的促进作用。随着生育进程冬小麦和夏玉米的干物质的积累都表现出先慢后快的过程。但3个施肥处理整个生育时期的干物质的积累量均明显高于CK，且整个生育期的干物质积累速率也明显高于CK。3个施肥处理间的干物质的积累进程存在一定差异，在前三个生育时期，NPK处理下的干物质积累量大于1/2NPK+1/2OM处理，至灌浆期干物质的积累量则变为1/2NPK+1/2OM处理＞NPK处理＞OM处理。在生育后期则表现为1/2NPK+1/2OM处理的叶面积指数大于NPK处理。在生育前期干物质的积累量增加的过程中，不同处理间的增加速率大小为：NPK处理＞1/2NPK+1/2OM处理＞OM处理，而在灌浆期干物质迅速积累的过程中，不同处理间的增加速率大小为：1/2NPK+1/2OM处理＞NPK处理＞OM处理。以上结果说明，有机无机肥配施处理对冬小麦和夏玉米的干物质积累有较大的影响，无机肥与有机肥相比在生育前期能够促进植株叶片的快速生长，使植株干物质积累迅速增加，但由于肥效持续时间短，在生育后期养分供应不足使其叶片衰老快，叶面积指数降低，光合能力迅速减弱，导致光合产物的积累变慢。而有机肥肥效缓慢，在前期的促进作用不明显，但在生育后期也能提供较充足的养分，进而延缓了叶片的衰老，维持了较高的叶面积指数，延长高效光合时间，促进了光合产物的积累。

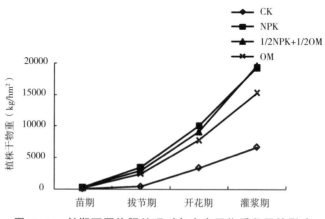

图10-5　长期不同施肥处理对冬小麦干物质积累的影响

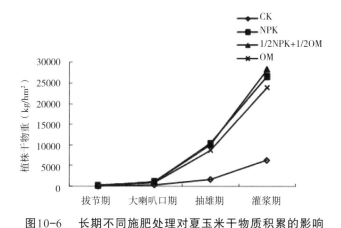

图10-6　长期不同施肥处理对夏玉米干物质积累的影响

第二节　长期不同施肥处理对冬小麦、夏玉米叶片光合生理特性的影响

光合作用是作物产量形成的主要机制。小麦和玉米进行光合作用的主要器官是叶片，可以认为其干物质积累几乎全部来自于叶片。光合生产的能力主要取决于叶面积指数和光合速率，因此提高光合速率是取得作物高产的主要途径，是作物高产栽培的生理基础（李少昆，1998；许大全，1999）。光合作用的强弱受到作物体内、外多种因素的影响，如气孔导度、蒸腾速率、细胞间CO_2浓度、气象条件以及肥水条件（王帅，2014）等。

一、长期不同施肥处理对冬小麦、夏玉米叶片叶绿素含量的影响

图10-7和图10-8表明，在冬小麦和夏玉米的整个生育过程中，叶绿素含量都表现出先升高后降低的趋势，而且在4个重要生育时期3个施肥处理都能够明显的提高植株叶片的叶绿素含量。冬小麦全生育期的平均叶绿素含量以1/2OM+1/2NPK最高达到1.925mg/g，其次是NPK和OM 为1.809mg/g和1.611mg/g，以CK最低为1.261mg/g。在生育前期NPK处理和1/2OM+1/2NPK处理的无机肥肥效释放快，使得土壤中的养分浓度较高，促进植株旺盛生长，明显的提高了叶绿素含量，但进入生育后期无机肥肥效减弱，而有机肥养分释放开始加快，肥力持久，延缓植株衰老，降低叶绿素分解速率，因此表现出OM处理的叶绿素含量降低缓慢，保持较高的含量。在夏玉米中不同

处理对叶绿素的含量影响也表现出与冬小麦相似的趋势，整个生育期的叶绿素含量以1/2OM+1/2NPK处理和NPK处理较高，其次是OM处理，而以CK最低。在前3个生育期表现出施用无机肥的处理中叶片的叶绿素含量明显高于其他处理，而在抽雄期以后叶绿素逐渐下降的过程中，有机肥能明显地降低叶绿素分解的速率，维持生育后期较高的含量。说明无机肥的肥效主要在作物的生育前期，而有机肥的肥效长能更好地在生育后期供给养分。

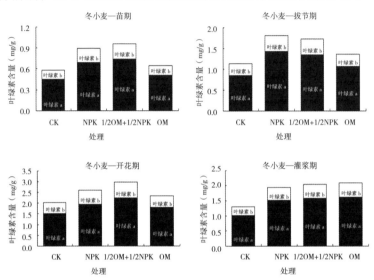

图10-7　长期不同施肥处理对冬小麦叶片叶绿素含量的影响

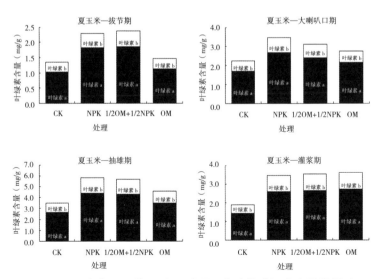

图10-8　长期不同施肥处理对夏玉米叶片叶绿素含量的影响

二、长期不同施肥处理对冬小麦、夏玉米叶片光合速率的影响

从图10-9和图10-10中可以看出，冬小麦的叶片净光合速率从拔节期到灌浆期是明显增加的过程，对于夏玉米从大喇叭口期至灌浆期表现出先增加后降低的趋势。在有机无机肥配施的试验中，三个施肥处理冬小麦灌浆期的平均净光合速率为25.05μmol/（$m^2 \cdot s$），比拔节期增加了34.61%。在拔节期以NPK全肥处理的净光合速率最高，达到19.37μmol/（$m^2 \cdot s$），其次是1/2OM+1/2NPK处理，而后是OM处理，以不施肥的对照CK最小，且三个施肥处理之间的净光合速率差异较小，但都明显高于CK。到了灌浆期，表现为OM处理与1/2OM+1/2NPK处理的净光合速率较高，其次是NPK处理，以CK最低。在夏玉米的生育过程中，抽雄期之前净光合速率随生育进程逐渐升高，过了抽雄期之后又逐渐降低。夏玉米在不同生育时期三个施肥处理的平均净光合速率分别达到大喇叭口期：39.35μmol/（$m^2 \cdot s$）、抽雄期：44.11μmol/（$m^2 \cdot s$）和灌浆期：30.23μmol/（$m^2 \cdot s$）。在大喇叭口期和抽雄期叶片的净光合速率都表现出NPK处理最高，1/2OM+1/2NPK处理次之，再次是OM处理，以CK处理最小。到了灌浆期，则表现为1/2OM+1/2NPK处理最高，而后是NPK处理，然后是OM处理，仍然是CK处理最小。从这些结果可以看出，无机肥的肥效较大主要作用于生育的中前期，而后逐渐减弱，导致NPK处理的叶片的净光合速率也表现出相应的趋势，前期较高，至灌浆期下降迅速。而有机肥的肥效相对较小，且肥效缓慢，主要作用于作物生育的中后期，所以OM处理的叶片净光合速率表现出前期较低，后期下降缓慢的特点。以1/2OM+1/2NPK处理的叶片净光合速率表现最好，前期略低于NPK处理，而后期最高。

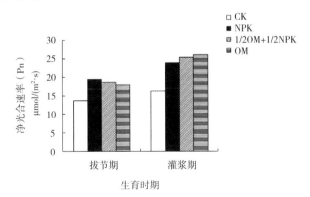

图10-9　长期不同施肥处理对冬小麦叶片净光合速率的影响

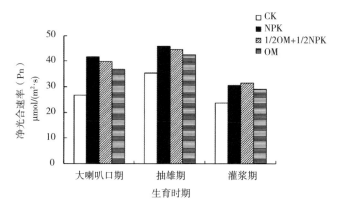

图10-10　长期不同施肥处理对夏玉米叶片净光合速率的影响

三、长期不同施肥处理对冬小麦、夏玉米叶片气孔导度的影响

从图10-11和图10-12中可以看出，冬小麦的叶片气孔导度从拔节期到灌浆期有一定的增加，对于夏玉米从大喇叭口期至灌浆期表现出现明显的先增加后降低的趋势。在有机无机肥配施的试验中，拔节期以NPK全肥处理的叶片气孔导度最高，达到0.132μmol/（m²·s），其次是1/2OM+1/2NPK处理，而后是OM处理，以不施肥的对照CK最小，三个施肥处理的叶片气孔导度都明显高于CK。在灌浆期，表现为OM处理处理的叶片气孔导度最高，其次是NPK处理与1/2OM+1/2NPK，以CK最低。在夏玉米的生育过程中，抽雄期之前叶片气孔导度随生育进程逐渐升高，过了抽雄期之后又逐渐降低。夏玉米在不同生育时期三个施肥处理的平均叶片气孔导度分别达到大喇叭口期：0.331μmol/（m²·s）、抽雄期：0.395μmol/（m²·s）和灌浆期：0.248μmol/（m²·s）。在大喇叭口期和抽雄期叶片的气孔导度都表现出NPK处理最高，1/2OM+1/2NPK处理次之，再次是OM处理，以CK处理最小。灌浆期，则表现为1/2OM+1/2NPK处理最高，而后是NPK处理，然后是OM处理，仍然是CK处理最小。从这些结果可以看出，由于无机肥的肥效主要作用于生育的中前期，而后逐渐减弱，所以导致NPK处理的叶片的气孔导度也表现出前高后低的趋势，大喇叭口期和抽雄期较高，至灌浆期下降迅速。而有机肥的肥效相对较小，且肥效缓慢，主要作用于作物生育的中后期，所以OM处理的叶片气孔导度表现出前期较低，后期下降缓慢的特点。以1/2OM+1/2NPK处理的叶片气孔导度在整个生育时期都相对较高，前期略低于NPK处理，而后期最高。

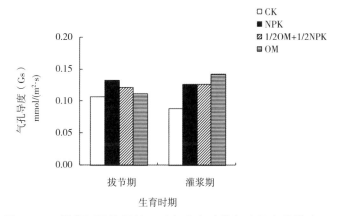

图10-11 长期不同施肥处理对冬小麦叶片气孔导度的影响

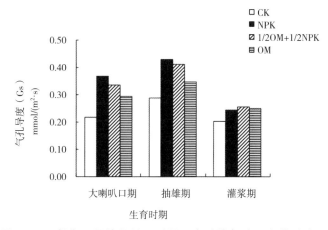

图10-12 长期不同施肥处理对夏玉米叶片气孔导度的影响

四、长期不同施肥处理对冬小麦、夏玉米叶片胞间 CO_2 浓度的影响

从图10-13和图10-14中可以看出，冬小麦的叶片胞间 CO_2 浓度从拔节期到灌浆期是明显增加的过程，对于夏玉米从大喇叭口期至灌浆期表现出一直增加的趋势。在拔节期以CK处理的胞间 CO_2 浓度最高，达到60.86μl/L，其次是1/2OM+1/2NPK处理和OM处理，以全肥处理NPK最小。灌浆期，仍然表现出CK处理的胞间 CO_2 浓度最高，其次是OM处理，以1/2OM+1/2NPK处理和NPK处理较低。在夏玉米的生育过程中，抽雄期之前胞间 CO_2 浓度随生育进程升高较为迅速，在抽雄期至灌浆期增加相对缓慢。在灌浆期夏玉米的胞

间CO_2浓度达到最大，4个施肥处理的平均值为93.24μl/L。在大喇叭口期至抽雄期1/2OM+1/2NPK处理的叶片胞间CO_2浓度都表现出升高的趋势，但从抽雄期至灌浆期缺有所降低。从这些结果可以看出，无机肥的处理能明显地降低生育中前期的叶片胞间CO_2浓度，而在生育后期却能明显地提高叶片胞间CO_2浓度。而有机肥的处理在整个生育时期都表现出较高的叶片胞间CO_2浓度。这与有机肥肥效低，使植株叶片的光合能力下降有关。

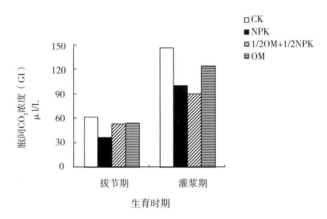

图10-13　长期不同施肥处理对冬小麦叶片胞间CO_2浓度的影响

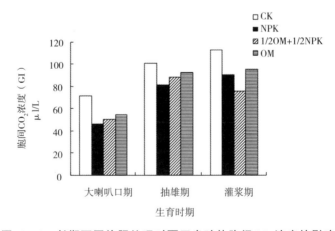

图10-14　长期不同施肥处理对夏玉米叶片胞间CO_2浓度的影响

五、长期不同施肥处理对冬小麦、夏玉米叶片蒸腾速率的影响

从图10-15和10-16中可以看出，冬小麦的叶片蒸腾速率从拔节期到灌浆期是明显增加的过程，对于夏玉米从大喇叭口期至灌浆期表现出先增加后降低的趋势。在有机无机肥配施的试验中，三个施肥处理冬小麦灌浆期的平均蒸腾速率为3.38μmol/（m²·s），比拔节期增加了142.4%。在拔节期以NPK全肥处理的蒸腾速率最高，达到1.53μmol/（m²·s），其次是1/2OM+1/2NPK处理，以OM处理和不施肥的对照CK最小。在灌浆期则以OM处理最高，为3.86μmol/（m²·s），其次是1/2OM+1/2NPK处理和NPK处理，以CK最低。在夏玉米的生育过程中，抽雄期之前的叶片蒸腾速率随生育进程逐渐升高，过了抽雄期之后又逐渐降低。在大喇叭口期和抽雄期叶片的蒸腾速率都表现出NPK处理最高，1/2OM+1/2NPK处理次之，再次是OM处理，以CK处理最小。到了灌浆期，则表现为1/2OM+1/2NPK处理最高，而后是NPK处理，然后是CK处理，而以OM处理最小。从这些结果可以看出，NPK处理的肥效强，能够在生育的中前期较大的提高叶片的蒸腾速率，而到生育后期，随着肥力的迅速衰退，也导致NPK处理的叶片的蒸腾速率也表现出，前期较高，至灌浆期下降迅速的趋势。而有机肥的肥效相对较小，且肥效缓慢，主要作用于作物生育的中后期，所以OM处理下叶片的蒸腾速率表整个生育期都较低的特点。以1/2OM+1/2NPK处理的叶片蒸腾速率表现最好，前期略低于NPK处理，而后期下降缓慢。

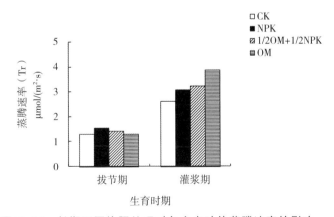

图10-15　长期不同施肥处理对冬小麦叶片蒸腾速率的影响

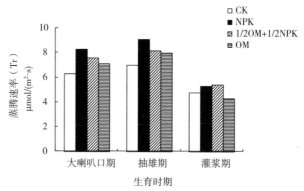

图10-16　长期不同施肥处理对夏玉米叶片蒸腾速率的影响

第三节　长期不同施肥处理对冬小麦、夏玉米叶片保护酶系统的影响

　　前人研究表明，植物生育过程中逆境的胁迫会使细胞间的活性氧产生与清除之间的平衡受到破坏，积累起来的活性氧对细胞造成伤害。植物在逆境条件下，会使细胞内活性氧自由基增加，导致细胞遭受氧化危害。因此作物需要动员整个防御系统抵抗逆境胁迫诱导的氧化伤害，而清除系统中的超氧化物歧化酶（SOD）、过氧化物酶（POD）、过氧化氢酶（CAT）的活性就成了控制伤害的决定性因素。而细胞脂膜过氧化产物丙二醛（MDA）的含量不仅是膜脂过氧化的标志，也间接表示了组织中的氧自由基含量。土壤养分供应不足均造成SOD、POD和CAT酶活性降低，引起活性氧积累，导致膜脂过氧化产物MDA增加，叶绿素降解和光合酶活性下降，光合能力下降，从而加速叶片衰老，不利于籽粒灌浆，最终导致作物产量下降。合理的施肥是调控作物生长发育、提高作物抗逆能力，延缓衰老的一项重要措施。

一、长期不同施肥处理对冬小麦、夏玉米叶片 POD 活性的影响

　　POD是对逆境反应较为灵敏的保护酶，它能通过在氧化相应基质（如酚类化合物）时清除低浓度的 H_2O_2。图10-17和图10-18表明，植株叶片的POD活性随着生育进程有一个在开花以前先显缓慢增加，开花以后迅速下降的过程。在有机无机肥配施试验中，CK处理的冬小麦的叶片中的POD活性在整个生育过程都小于三个施肥处理。在施肥处理中4个生育时期的平均叶片POD

活性表现为NPK处理＞1/2OM+1/2NPK处理＞OM处理。在前3生育时期都以NPK处理的个POD活性最高，而在灌浆期则以1/2OM+1/2NPK处理下最高，且从开花期至灌浆期POD活性下降的过程中，NPK处理下的下降速率明显的高于1/2OM+1/2NPK处理和OM处理。不同施肥处理对夏玉米生育过程中叶片POD活性的影响，与冬小麦有相似的趋势。在整个生育期平均叶片POD活性表现为NPK处理＞1/2OM+1/2NPK处理＞OM处理＞CK处理。在前两个生育时期和灌浆期3个施肥处理的叶片POD活性相近明显大于不施肥的处理CK，在抽雄期则表现出NPK处理明显大于其他三个处理。从开花期至灌浆期POD活性下降的过程中1/2OM+1/2NPK处理和OM处理的下降速率要明显低于NPK处理和CK处理。从以上结果中可以看出，无机肥的肥效强，为植株的生长发育提供了充分的养分，能够维持较高的叶片POD活性，到生育后期肥效下降迅速，也导致了叶片POD活性的迅速下降。而有机肥处理下的肥效小，释放慢，所以养分相对不足导致叶片POD活性在整个生育时期相对较低，在生育后期有机肥的肥效大，养分充足，能够有效地抑制叶片POD活性的下降。而1/2OM+1/2NPK处理能够很好的平衡作物生育前期和后期的养分供给，使作物在整个生育时期养分状态良好，维持较高的叶片POD活性。

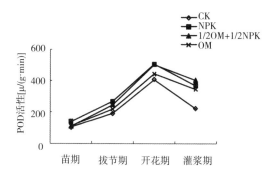

图10-17　长期不同施肥处理对冬小麦叶片POD活性的影响

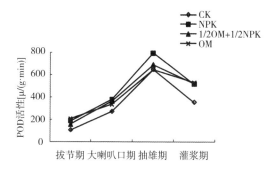

图10-18　长期不同施肥处理对夏玉米叶片POD活性的影响

二、长期不同施肥处理对冬小麦、夏玉米叶片CAT活性的影响

过氧化氢酶是植物体内清除H_2O_2的关键酶之一。从图10-19和图10-20中可以看出，植株叶片的CAT活性随着生育进程有一个在开花以前先缓慢增加，开花以后迅速下降的过程。在有机无机肥配施试验中，在整个生育过程中，除苗期以外，3个施肥处理下冬小麦的叶片中的CAT活性都要高于CK，以拔节期和开花期尤为明显。在前两个生育时期，NPK处理和1/2OM+1/2NPK处理下的叶片CAT活性较高，到在开花期和灌浆期则以1/2OM+1/2NPK处理和OM处理下的CAT活性最高。在前3个生育时期CAT活性增加的过程中，以施肥处理的增加速率明显高于对照，在开花至灌浆的CAT活性下降过程中都以NPK处理的下降速率最大。不同的施肥处理对夏玉米生育过程中叶片CAT活性的影响，与冬小麦有相似的趋势。在整个生育期，除苗期以外都表现出3个施肥处理的叶片CAT活性明显高于不施肥的CK处理，且在拔节期和开花期的差异较大。在前3个生育时期NPK处理和1/2OM+1/2NPK处理下的叶片CAT活性较高，在灌浆期则1/2OM+1/2NPK处理和OM处理下的CAT活性最高，NPK处理次之，不施肥的CK处理最小。在开花期之前的CAT活性升高的过程中，1/2OM+1/2NPK处理下的升高速率最大，而在从开花期至灌浆期CAT活性下降的过程中NPK处理的下降速率最大，OM处理的下降速率最小。从以上结果中可以看出，无机肥的肥效强，为植株的生长发育提供了充分的养分，能够维持较高的叶片CAT活性，到生育后期肥效下降迅速，也导致了叶片CAT活性的迅速下降。而无机肥处理下的肥效小，释放慢，所以养分相对不足导致叶片CAT活性在整个生育时期相对较低，在生育后期无机肥的肥效大，养分充足，能够有效的抑制叶片CAT活性的下降。而1/2OM+1/2NPK处理能够很好的平衡作物生育前期和后期的养分供给，使作物在整个生育时期养分状态良好，维持较高的叶片CAT活性。

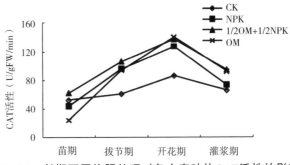

图10-19　长期不同施肥处理对冬小麦叶片CAT活性的影响

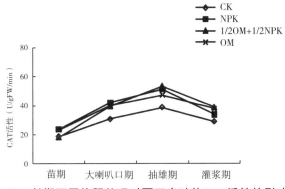

图10-20　长期不同施肥处理对夏玉米叶片CAT活性的影响

三、长期不同施肥处理对冬小麦、夏玉米叶片 SOD 活性的影响

SOD是植物中广泛存在的一种氧化还原性酶类，极大程度上消除了植物体内氧阴离子、自由基对植物的破坏作用，延缓了植物的衰老。图10-21和图10-22表明，植株叶片的SOD活性随着生育进程有一个在开花以前增加，开花以后迅速下降的过程。在有机无机肥配施试验中，CK处理的冬小麦的叶片中的SOD活性在整个生育过程都小于三个施肥处理。在施肥处理中4个生育时期的平均叶片SOD活性表现为1/2OM+1/2NPK处理 > NPK处理 > OM处理。在前2个生育时期都以NPK处理的SOD活性最高，而在开花期和灌浆期则以1/2OM+1/2NPK处理下最高，且从开花期至灌浆期SOD活性下降的过程中，NPK处理下的下降速率明显的高于1/2OM+1/2NPK处理和OM处理。不同施肥处理对夏玉米生育过程中叶片SOD活性的影响，与冬小麦有相似的趋势。在整个生育期平均叶片SOD活性表现为NPK处理 > 1/2OM+1/2NPK处理 > OM处理 > CK处理。在前两个生育时期和都以NPK处理的SOD活性最高，而在开花期和灌浆期则以1/2OM+1/2NPK处理下最高。从开花期至灌浆期SOD活性下降的过程中NPK处理的下降速率要明显高于其他处理。从以上结果中可以看出，无机肥的肥效强且快，主要作用于作物的生育前期，能够维持较高的叶片SOD活性，到生育后期肥效下降迅速，也导致了叶片SOD活性的迅速下降。而无机肥处理下的肥效小，释放慢，所以养分相对不足导致叶片SOD活性在整个生育时期相对较低，在生育后期无机肥的肥效大，养分充足，能够有效的抑制叶片SOD活性的下降。而1/2OM+1/2NPK处理能够很好的平衡作物生育前期和后期的养分供给，使作物在整个生育时期养分状态良好，维持较高的叶片SOD活性。

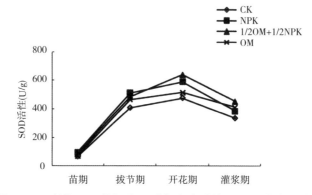

图10-21　长期不同施肥处理对冬小麦叶片SOD活性的影响

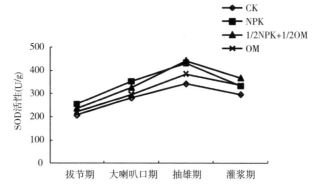

图10-22　长期不同施肥处理对夏玉米叶片SOD活性的影响

四、长期不同施肥处理对冬小麦、夏玉米叶片MDA含量的影响

MDA含量是植物细胞膜脂过氧化指标，其含量高低反映了植物细胞内膜脂过氧化水平和细胞受损程度。图10-23和图10-24表明，植株叶片的MDA含量随着生育进程有一个先降低，后增高的过程。在有机无机肥配施试验中，CK处理的冬小麦的叶片中的MDA含量在整个生育过程都高于三个施肥处理。在前3个生育时期的平均叶片MDA含量3施肥处理之间没有明显差异，在灌浆期变现为NPK处理 > 1/2OM+1/2NPK处理 > OM处理。不同施肥处理对夏玉米生育过程中叶片MDA含量的影响，与冬小麦有相似的趋势。在整个生育期平均叶片MDA含量表现为CK处理 > NPK处理 > 1/2OM+1/2NPK处理 > OM处理。在前2个生育时期都以NPK处理的MDA含量最低，而在抽雄期和灌浆期则以1/2OM+1/2NPK处理最低，且从抽雄期至灌浆期MDA含量上升的过程中，NPK处理下的升高速率明显的高于1/2OM+1/2NPK处理和OM处

理。从以上结果中可以看出，无机肥的肥效强且快，主要作用于作物的生育前期，能够维持较低的叶片MDA含量，到生育后期肥效下降迅速，也导致了叶片MDA含量的迅速上升。而无机肥处理下的肥效小，释放慢，所以养分相对不足导致MDA含量活性在整个生育时期相对较高，在生育后期无机肥的肥效大，养分充足，能够有效的抑制叶片MDA含量的上升。而1/2OM+1/2NPK处理能够很好的平衡作物生育前期和后期的养分供给，使作物在整个生育时期养分状态良好，维持较低的叶片MDA含量。

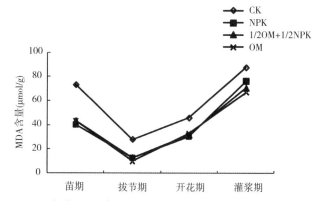

图10-23　长期不同施肥处理对冬小麦叶片MDA含量的影响

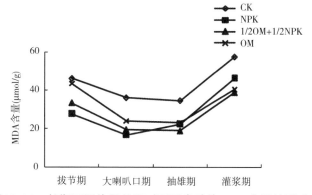

图10-24　长期不同施肥处理对夏玉米叶片MDA含量的影响

五、长期不同施肥处理对冬小麦、夏玉米叶片可溶性蛋白含量的影响

植物体内的可溶性蛋白大多数是参与各种代谢的酶，叶片内可溶性蛋白含量是反映其光合生产和物质转运能力的一个重要指标。本研究初步测定了

水稻叶片可溶性蛋白含量，从图10-25和图10-26可以看出，作物叶片的可溶性蛋白质含量随着生育进程有一个在开花以前增加，开花以后迅速下降的过程。在有机无机肥配施试验中，CK处理的冬小麦的叶片中的可溶性蛋白质含量在整个生育过程都小于三个施肥处理。在施肥处理中4个生育时期的平均叶片可溶性蛋白质含量表现为1/2OM+1/2NPK处理 > NPK处理 > OM处理。在前2个生育时期都以NPK处理的可溶性蛋白质含量最高，而在开花期和灌浆期则以1/2OM+1/2NPK处理下最高，且从开花期至灌浆期可溶性蛋白质含量下降的过程中，NPK处理下的下降速率明显的高于1/2OM+1/2NPK处理和OM处理。不同施肥处理对夏玉米生育过程中叶片可溶性蛋白质含量的影响，与冬小麦有相似的趋势。在整个生育期平均叶片可溶性蛋白质含量表现为NPK处理 > 1/2OM+1/2NPK处理 > OM处理 > CK处理。在前两个生育时期和都以NPK处理的可溶性蛋白质含量最高，而在开花期和灌浆期则以1/2OM+1/2NPK处理下最高。从开花期至灌浆期可溶性蛋白质含量下降的过程中NPK处理的下降速率要明显高于其他处理。从以上结果中可以看出，无机肥的肥效强且快，主要作用于作物的生育前期，能够维持较高的叶片可溶性蛋白质含量，到生育后期肥效下降迅速，也导致了叶片可溶性蛋白质含量的迅速下降。而无机肥处理下的肥效小，释放慢，所以养分相对不足导致叶片可溶性蛋白质含量在整个生育时期相对较低，在生育后期无机肥的肥效大，养分充足，能够有效的抑制叶片可溶性蛋白质含量的下降。而1/2OM+1/2NPK处理能够很好的平衡作物生育前期和后期的养分供给，使作物在整个生育时期养分状态良好，维持较高的叶片可溶性蛋白质含量。

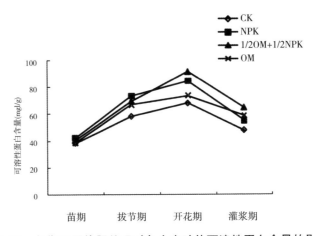

图10-25　长期不同施肥处理对冬小麦叶片可溶性蛋白含量的影响

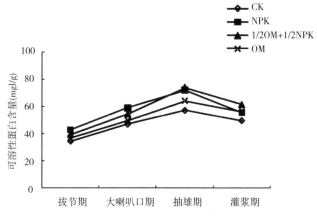

图10-26　长期不同施肥处理对夏玉米叶片可溶性蛋白含量的影响

第四节　长期不同施肥处理对冬小麦、夏玉米产量及产量构成因素的影响

一、长期不同施肥处理对冬小麦、夏玉米产量性状的影响

作物产量的高低一方面取决于产量因素的合理构成，另一方面又受控于诸多内外因素的影响，如气候、施肥、耕作管理等。本研究从潮土长期定位施肥的角度探讨其对冬小麦、夏玉米产量性状的影响。

从表10-1看出，长期不同施肥处理对小麦籽粒产量有显著影响。施肥对小麦有明显的增产效果，有机无机肥配施试验中的产量表现为1/2NPK+1/2OM处理＞NPK处理＞OM处理＞CK。3种施肥处理之间穗粒数的差异不大，1/2NPK+1/2OM处理的增产效果主要是因为它明显地提高了千粒重，而NPK处理的增产主要是因为增加了单位面积的穗数。

从表10-2看出，长期不同施肥处理对玉米籽粒产量有显著影响。施肥对玉米有明显的增产效果，有机无机肥配施试验中的产量，以NPK处理下最高达到9 303.15kg/hm^2，其次是1/2NPK+1/2OM处理为9 275.85kg/hm^{2}和OM处理为8 920.05kg/hm^2，以CK最小仅为1 344.75kg/hm^2。3种施肥处理之间百粒重的差异表现为OM处理和1/2NPK+1/2OM处理相近，且明显大于NPK处理。穗行数表现为NPK处理＞1/2NPK+1/2OM处理＞OM处理，行粒数表现为OM处理＞1/2NPK+1/2OM处理＞NPK处理。

表10-1　长期不同施肥处理对冬小麦产量及其构成因子的影响

处理	穗数 （万穗/hm²）	穗粒数	千粒重 （g）	理论产量 （kg/hm²）	实际产量 （kg/hm²）
CK	181.82c ± 7.73	8.53b ± 0.25	35.07c ± 2.61	541.99c ± 6.62	360.00d ± 3.37
NPK	502.89 a ± 20.12	32.74 a ± 1.64	40.86 b ± 1.48	6 519.23 a ± 16.83	4 982.70 b ± 12.93
1/2NPK+1/2OM	486.45 a ± 15.38	32.53 a ± 1.29	42.92 ab ± 2.06	6 785.64 a ± 19.39	5 273.70 a ± 14.57
OM	430.36 b ± 17.44	32.24 a ± 1.25	44.43 a ± 1.34	6 156.32 b ± 14.55	4 140.60 c ± 12.64

注：同一列中不同的字母表示差异达到显著水平（$p < 0.05$）

表10-2　长期不同施肥处理对夏玉米产量及其构成因子的影响

处理	穗行数	行粒数	百粒重 （g）	理论产量 （kg/hm²）	实际产量 （kg/hm²）
CK	12.3 c ± 0.6	13.9 b ± 0.7	23.52 b ± 2.64	1 918.70 ± 53.85	1 344.75 c ± 23.36
NPK	16.3 a ± 0.4	38.3 a ± 1.9	36.97 a ± 3.14	10 077.85 a ± 82.47	9 303.15 a ± 64.84
1/2NPK+1/2OM	15.8 ab ± 0.5	38.5 a ± 1.4	37.55 a ± 3.28	9 987.50 a ± 78.38	9 275.85 a ± 56.48
OM	15.3 b ± 0.6	39.4 a ± 1.8	37.51 a ± 2.95	9 705.04 a ± 73.64	8 920.05 a ± 46.77

注：同一列中不同的字母表示差异达到显著水平（$p < 0.05$）

二、长期不同施肥处理对冬小麦、夏玉米周年产量的影响

不同施肥处理对作物产量显著影响，合理施肥及养分资源管理对增加作物产量是非常必要的。图10-27反映的是不同施肥处理对冬小麦、夏玉米周年产量的影响，从图中可以看出，在有机无机配施试验中，NPK 处理和1/2NPK+1/2OM处理产量最高分别为14 285.85kg/hm²和14 493.75kg/hm²，其次是 OM 处理为13 360.65kg/hm²，以 CK 处理产量最低分别为1 704.75 kg/hm²。

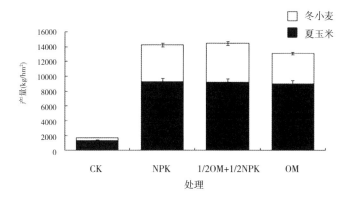

图10-27　长期不同施肥处理对冬小麦、夏玉米周年产量的影响

三、产量构成因素与冬小麦、夏玉米产量的通径分析

通过小麦产量构成要素与产量的逐步回归分析可以看出（表10-3），封丘小麦产量与公顷穗数关系最密切，且表现为正效应，其次为千粒重和穗粒数。因此，在封丘上应提高小麦的分蘖数，保证亩穗数的增加，从而达到提高产量的目的。

通过玉米产量构成要素与产量的逐步回归分析可以看出（表10-4），封丘玉米产量与穗粒数关系最密切且表现为正效应，其次为百粒重。就封丘来说提高玉米产量应该以提高穗粒数为主。

表10-3　2009年小麦产量构成因素与小麦产量的直接通径系数

因子	公顷穗数	穗粒数	千粒重	R^2	Pe
封丘小麦产量	0.9531	−0.1407	0.1962	0.9865	0.116

注：R^2决定系数，Pe剩余通径系数

表10-4　2009年玉米产量构成因素与玉米产量的直接通径系数

因子	穗粒数	百粒重	R^2	Pe
封丘玉米产量	0.9687	0.0313	0.9973	0.0515

注：R^2决定系数，Pe剩余通径系数

第五节　本章小结

本章研究可以看出，全面均衡的养分有利于促进植株的生长发育，增加株高，提高叶面积指数和叶绿素含量，增强光合性能，提高的干物质积累量。

1. 在长期不同施肥处理试验中发现，有机无机肥配施效果最好，既保证生育前期的养分供应，又使生育后期的肥效下降缓慢，能够更好地满足作物生长发育对养分的需求，改善了作物的营养状况。前期促进高效光合群体的快速形成，后期延缓叶片衰老，延长高效光合时间，促进了光合产物的合成，为光合产物的积累和产量的提高提供了可靠保证。

2. 不同施肥处理与作物叶片叶绿素的合成和降解过程有非常密切的关系，进而直接的影响到叶绿素的含量。在长期不同施肥处理的试验中，不同处理的叶绿素含量在冬小麦和夏玉米中有相似的趋势，在作物的生育前期表现出NKP处理和1/2OM+1/2NPK处理中叶片的叶绿素含量明显高于仅施用有机肥的OM处理和CK，而在灌浆期则以OM处理的叶绿素含量最高，其次是1/2OM+1/2NPK处理，接下来是NPK处理，以CK处理最小。

3. 在有机无机肥配施的试验中，不同施肥处理对叶片各个保护性酶活性的影响在冬小麦和夏玉米中有相似的趋势，冬小麦在苗期和拔节期叶片的SOD、POD、CAT活性和可溶性蛋白含量都表现出NKP>1/2OM+1/2NPK>OM>CK，而叶片MDA含量则相反，表现为CK>OM>1/2OM+1/2NPK>NKP。在开花期和灌浆期冬小麦的叶片保护酶系统的活力与前两个时期有较大的差异，表现为叶片的SOD、POD、CAT活性和可溶性蛋白含量在不同处理下处理中的大小顺序为1/2OM+1/2NPK>OM>NKP>CK，而叶片MDA含量也相应的改变为CK>NKP>OM>1/2OM+1/2NPK。在夏玉米中不同施肥处理对叶片保护酶系统的影响也表现为在拔节期和大喇叭口期叶片的SOD、POD、CAT活性和可溶性蛋白含量一致为NKP>1/2OM+1/2NPK>OM>CK，而处理间的叶片MDA含量大小则相反。到了抽雄期和灌浆期叶片的SOD、POD、CAT活性和可溶性蛋白、MDA含量与冬小麦一致。分析其原因可能是在作物的生育前期无机肥的肥效足，能够为作物生长提供充分的养分供给，在抽雄期以后叶片组织开始逐渐衰老，叶片的各中生理机能逐渐衰退，在此过程中恰逢无机肥的肥效减弱，养分供应不足，因而加速了各种酶和蛋白的降解，而有机肥的肥效稍弱，但肥效长，因而能够保证生育后期充分的养分供应，抑制了保护酶系统性能的衰退，提高了各种保护性酶的活力，延缓了叶片的衰老进程。

参考文献

李少昆. 1998.关于光合速率与作物产量关系的讨论（综述）［J］.石河子大
　　学学报（自然科学版），S1：117-126.
王慎强，钦绳武，顾益初，等.2001.长期施用有机肥与化肥对潮土土壤化学
　　及生物学性质的影响［J］.中国生态农业学报，9（4）：67-69.
王帅.2014.长期不同施肥对玉米叶片光合作用及光系统功能的影响［D］.沈
　　阳：沈阳农业大学.
许大全.1999.光合速率、光合效率与作物产量［J］.生物学通报（8）：11-13.
杨玉玲，刘文兆，王俊，等.2009.配施钾肥、有机肥对旱地春玉米光合生理
　　特性和产量的影响［J］.西北农业学报（3）：116-121.
张水清，黄绍敏，郭斗斗.2010.长期定位施肥对冬小麦产量及潮土土壤肥力
　　的影响［J］.华北农学报（6）：217-220.

第十一章　北京昌平褐潮土长期不同施肥对冬小麦与夏玉米的物质生产以及生理特性的影响

褐潮土是潮土的一个亚类，由于地下水作用不同而被划分，其主要是潮土土类向地带性土壤褐土过渡的亚类，又称脱潮土。分布在冲积扇中下部，地下水位在2.5~3.5m的山麓平原和潮土交界处，既有褐土特征，又有潮土特点，有锈纹锈斑。由于水分状况较好，地势低平，坡度平缓，很少水土流失，土壤肥力较高，大部分为粮、棉、油、菜高产田。因此，在潮褐土上研究长期定位施肥对小麦及玉米产量及其生理特性的影响，对于研究土壤肥力变化趋势、土壤结构和土壤改良具有重要的指导意义。

第一节　长期不同施肥处理对冬小麦、夏玉米生长发育的影响

一、长期不同施肥处理对冬小麦生长发育的影响

（一）冬小麦株高

图11-1为长期施肥对褐潮土小麦株高的影响。研究发现，NPKM处理的小麦株高及增长速度在整个生育期内较之其他处理均为最高，说明有机无机配施能为植物提供全面的营养，促进植株的生长发育。以收获期的小麦株高来看，在褐潮土上，不同施肥处理的株高表现为：NPK>PK>NP>NK>CK，可见缺P处理（NK）的小麦株高明显低于其余2个缺素处理（PK、NP），且与对照处理（CK）基本一致，未达到显著差异水平，说明2009年长期施肥对株高的影响上，P素是主要影响因子，其次为K和N。

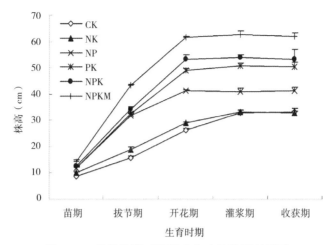

图11-1　长期施肥对褐潮土冬小麦株高的影响

（二）冬小麦植株干物重

由图11-2可以看出，与其他处理相比，NPKM处理的植株干物质积累量及积累速度在整个生育期均为最高，表明有机无机配施对小麦干物质积累有积极的促进作用。以收获期的小麦干物重积累量来看，在褐潮土上，冬小麦干物质积累量的顺序为：NPK>NP>PK>CK>NK，其中缺P的NK处理在整个生育期内与对照处理（CK）的干物质积累量相当，未达到显著差异水平，说明在褐潮土上长期缺失P素，对小麦干物质积累有较大的副作用。PK、NP处理的干物重显著高于对照处理（CK），但显著低于NPK处理，说明2009年对褐潮土上小麦干物质积累量的影响上，无机养分表现为：P素>N素>K素。

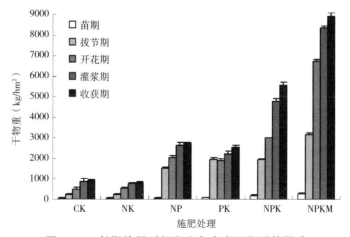

图11-2　长期施肥对褐潮土冬小麦干物重的影响

二、长期不同施肥处理对夏玉米生长状况的影响

（一）夏玉米株高

从图11-3可以看出，除了NPKM处理之外，其他处理均随着生育期的进行株高呈增长趋势，在灌浆期达到最大值。而NPKM处理在开花期达到最高值，而且整个生育期都显著高于其他处理，NPKM以及NPK处理拔节期至大喇叭口期增长迅速，大喇叭口期至灌浆期增长缓慢，而三个偏施肥处理从拔节期至开花期呈匀速增长，虽然在大喇叭口期显著低于NPK处理，但在开花期与NPK的差异不显著，而在灌浆期NK以及NP处理低于NPK处理，而PK处理与其差异不显著，说明缺氮对株高的影响在花前。而CK处理除了拔节期与其他处理差异较小之外，整个生育期均处于较低水平，且株高增长缓慢，增长速度无明显的高值期。

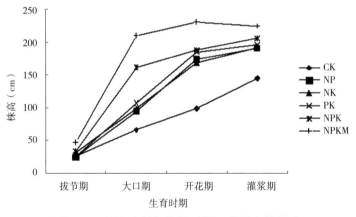

图11-3 褐潮土长期施肥对夏玉米株高的影响

（二）夏玉米茎粗

从图11-4中可以看出，随着生育时期的进行，各处理夏玉米茎粗均呈增加的趋势，从拔节期至大喇叭口期茎粗的增长速度最快。NPKM处理拔节期茎粗显著高于其他处理，虽然大喇叭口期略低于NPK处理，而此后保持较为平稳的缓慢增长，而NPK处理大喇叭口期茎粗迅速下降，到灌浆期已显著低于NPKM处理，而灌浆期正是籽粒干物质迅速积累的时候，说明有机无机肥配施能显著提高花后玉米的抗倒伏能力。而其他三个偏施肥处理虽然在开花期以及开花前与NPK处理差异不显著，但在灌浆期显著下降，其中PK的茎粗最小，与CK处理已无差异，说明缺氮不利于玉米花后保持较大的茎粗，抗倒伏能力下降。

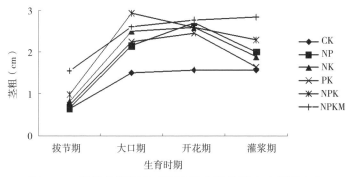

图11-4　长期施肥处理对夏玉米茎粗的影响（褐潮土）

（三）夏玉米生物量

从表11-1中可以看出，随着生育期的进行各处理地上部生物量呈不断增加的趋势，地下部生物量呈先增后减的趋势。NPKM处理生物量整个生育期显著高于NPK处理，开花前两者均在拔节至大喇叭口期增长速度较快，而花后NPKM处理的增长速度要高于NPK处理，开花至灌浆期NPKM处理地上部生物量增长了39.95%，而NPK处理仅增长了15.88%。花前两者的地下部生物量均呈增加的趋势，在开花期达到最高值，此时差异不显著，而花后迅速下降，NPKM处理显著高于NPK处理。而PK、NP以及NK处理的地上部生物量整个生育期都低于NPK处理，到灌浆期三者之间已无显著差异，地下部生物量也小于NPK处理，NK处理仅大喇叭口期显著低于NPK处理，其他时期与其差异不显著。而CK处理在开花前与偏施肥处理差异不显著，而花后显著低于其他施肥处理，其地下部生物量也在花后显著低于其他处理。花前各处理根冠比略有差异，开花期和灌浆期各处理已无显著差异。

表11-1　褐潮土长期施肥处理对夏玉米生物量的影响（g/plant）

生育时期	处理	生育时期		
		地上	地下	根冠比
拔节期	CK	0.69cd	0.087cd	0.132ab
	NP	0.35d	0.063d	0.199ab
	NK	1.13bc	0.26b	0.231ab
	PK	0.42d	0.057d	0.134ab
	NPK	1.36b	0.183bc	0.135ab
	NPKM	4.02a	0.393a	0.1b

生育时期	处理	生育时期		
		地上	地下	根冠比
大喇叭口期	CK	7.65c	1.13c	0.149b
	NP	16.75c	1.65c	0.097b
	NK	15.44c	3.66c	0.227a
	PK	54.34b	3.86c	0.148b
	NPK	78.11b	9.47b	0.121b
	NPKM	156.94a	36.63a	0.233a
开花期	CK	37.54c	11.44a	0.303a
	NP	57.69c	10.18a	0.172a
	NK	63.53c	18.69a	0.295a
	PK	63.58c	13.5a	0.271a
	NPK	105.88b	16.18a	0.139a
	NPKM	159.53a	36.65a	0.241a
灌浆期	CK	37.89d	3.89d	0.104a
	NP	72.11c	6.59cd	0.093a
	NK	81.88c	10.67bc	0.131a
	PK	78.03c	7.26bcd	0.094a
	NPK	122.47b	11.31b	0.093a
	NPKM	223.27a	20.62a	0.095a

注：同一列中不同的字母表示差异达到显著水平（ $p < 0.05$ ）

第二节　长期不同施肥处理对冬小麦、夏玉米光合生理特性的影响

一、长期不同施肥处理对冬小麦光合生理特性的影响

（一）冬小麦叶面积系数（LAI）

图11-5为长期施肥对褐潮土上小麦叶面积系数（LAI）的影响。从小麦的整个生育期来看，施NPKM肥均能显著提高小麦的叶面积系数，尤其是进入灌浆期后，能将小麦叶面积系数维持在较高水平上（>2.5），这样有利于小麦的光合作用，增加生物产量，从而提高小麦籽粒产量。在无机养分平衡施用（NPK）条件下，小麦的叶面积系数在整个生育期内（除苗期外）高于其他无机施肥处理，且在灌浆期也维持在较高水平，与其他处理的差异达到显著水平。缺素处理（PK、NP、NK）的叶面积系数在整个生育期都维持在较低水平，且以开花期为转折点，前期缓慢增长，后期降低，说明缺素可以

导致小麦叶片提前失绿，不能保证有足够的绿叶面积用于光合作用，不利于更高产量的形成。其中，缺P处理（NK）表现最为明显，进入灌浆期后，其叶面积系数与对照无显著差异。由长期缺素施肥对小麦叶面积系数的影响可以发现，2009年在褐潮土上，各种无机养分的影响顺序为：P素>K素>N素。

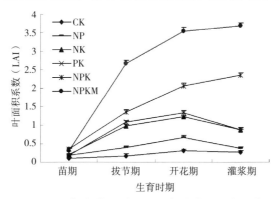

图11-5　长期施肥对褐潮土冬小麦LAI的影响

（二）冬小麦叶片叶绿素含量

由图11-6可见，在褐潮土上，小麦全生育期的叶片叶绿素含量以开花期为转折点，呈现"先增后减"的变化趋势。施NPKM肥均有利于小麦旗叶的叶绿素含量在进入开花期后保持在较高水平，且能有效地减缓叶片叶绿素在进入灌浆期后的降解速度，从而有利于保持小麦光合作用地进行，为增加小麦产量提供保障。在褐潮土上，均施无机肥在开花期-灌浆期能够保证叶片的叶绿素含量在3.0mg/g以上；无机缺素施肥处理在苗期-拔节期差异较小，进入到开花期后，缺N素的PK处理、缺P素的NK处理及对照处理（CK）的叶绿素含量与其他施肥处理有显著差异，说明进入开花期后，缺少N、P养分元素，对小麦旗叶叶绿素含量及降解速度有较大影响。

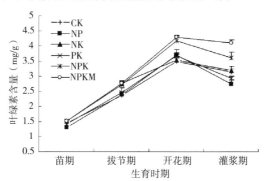

图11-6　长期施肥对褐潮土冬小麦叶绿素含量的影响

(三）冬小麦叶片净光合速率

由表11-2结果可以看出，有机无机均衡施肥（NPKM）能显著提高小麦第一片展开叶的净光合速率，且该施肥处理的净光合速率显著高于其他施肥处理。在褐潮土上，施无机肥能不同程度地提高小麦的净光合速率，其中无机养分平衡施用处理（NPK）的净光合速率最高。在两个时期的无机肥施肥处理中，缺P处理（NK）的净光合速率最低，且与对照处理（CK）的差异未达到显著水平；缺N处理（PK）的净光合速率略低于NPK处理，说明在2009年的褐潮土上，无机养分对小麦净光合速率的影响表现为：P素>K素>N素。

表11-2　长期施肥处理对冬小麦净光合速率的影响

处理	拔节期	灌浆期
CK	16.21d	15.29d
NK	16.49d	14.93d
NP	19.32c	18.78c
PK	21.77b	20.91b
NPK	22.12b	23.13a
NPKM	23.62a	23.34a

注：同一列中不同的字母表示差异达到显著水平（$p < 0.05$）

灌浆期是冬小麦形成产量的关键时期，而灌浆期冬小麦的光合作用是产量形成的物质基础。通过对灌浆期土壤速效养分与冬小麦旗叶的净光合速率进行逐步回归分析，由直接通径系数可以发现（表11-3），在褐潮土上，土壤养分对旗叶净光合速率的直接作用顺序依次为有效磷、碱解氮和速效钾。其中，有效磷含量对旗叶净光合速率表现为正效应，即灌浆期间的土壤有效磷含量每提高一个标准单位，小麦的旗叶净光合速率平均增加0.691个标准单位；碱解氮和速效钾则表现为负效应，即土壤碱解氮每提高一个标准单位，小麦的旗叶净光合速率平均降低0.3981个标准单位；土壤速效钾每提高一个标准单位，小麦的旗叶净光合速率平均降低0.2707个标准单位。因此，在褐潮土上，土壤氮素和钾素对灌浆期冬小麦的旗叶净光合速率起着副作用，而P素对灌浆期冬小麦的旗叶净光合速率有着显著的正效应。

表11-3　土壤养分与冬小麦旗叶净光合速率的直接通径系数（逐步回归）

光合速率	X_1	X_2	X_3	R^2	Pe
褐潮土净光合速率	−0.3981	0.691	−0.2707	0.74603	0.50395

注：X_1，碱解氮；X_2，有效磷；X_3，速效钾；R^2，决定系数；Pe，剩余通径系数

（四）冬小麦旗叶净光合速率日变化

光合作用与作物产量密切相关，叶片具有较高的光合速率是作物获得高产的一个重要因素。不同施肥处理的灌浆期小麦旗叶光合速率（Pn）的日变化整体上表现为先升高，在10:00~12:00达到最大值，然后开始持续下降，16:00以后光合速率已经下降到很低（图11-7）。

由于施肥影响到冬小麦生长，因此不同施肥处理的旗叶光合能力也不同。在褐潮土上，表现为均衡施肥处理（NPKM、NPK）的旗叶光合能力最强。均衡施肥处理的中午光合速率虽有所降低，但绝对值依然较大，能够保持相对稳定的光合速率。在光合速率最大时（10:00~12:00），有机无机配施处理（NPKM）和无机均施处理（NPK）的旗叶净光合速率与对照处理（CK）相比，分别提高了65.89%、41.68%。由上可见，均衡施肥能够显著提高并维持小麦旗叶的光合能力。与均衡施肥相比，不均衡施肥处理（PK、NP、NK）不同程度地降低了小麦旗叶的光合能力，其中以缺P处理（NK）最为明显。在光合速率最大时（10:00~12:00），NK处理的旗叶净光合速率与对照处理（CK）相比，在褐潮土上降低了6.57%。由此可见，缺P素显著降低了灌浆期小麦的旗叶光合性能。

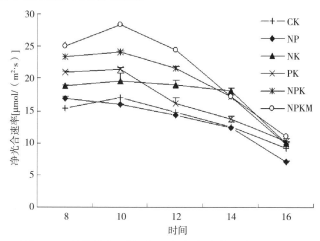

图11-7　长期施肥对褐潮土冬小麦光合日变化的影响

（五）冬小麦旗叶气孔导度日变化

气孔导度表示的是气孔张开的程度，影响冬小麦叶片的光合作用，呼吸作用及蒸腾作用。由图11-8可知，不同施肥处理对小麦灌浆期气孔导度的日变化规律影响不同。早上随着太阳光照的增强，气孔导度急速下降，然后从12:00~14:00缓慢下降至相对稳定的值，到12:00后有一个较小幅度的降低，这是因为正午高温、强光照、低湿度造成的气孔部分关闭而产生午休现象。在14:00之后，在褐潮土上气孔导度有缓慢升高。有机无机配施处理（NPKM）的气孔导度均高于其他处理，说明在生产中合理搭配施肥可使气孔导度增大，有利于气孔与外界CO_2交换，有利于灌浆期小麦光合作用的进行。无机均施（NPK）也能在一定程度上提高褐潮土上小麦旗叶的气孔导度。不均衡施肥处理（PK、NP、NK）中，NK处理的小麦旗叶气孔导度最低，且日变化幅度较小，说明在褐潮土上缺P对小麦旗叶气孔导度影响较大，不利于灌浆期小麦光合作用的展开，最终导致低产量。

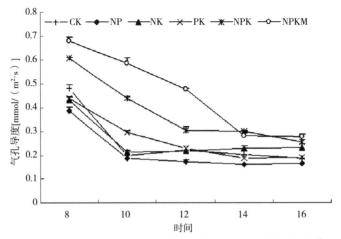

图11-8　长期施肥对褐潮土冬小麦气孔导度日变化的影响

（六）冬小麦旗叶蒸腾速率日变化

叶片蒸腾作用在一定程度上反映根系对无机营养和水分的吸收和上运效率，对维持叶片的光合生理功能具有重要作用。由图11-9可见，不同施肥处理的小麦灌浆期蒸腾速率日变化过程总体趋势相同，与旗叶气孔导度变化趋势基本一致，均在日出后随着光照的增强而急速上升，随着气孔导度的部分关闭而降低。从8:00~12:00蒸腾速率上升到最大，其中10:00~12:00是全天蒸腾速率最强的时段，12:00以后开始下降。12:00~18:00小麦旗叶的蒸腾速率相对较低，出现不同程度的降低，这是由于正午高温、强光照、低湿度导致叶片失水较多，使叶片气孔出现部分关闭所引起的蒸腾速率降低。不同施肥处理间表现明显差异，以有机无机配施（NPKM）的旗叶蒸腾速率最高，表明有机无机配施的旗叶蒸腾速率总体上优于其他施肥。无机均施（NPK）处理的旗叶蒸腾速率在褐潮土上为无机施肥处理中最高。不均衡施肥处理（PK、NP、NK）中，NK处理的旗叶蒸腾速率最低，且总体上低于对照处理（CK）。

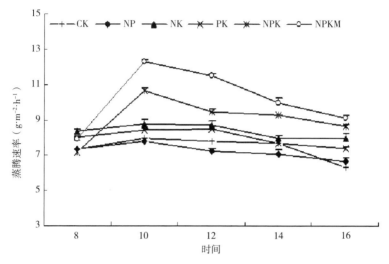

图11-9　长期施肥对褐潮土冬小麦蒸腾速率日变化的影响

（七）冬小麦叶片可溶性蛋白质

植物体内的可溶性蛋白质大多数是参与各种代谢的酶类，测定其含量是了解植物体总代谢的一个重要指标。由图11-10，小麦的叶片蛋白含量呈现先增后降的变化趋势，说明进入灌浆期后，小麦受到水、肥等外界条件以及自身衰老的影响，叶片蛋白含量有着明显的下降趋势。有机无机配施（NPKM）处理能够显著提高小麦第一片展开叶的可溶性蛋白质含量，且能有效的减缓叶片可溶性蛋白质的降解速度，说明在褐潮土上有机无机配施（NPKM）能够提高小麦叶片酶蛋白含量，促进小麦抵抗水、肥等不良条件的胁迫，从而获得稳产。在褐潮土上，施NPK肥能够显著提高小麦第一片展开叶的可溶性蛋白质含量，进入灌浆期后，其叶片可溶性蛋白质加速降解，可溶性蛋白含量与对照处理（CK）的差异较小，且未达到显著差异水平。缺素处理（PK、NP、NK）在整个生育期内，叶片可溶性蛋白质含量均低于均衡施肥处理（NPKM、NPK），且达到显著差异水平。说明不均衡施肥对小麦叶片可溶性蛋白质含量影响较大，使得小麦不能有效地缓解外界环境的不良胁迫以及自身衰老的影响，最终不能形成较高的产量。

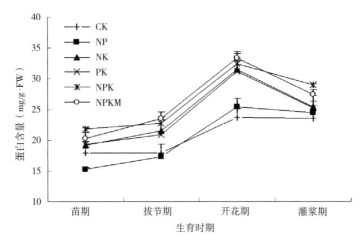

图11-10　长期施肥对褐潮土冬小麦可溶性蛋白质含量的影响

二、长期不同施肥处理对夏玉米光合生理特性的影响

（一）夏玉米单株叶面积

叶面积的大小直接决定着作物光能捕获量以及CO_2的吸收面积，因此对光合作用有重要的影响。从褐潮土上玉米单株叶面积的变化来看（图11-11），整个生育期内NPKM处理的叶面积显著高于其他处理，NPK处理的叶面积略小于NPKM处理，但显著高于其他处理，拔节后三个偏施肥（NP、NK、NP）的处理之间差异不显著，但均显著高于不施肥处理。随着生育进程各施肥处理单株叶面积呈先增大后减小的趋势，而各处理达到最大值的时间不同，其中NPKM和NPK处理的叶面积均在大喇叭口期达到最高值，此后缓慢下降。说明氮磷钾均衡施肥以及有机无机配施能使玉米叶面积达到最高值的速度快，而且叶面积高值持续时间长，这为玉米花后能够有足够的叶面积进行光合作用以及具有较大的灌浆速率打下良好基础。三个偏施肥处理叶面积的最高值出现在开花期，而花后下降较为迅速，从大喇叭口期至灌浆期三者之间均无显著差异。而CK处理叶面积一直呈上升趋势，到灌浆期仍未达到最高值，且整个生育期均处于较低水平。

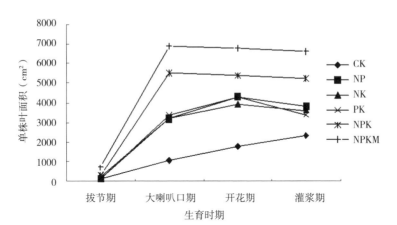

图11-11　褐潮土长期施肥对夏玉米单株叶面积的影响

（二）夏玉米叶片光合速率

从表11-4中可以看出，从拔节期开始各施肥处理叶片净光合速率呈减少的趋势，而CK处理则呈先增大而后减少的趋势，在大喇叭口期达到最大值。与其他处理相比，NPK以及NPKM处理对于叶片净光合速率的提高作用主要表现在拔节期，随着生育期的进行各处理之间的差异变小，到灌浆期已无显著差异。而前期较大的光合速率主要作用是迅速提高叶面积，使其在花后有充足的叶面积进行光合作用，因此NPK以及NPKM处理对于光合作用的提高主要体现在光合面积以及叶面积高值持续期的增加。而在拔节期PK处理的光合速率与NPK处理差异不显著，而且显著高于NP以及NK处理，拔节后各处理差异较小。与NPK处理相比，NK处理花前的光合速率降低。

表11-4　褐潮土长期施肥对夏玉米净光合速率的影响 [μmol/（m²·s）]

处理	拔节期	大喇叭口期	开花期	灌浆期
CK	28.26d	30.9bc	27.74abc	27.64a
NP	35.63c	35.23ab	29.87a	26.08a
NK	30.3d	27.27c	23.84c	25.6a
PK	38.95b	32.1abc	25.2bc	26a
NPK	39.43ab	35.72ab	28.88ab	27.65a
NPKM	42.34a	36.14a	24.12c	26.4a

注：同一列中不同的字母表示差异达到显著水平（$p < 0.05$）

（三）夏玉米叶片气孔导度和胞间二氧化碳浓度

气孔是控制叶片内外水蒸气和CO_2扩散的必经之路，它影响着蒸腾和光合等生理机能。纵观整个生育期各处理气孔导度均呈下降的趋势，与光合速率的趋势大体一致。胞间CO_2浓度是与光合作用密切相关的一个重要指标，其数值高低在很大程度上可以反映光合作用的强弱。胞间CO_2浓度与光合速率之间有密切的相关关系。叶片胞间CO_2浓度与气孔导度是分析净光合速率降低原因的指标。从表11-5、表11-6中可以看出各施肥处理玉米叶片胞间CO_2浓度均呈先减小而后增大的过程，拔节至大喇叭口期光合速率，气孔导度，以及胞间CO_2浓度均呈下降的趋势，此阶段光合速率下降的原因是由气孔因素造成的，而大口至开花期胞间CO_2浓度呈上升的趋势，此时限制光合作用的因素已经逐渐转变为非气孔限制因素，灌浆期NPKM以及NPK处理的胞间CO_2浓度显著高于其他几个处理，而光合速率以及气孔导度与其他处理差异较小，可能是由于随老化进程气孔导度下降比光合速率下降幅度小，使通过气孔向胞间输送CO_2的能力相对增强。

表11-5　褐潮土长期施肥对夏玉米叶片气孔导度的影响 [μmol/（$m^2 \cdot s$）]

处理	拔节期	大喇叭口期	开花期	灌浆期
CK	0.203de	0.206bc	0.178bc	0.191ab
NP	0.251cd	0.243ab	0.228a	0.186ab
NK	0.185e	0.168c	0.152c	0.142b
PK	0.284bc	0.205bc	0.175bc	0.165ab
NPK	0.311b	0.27a	0.195ab	0.212a
NPKM	0.403a	0.271a	0.228a	0.205ab

注：同一列中不同的字母表示差异达到显著水平（$p < 0.05$）

表11-6　褐潮土长期施肥对夏玉米叶片胞间二氧化碳浓度的影响 （μmol/L）

处理	拔节期	大喇叭口期	开花期	灌浆期
CK	91.72bc	73.75ab	93.16c	85.62b
NP	88.93cd	76.17ab	125b	78.68b
NK	67.48d	57.53b	106.32bc	56.68b
PK	74.18cd	58.4ab	112.18bc	58.52b
NPK	114.58ab	86.43b	110.02bc	143.4a
NPKM	126.4a	59.44ab	174a	146.44a

注：同一列中不同的字母表示差异达到显著水平（$p < 0.05$）

（四）夏玉米叶片蒸腾速率

蒸腾作用是植物必不可少的重要代谢过程，它与植物的光合作用密切相关。蒸腾作用的强弱可以反映作物吸取水分和养分能力，它通过蒸腾拉力引起根系吸收水分和养料。因此蒸腾作用越强，作物生长越旺盛。纵观整个生育期（表11-7）各处理玉米叶片蒸腾速率均呈先增大而后减小的趋势，在大喇叭口期达到最高值，在开花期降到最低。NPKM以及NPK处理在拔节期以及大喇叭口期显著高于其他处理，开花期NPK处理显著低于NPKM处理，灌浆期各处理差异不显著。PK、NK以及CK处理玉米叶片蒸腾速率在拔节和大喇叭口期均显著低于NPK处理，开花和灌浆期差异不显著。而NP处理在开花期显著高于NPK处理，拔节期和大喇叭口期都显著降低，灌浆期两者差异不显著。

表11-7　褐潮土长期施肥对夏玉米叶片蒸腾速率的影响 [mmol/（m²·s）]

处理	拔节期	大喇叭口期	开花期	灌浆期
CK	5.46d	7.92cd	3.5bc	5.02a
NP	6.72c	8.77c	4.13ab	5.49a
NK	5.1d	6.61d	3.05c	4.55a
PK	7.08c	7.44d	3.33c	4.92a
NPK	8b	13.64a	3.4bc	4.63a
NPKM	9.07a	10.51b	4.46a	5.34a

注：同一列中不同的字母表示差异达到显著水平（$p < 0.05$）

（五）夏玉米叶片可溶性蛋白

叶片中可溶性蛋白50%左右是光合作用的关键酶，因此被广泛用作叶片衰亡和光合能力高低的指标。从表11-8中可以看出，随着生育期的进行各处理可溶性蛋白含量均呈先增加而后减少的趋势，NPKM以及NPK处理玉米叶片可溶性蛋白在大喇叭口期达到最大值，而其他处理均在开花期达到最大值，与NPK处理相比，PK处理对花前蛋白质的影响不显著，其差异主要是体现在花后。而NK处理玉米叶片蛋白质含量无论是拔节期还是灌浆期可溶性蛋白均低于NPK处理。而NP处理仅在大喇叭口期略低于NPK，其他时期差异不显著。

表11-8　褐潮土长期施肥对夏玉米叶片可溶性蛋白含量的影响（mg/g）

处理	拔节期	大喇叭口期	开花期	灌浆期
CK	7.91b	15.71bc	17.4a	9.15b
NP	13.38a	14.36c	18.53a	10.79ab
NK	7.48b	16.41abc	16.54a	9.94b
PK	14.01a	15.64bc	18.78a	9.38b
NPK	13.56a	19.09ab	18.6a	13.49a
NPKM	16.92a	19.29a	17.29a	11.26ab

注：同一列中不同的字母表示差异达到显著水平（$p < 0.05$）

（六）夏玉米叶片叶绿素含量

叶绿素是进行光合作用的场所和必需的物质，部分叶绿素a和全部的叶绿素b是光色素的组成部分，对于光合作用具有重要的意义。随着生育时期的进行各施肥处理玉米叶片叶绿素含量均呈先增加而后减小的趋势，而CK处理则不断增加（表11-9）。NPKM处理玉米叶片叶绿素总量在大喇叭口期就达到最高值，而大喇叭口期至灌浆期之间下降幅度较小，而NPK处理则是在开花期达到最高值，其最高值要高于NPKM处理，但在灌浆期下降幅度较大（下降了29.7%），而NPKM处理只下降了4.2%，说明了有机无机肥配施使玉米叶片叶绿素含量迅速达到高值，而且高值持续的时间较长，但并未提高其最高值。PK处理玉米叶片叶绿素含量的变化趋势与NPK处理相同，整个生育期都略小于NPK处理，但两者差异不显著。NK及CK处理则是在开花前略小于NPK处理，其中在开花期达到显著水平，而灌浆期两者与NPK处理无显著差异NP处理在整个生育期玉米叶片叶绿素含量都略小于NPK处理，但两者无显著差异。

表11-9　褐潮土长期施肥对夏玉米叶片叶绿素含量的影响（mg/g）

生育时期	处理	叶绿素 a	叶绿素 b	叶绿素（a+b）
拔节期	CK	0.633b	0.172ab	0.806b
	NP	0.68ab	0.189ab	0.869ab
	NK	0.559b	0.144b	0.703b
	PK	0.732ab	0.185ab	0.916ab
	NPK	0.766ab	0.17ab	0.936ab
	NPKM	0.886a	0.217a	1.103a
大喇叭口期	CK	1.181b	0.339b	1.521b
	NP	1.19b	0.314b	1.505b
	NK	1.089b	0.317b	1.406b
	PK	1.332ab	0.35b	1.682ab
	NPK	1.452ab	0.384ab	1.836ab
	NPKM	1.699a	0.48a	2.179a
开花期	CK	1.224b	0.339b	1.563b
	NP	2.166a	0.58a	2.746a
	NK	1.248b	0.363b	1.61b
	PK	1.736ab	0.488ab	2.224ab
	NPK	2.28a	0.557a	2.838a
	NPKM	1.724ab	0.416ab	2.139ab
灌浆期	CK	1.473a	0.375a	1.848a
	NP	1.395a	0.412a	1.807a
	NK	1.51a	0.411a	1.921a
	PK	1.325a	0.336a	1.661a
	NPK	1.56a	0.434a	1.995a
	NPKM	1.637a	0.411a	2.049a

注：同一列中不同的字母表示差异达到显著水平（$p < 0.05$）

第三节　长期不同施肥处理对冬小麦、夏玉米叶片保护酶系统的影响

一、长期不同施肥处理对冬小麦叶片保护酶系统的影响

（一）冬小麦叶片过氧化物酶（POD）活性

过氧化物酶（POD）是活性氧酶清除系统的关键酶之一，其作用是以过氧化氢（H_2O_2）为底物的氧化过程，清除H_2O_2。施肥小麦叶片过氧化物酶（POD）活性有明显的影响，在褐潮土上POD活性变化为先升后降（图11-12）。以灌浆期来看，有机无机肥配施（NPKM）及无机养分平衡施用（NPK），均能够显著提高小麦叶片的POD活性，且与缺素处理（PK、NP、NK）达显著差异水平。缺素处理（PK、NP、NK）间，叶片POD活性在褐潮土上差异不显著，但均高于对照处理（CK）。

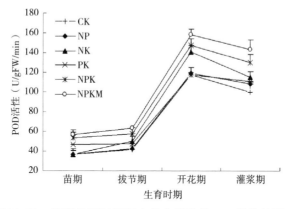

图11-12　长期施肥对褐潮土冬小麦叶片POD活性的影响

（二）冬小麦叶片过氧化氢酶（CAT）活性

过氧化氢酶（CAT）位于过氧化物酶体和乙醛酸循环体中，能将过氧化氢（H_2O_2）分解成H_2O，也是活性氧酶清除系统的关键酶。由图11-13可以发现，小麦第一片展开叶的CAT活性变化与POD活性变化相反，即波峰值都出现在小麦的拔节期和灌浆期，波谷值出现在小麦开花期。以灌浆期来看，均衡施肥（NPKM、NPK）处理的叶片CAT活性高于其他无机施肥处理，且达

到显著差异水平。施无机肥处理间，随着养分种类的增多，叶片CAT活性呈明显的上升趋势。在褐潮土上，缺素处理（PK、NP）间的叶片CAT活性差异较小，缺P处理（NK）的叶片CAT活性显著低于对照处理（CK）。

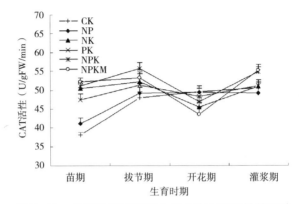

图11-13　长期施肥对褐潮土冬小麦CAT活性的影响

（三）冬小麦叶片超氧化物歧化酶（SOD）活性

超氧化物歧化酶（SOD）是植物细胞中活性氧酶清除系统中最主要的酶之一，其主要作用是将超氧阴离子自由基（O_2^-）歧化为H_2O_2和O_2，从而解除超氧阴离子自由基的毒害。由图11-14，小麦第一片展开叶的SOD活性均呈现出先减后增的变化趋势，与叶片丙二醛（MDA）含量变化一致。其中，以灌浆期来看，在褐潮土上，均衡施肥（NPKM、NPK）处理的叶片SOD活性低于不均衡施肥处理，说明均衡施肥处理小麦所受胁迫较小，其叶片MDA含量相对较少，而不均衡施肥养分胁迫造成的MDA含量相对较高有密切联系。

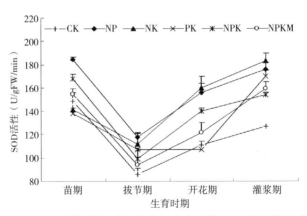

图11-14　长期施肥对褐潮土冬小麦叶片SOD活性的影响

（四）冬小麦叶片丙二醛（MDA）含量

丙二醛（MDA）是植物细胞膜脂过氧化作用的产物，反映了细胞膜受损程度。在小麦的整个生育期内，小麦第一片展开叶的MDA积累量是逐渐增多的，由开花期进入灌浆期时增幅较大（图11-15）。褐潮土上，苗期小麦叶片的MDA含量稍高，这可能与北方冬旱及施肥有关系。由均衡施肥（NPKM、NPK）处理与单施无机肥处理的叶片MDA含量的比较可以发现，随施入养分种类的增多，叶片MDA含量呈明显下降趋势，表明不同种类养分的混合施用能降低小麦叶片膜脂过氧化作用程度，尤其是灌浆期，有利于维护灌浆期小麦旗叶的正常生理活性，其中以NPKM施肥处理降低程度最为明显。但当养分配合不当（NK、NP处理）时，小麦叶片MDA含量明显上升，NK和NP处理的叶片MDA含量显著高于其他处理，表明两处理的叶片的膜脂过氧化作用较强，细胞膜受损严重。

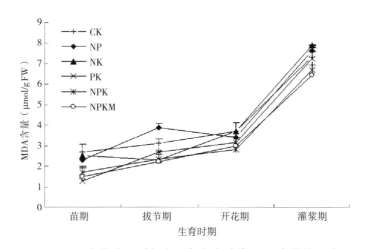

图11-15　长期施肥对褐潮土冬小麦叶片MDA含量的影响

二、长期不同施肥处理对夏玉米叶片保护酶系统的影响

（一）夏玉米叶片丙二醛含量

从表11-10中可以看出，各处理玉米叶片MDA含量均呈上升趋势。生育期内NPKM与NPK处理之间无显著差异，两者均在灌浆期达到最高值，开花前增加速度较慢，而从开花至灌浆期迅速增加，说明两处理玉米叶片在灌浆期已逐渐进入衰老。NP处理整个生育期MDA含量与NPK处理差异不显著。NK处理仅在拔节期以及灌浆期略高于NPK处理，但整个生育期两者差异不显著。PK处理在开花以及灌浆期均高于NPK处理，其中灌浆期达到显著水平。CK处理整个生育期MDA

含量均高于其他施肥处理，其中灌浆期达到显著水平。

表11-10　褐潮土长期施肥对夏玉米叶片丙二醛含量的影响（μmol/g）

处理	拔节期	大喇叭口期	开花期	灌浆期
CK	13.25a	13.05a	16.82a	24.3a
NP	11.9a	11.02a	11.6c	18.5c
NK	13.5a	12.1a	12.59c	19.94bc
PK	11.81a	10.78a	16.21ab	21.31b
NPK	10.34a	11.02a	13.88bc	18.4c
NPKM	11.77a	12.86a	12.75c	18.03c

注：同一列中不同的字母表示差异达到显著水平（$p < 0.05$）

（二）夏玉米叶片过氧化氢酶活性

从表11-11中可以看出，NPKM处理玉米叶片CAT活性呈先减后增的趋势，最小值在开花期，NPK处理则是先增后减，开花期达到最高值，NPKM处理玉米叶片CAT活性在拔节期以及灌浆期高于NPK处理，而大喇叭口期以及开花期均低于NPK处理。PK处理的变化趋势与NPK处理相同，但全生育期均小于NPK处理，两者差异不显著。NK处理变化趋势与NPK处理相同，但拔节期要显著低于NPK处理。NP处理整个生育期于NPK差异不显著。CK处理的CAT含量在整个生育期呈上升趋势，但除了灌浆期之外其他时期的CAT含量均小于其他处理。

表11-11　褐潮土长期施肥对夏玉米叶片过氧化氢酶活性的影响（U/gFW/min）

处理	拔节期	大喇叭口期	开花期	灌浆期
CK	18.65c	29.49b	38.36a	39.33b
NP	50.73ab	47.27a	50.44a	47.54ab
NK	24.25c	45.46a	48.4a	52.24ab
PK	40.94b	40.12ab	53.14a	36.91b
NPK	45.47b	50.41a	58.87a	53.58ab
NPKM	57.31a	40.71ab	44.87a	64.34a

注：同一列中不同的字母表示差异达到显著水平（$p < 0.05$）

（三）夏玉米叶片过氧化物酶活性

随着生育期的推进，各处理玉米叶片POD活性呈先增后减的趋势，在开花期达到最高值。NPKM以及NPK处理整个生育期高于其他处理，两者之间无显著差异。PK处理玉米叶片POD活性在大喇叭口期至灌浆期均小于NPK处理，在开花期和灌浆期两者差异显著，说明缺氮使整个生育期玉米叶片POD活性降低。NP处理仅在开花期显著低于NPK处理，其他时期差异不显著。NK处理整个生育期都小于NPK处理，其中拔节以及开花期达到显著水平。CK护理整个生育时期都处于较低水平，除了大喇叭口期之外其他时期都显著小于NPK处理（表11-12）。

表11-12　褐潮土长期施肥对玉米叶片过氧化物酶活性的影响（U/gFW/min）

处理	拔节期	大喇叭口期	开花期	灌浆期
CK	12.88b	31.05b	58.27b	39.48bc
NP	24.39a	40.71b	54.24b	53.93ab
NK	9.26b	24.94b	65.02b	50.43abc
PK	21.12a	32.89b	73.2b	33.25c
NPK	20.62a	48.28ab	114.36a	63.89a
NPKM	26.25a	67.93a	114.18a	66.27a

注：同一列中不同的字母表示差异达到显著水平（$p < 0.05$）

（四）夏玉米叶片超氧化物歧化酶活性

对着生育时期的进行，各处理玉米叶片SOD活性均先减小而后增大的过程，在开花期达到最小值。各处理在仅在开花期差异显著，其他时期差异不显著。说明施肥对SOD的影响较小，开花期NPKM以及NPK处理高于其他处理，灌浆期又略小于其他处理（表11-13）。

表11-13　褐潮土长期施肥对夏玉米叶片超氧化物歧化酶活性的影响（U/gFW）

处理	拔节期	大喇叭口期	开花期	灌浆期
CK	163.73a	138.69a	83.21ab	151.38a
NP	170.99a	119.25a	67.42b	153.42a
NK	168.38a	140.32a	84.21ab	149.04a
PK	168.66a	127.31a	68.66b	159.08a
NPK	164.15a	139.08a	112.88a	133.28a
NPKM	167.24a	132.9a	103.25a	137.58a

注：同一列中不同的字母表示差异达到显著水平（$p < 0.05$）

第四节　长期不同施肥处理对冬小麦、夏玉米产量及产量构成因素的影响

一、长期不同施肥处理对冬小麦产量及产量构成因素的影响

（一）冬小麦产量

由表11-14和表11-15结果可以看出，褐潮土上，NP、PK、NPK和NPKM施肥处理都能不同程度的增加小麦产量，这与19年的平均产量结果相一致。其中以NPKM处理的增幅最大，与对照处理（CK）相比，褐潮土上能增产828.05%，说明有机无机均衡配施能较大程度地提高褐潮土上的小麦产量。与19年的平均产量相比发现，长期施NPKM肥有效地提高土壤生产力，保证作物的高产、稳产。均施无机肥处理（NPK）的产量高于NK、NP、PK处理，与对照处理（CK）相比，NPK施肥处理增产幅度达612.20%。此外，不均衡施用无机肥对小麦产量影响较大，长期不施P处理（NK）造成冬小麦的减产，这基本符合19年的小麦平均产量的变化规律。同时也发现，2009年褐潮土上NK处理的小麦产量与19年平均产量结果的变化规律有所差异。19年的平均产量结果显示，长期施NK肥能增产49.32%，但增产幅度远低于NP和PK处理的402.85%和103.74%，因此在褐潮土上长期施用NK肥，能造成土壤生产力的不断降低，甚至失去生产功能。这与宋永林（2001）、李秀英（2006）等的研究结果基本一致。长期不施K处理（NP）和不施N处理（PK）在褐潮土上小麦产量基本接近。

总体来看，有机无机均衡配施均能较大程度地提高在北方褐潮土上小麦产量，N、P、K营养元素均衡施用对于提高作物产量具有明显效果。

表11-14　2009年施肥对褐潮土冬小麦产量和肥料贡献率的影响

处理	产量（kg/hm²）	增产幅度（%）	肥料对产量贡献率（%）
CK	410e	—	—
NK	345ef	-15.86	-18.84
NP	1 550c	248.78	71.33
PK	1 430d	278.05	73.55
NPK	2 920b	612.2	85.96
NPKM	3 805a	828.05	89.22

注：同一列中不同的字母表示差异达到显著水平（$p < 0.05$）

表11-15　1990—2009年长期施肥对褐潮土冬小麦平均产量及产量变化的影响

处理	产量（kg/hm²）	增产幅度（%）	肥料对产量贡献率（%）
CK	528.81f	—	—
NK	789.64e	49.32	33.03
NP	2 659.14c	402.85	80.11
PK	1 077.39d	103.74	50.92
NPK	3 267.74b	517.94	83.82
NPKM	3 690.94a	597.97	85.67

注：同一列中不同的字母表示差异达到显著水平（ $p < 0.05$ ）

（二）肥料贡献率

肥料贡献率能够反映当年投入肥料的生产能力（宇万太，2007）。从表11-14可以发现，褐潮土上有机无机配合施用（NPKM）处理的肥料贡献率最高达89.22%，NPK施肥处理肥料贡献率均高于NK、NP、PK处理。同样，不均衡施用无机肥中缺N处理（PK）的肥料贡献率跟缺K处理（NP）的比较接近。不施K肥的NP处理的肥料贡献率在褐潮土上为71.33%，而缺施P处理（NK）的肥料贡献率在褐潮土上最低。总之，2009年在褐潮土上增施磷肥对小麦产量贡献率的影响要高于钾肥和氮肥。

（三）冬小麦产量构成因素

从褐潮土的小麦产量构成因素结果（表11-16）可以看出，与对照处理（CK）和其他施肥处理相比，有机无机配施（NPKM）处理均能最大幅度地提高小麦的亩穗数、穗粒数及千粒重。无机均衡施肥（NPK）能提高小麦的产量构成因素，NPK处理的产量构成因素均高于其他无机肥处理（NPK处理的千粒重低于PK处理，但未达到显著差异水平），无机均衡施肥在褐潮土上具有增产潜力。偏施肥处理中，缺施N处理（PK）能提高小麦的亩穗数、穗粒数及千粒重，且在亩穗数、穗粒数、千粒重上都高于缺施K处理（NP）（除褐潮土上PK处理亩穗数低于NP处理，且达到显著差异水平）。缺施K处理（NP），在褐潮土上对小麦亩穗数、穗粒数及千粒重的促进作用明显。缺施P处理（NK）均不同程度地降低小麦产量构成因素，说明施肥对小麦产量构成因素的影响上，磷肥的影响效果要高于钾肥和氮肥。

表11-16　在褐潮土上施肥对冬小麦产量及产量构成因素的影响（2009）

施肥处理	亩穗数（万穗）	穗粒数（粒）	千粒重（g）	理论产量（kg/hm²）	实际产量（kg/hm²）
CK	13.43cd	12.00c	30.06e	726.45	410e
NK	13.61cd	11.94c	31.75d	774.3	345ef
NP	18.24b	27.78b	32.83c	2 495.55	1 430d

续表

施肥处理	亩穗数（万穗）	穗粒数（粒）	千粒重（g）	理论产量（kg/hm²）	实际产量（kg/hm²）
PK	14.86c	28.33b	42.57b	2 688.6	1 550c
NPK	20.74ab	30.20b	41.95b	3 941.7	2 920b
NPKM	23.61a	41.60a	44.59a	6 569.4	3 805a

注：同一列中不同的字母表示差异达到显著水平（$p < 0.05$）

二、长期不同施肥处理对夏玉米产量及产量构成因素的影响

从表11-17中可以看出，经过19年的长期肥料定位施肥，不同施肥处理玉米的产量差异显著，其籽粒产量顺序为NPKM > NPK > PK > NP > NK > CK。生物产量具有相同的趋势，而各处理经济系数差异较小，说明玉米产量增加的主要原因是生物产量的提高。所有施肥处理都有一定的增产作用。其中NPKM处理比NPK处理提高了32.36%，增产作用显著，产量的差异在百粒重上体现的较为明显，穗粒数的差异不显著。而三个偏施肥处理的产量都显著小于NPK，PK穗粒数以及百粒重显著低于NPK处理。NK处理无论是穗粒数还是百粒重均显著低于NPK处理，产量与CK处理已无差异。偏施肥对产量的影响为缺磷 > 缺钾 > 缺氮。而且2008年的产量顺序也是PK > NP > NK，说明这种产量顺序不是偶然的。在本试验的前19年（1990—2009年），玉米年平均产量的顺序为：NPKM > NPK > NP > PK > NK > CK，与2009年的产量趋势大体相同，仅有NP和PK的顺序有所变化。而在试验第一年的产量（1990）NP和NK处理比PK处理分别高出了144.33%和112.1%，说明虽然产量随年季变化略有波动，但从总体来说NP和NK处理的产量呈减小的趋势，而PK的产量趋势则较为平稳。

表11-17　褐潮土长期施肥对夏玉米产量以及部分农艺性状的影响

处理	籽粒产量	秸秆产量（kg/hm²）	生物产量（kg/hm²）	经济系数	穗粒数	百粒重（g）
CK	1 161.03d	2 416.77c	3 577.8c	0.325b	237.1d	14.01d
NP	3 133.05c	5 223.3bc	8 356.35c	0.375ab	368.9b	16.98cd
NK	2 816.26cd	4 975.75bc	7 792.01c	0.361ab	326.2c	15.98d
PK	3 634.19c	5 206.92bc	8 841.12bc	0.411a	345.2bc	20.78c
NPK	4 747.01b	6 209.46ab	10 956.47ab	0.433a	380.9b	28.3b
NPKM	6 283.34a	7 153.53a	13 436.87a	0.468a	428.7a	43.31a

注：同一列中不同的字母表示差异达到显著水平（$p < 0.05$）

第五节　土壤养分、保护酶、产量构成因素与
作物产量的通径分析

一、土壤养分、保护酶、产量构成因素与冬小麦产量的通径分析

（一）土壤养分与冬小麦产量的通径分析

土壤pH值及养分含量对小麦产量的通径分析结果见表11-18。在褐潮土上直接作用的顺序依次为全磷、速效磷、土壤pH值、全氮，即全磷对褐潮土小麦产量的直接影响最大$X_4{\rightarrow}y=1.5572$，说明全磷含量每提高一个标准单位，褐潮土小麦产量平均增加1.5572个标准单位。因此，北方褐潮土上，在N素充足的前提下，适量增施磷肥对提高小麦产量具有重要作用。

表11-18　土壤养分与小麦产量的直接通径系数（逐步回归）

因子	X_1	X_2	X_3	X_4	X_5	X_6	X_7	R^2	Pe
褐潮土产量（y）	−0.2797		0.1948	1.5572		−0.9548		0.99054	0.09725

注：X_1，土壤pH值；X_2，有机质；X_3，全氮；X_4，全磷；X_5，碱解氮；X_6，有效磷；X_7，速效钾；y，产量；R^2，决定系数；Pe，剩余通径系数

（二）叶片保护酶活性与冬小麦产量的通径分析

灌浆期是冬小麦叶片生产和积累的有机物质运输到籽粒中去，形成产量的关键时期。因此本试验采用灌浆期冬小麦旗叶的保护酶活性与产量进行逐步回归分析。由表11-19直接通径系数可以看出，在褐潮土上，旗叶酶活性对产量的直接作用顺序依次为CAT、POD、SOD。灌浆期旗叶过氧化氢酶（CAT）活性小麦产量的直接影响最大，即小麦旗叶CAT活性每提高一个标准单位，褐潮土上的小麦产量平均增加1.7645个标准单位。而过氧化物酶（POD）活性对小麦产量影响是负效应，即小麦旗叶POD活性每提高一个标准单位，褐潮土上的冬小麦产量平均降低0.751个标准单位。

因此，从理论上说，在褐潮土上，通过栽培或者育种改良等措施，适当降低小麦旗叶POD活性，提高旗叶CAT活性，对提高小麦产量有着重要作用。

表11-19　叶片保护酶活性与冬小麦产量的直接通径系数（逐步回归）

因子	X_1	X_2	X_3	R^2	Pe
褐潮土产量（y）	1.7645	−0.751	0.4832	0.99727	0.05225

注：X_1，CAT；X_2，POD；X_3，SOD；y，产量；R^2，决定系数；Pe，剩余通径系数

（三）叶片光合速率与冬小麦产量的相关分析

光合作用与作物产量密切相关。由表11-20可以发现，在褐潮土冬小麦的两个时期上，有机无机配施处理（NPKM）的净光合速率与产量的相关系数均最高，且灌浆期的旗叶净光合速率与产量达到显著相关。其次为无机均施处理（NPK）。不均衡施肥处理中，拔节期以NP处理的叶片净光合速率与产量的相关系数高，灌浆期以PK处理的相关系数高，且达到显著相关。

表11-20　叶片净光合速率与冬小麦产量的相关分析

处理	褐潮土	
	拔节期	灌浆期
CK	0.32	0.48
NK	0.57	0.73
NP	0.61	0.92*
PK	0.42	0.93*
NPK	0.65	0.95*
NPKM	0.74	0.96*

注：*：$p < 0.05$；**：$p < 0.01$

（四）产量构成因素与冬小麦产量的通径分析

通过产量构成要素与产量的逐步回归分析可以看出（表11-21），在褐潮土上的6个长期施肥处理，小麦产量与亩穗数关系最密切，且表现为正效应，其次为千粒重和穗粒数。因此，在褐潮土上应提高小麦的分蘖数，保证亩穗数的增加，从而达到提高产量的目的。

表11-21　产量构成因素与产量的直接通径系数（逐步回归）

因子	X_1	X_2	X_3	R^2	Pe
褐潮土产量	0.7630	−0.1257	0.4412	0.99525	0.06895

注：X_1，亩穗数；X_2，穗粒数；X_3，千粒重；R^2，决定系数；Pe，剩余通径系数

二、夏玉米产量与产量构成因素的通径分析

通过玉米产量构成要素与产量的逐步回归分析可以看出（表11-22），

在昌平玉米产量与穗粒数和百粒重关系密切，且表现为正效应，这与封丘玉米的表现关系不同，封丘玉米产量与穗粒数关系最密切且表现为正效应，其次为百粒重。对于昌平而言，应以提高玉米穗粒数和百粒重并重，从而达到提高产量的目的。

表11-22　2009年产量构成因素与夏玉米产量的直接通径系数

因子	穗粒数	百粒重	R^2	Pe
昌平玉米产量	0.5359	0.5107	0.9843	0.1252

注：R^2，决定系数；Pe，剩余通径系数

第六节　本章小结

一、长期不同施肥处理对冬小麦物质生产及生理特性的影响

有机无机配施（NPKM）为小麦提供全面的营养，能够显著促进小麦生长，提高小麦的干物质积累速率及积累量。无机均施（NPK）也能在一定程度上促进小麦生长，但低于有机无机配施（NPKM）。缺素对小麦生长的影响显著。在褐潮土上，缺P处理（NK）的小麦株高和干物质积累量与对照处理（CK）基本一致。缺N、K素（PK、NP）对小麦生长的影响要低于缺P处理（NK），与NK处理达到显著差异水平。

长期有机无机肥配施（NPKM）与施无机肥相比，小麦的叶片净光合速率（Pn）、叶绿素含量（SPAD）以及叶面积系数（LAI）高，且进入灌浆期后，上述参数下降趋势较慢，小麦的群体最大光合性能（$Pn \times LAI$和$SPAD \times LAI$）也明显高于无机肥处理，最终产量水平高。在施无机肥处理中，缺施P处理（NK），土壤营养元素不均衡，对小麦植株生长产生不利影响，旗叶和群体光合性能以及叶绿素含量（SPAD）和叶面积系数（LAI）降低，且进入灌浆期后，降低速度快，最终造成减产。因此，有机无机长期配合施用与单施无机肥相比，叶片光合性能及光合面积扩大，能形成更高的产量；而不均衡施入无机养分，特别是P素缺乏而N、K素充足时，会导致小麦植株生长不良，叶片（及群体）光合效能和叶面积系数（LAI）降低，导致产量下降。

有机无机配合施用（NPKM）与单施无机肥相比，其叶片保护酶活性

高，旗叶膜脂过氧化作用低，最终产量高。在单施无机肥各处理中，无机肥均施（NPK）处理的膜脂过氧化作用低于不均衡施肥处理（PK、NP、NK），其中，缺P处理（NK）的小麦旗叶膜脂过氧化作用高，且高于对照处理（CK），最终籽粒产量最低。

有机无机肥配施（NPKM）能够显著提高小麦产量，褐潮土上增产828.05%，对产量形成的贡献率达89.22%，符合19年的平均产量变化，说明长期施NPKM肥有效地提高土壤生产力，保证作物的高产、稳产。无机均衡施肥（NPK）在褐潮土上的NPK处理高于其他无机施肥处理。不均衡施肥处理中，PK、NP处理的小麦产量高于对照处理（CK），缺施P处理（NK）的小麦减产15.86%。由此可见，长期施用NK肥，能造成土壤生产力的不断降低，甚至失去生产功能。所以在北方褐潮土上，N、P、K营养元素均衡施用对于提高作物产量具有明显效果。

有机无机配施（NPKM）处理能最大幅度地提高小麦的亩穗数、穗粒数及千粒重。无机均衡施肥（NPK）也能提高小麦的产量构成因素，但提高程度有较大差异。偏施肥处理中，缺施P处理（NK）均不同程度地降低小麦产量构成因素。由此发现，施肥对小麦产量构成因素的影响上，P肥的影响效果要高于K肥和N肥。其中，褐潮土上应以增施磷肥和提高小麦的亩穗数为主。

二、长期不同施肥处理对夏玉米物质生产及生理特性的影响

与NPK处理相比，褐潮土长期偏施肥（NP、NK、PK）导致玉米叶面积减少，延缓了叶面积到达最高值的时间，另外NP以及NK导致营养生长期玉米净光合速率的减少。NPKM处理能够迅速扩大玉米叶面积，达到最高值后下降速度慢，这为花后籽粒灌浆打下良好基础，符合高产玉米叶面积的发展动态（前快，中稳，后衰慢）。

长期施肥对保护酶系统以及膜脂过氧化作用的影响不同，褐潮土上长PK和NP玉米SOD以及POD活性在开花期显著少于NPK处理，PK造成玉米灌浆期MDA含量的增加，膜脂过氧化程度提高。缺磷NK使玉米营养生长期受到胁迫较为严重，产生大量活性氧，保护酶活性迅速升高，以抵御膜脂过氧化带来的危害，当自由基活性氧浓度超过"阈值"后，保护酶则以被动忍耐为主，致使生育后期植株的死亡。NP处理苗期膜脂过氧化作用较高，自由基活性氧浓度未超过伤害"阈值"，保护酶表现出积极应对，此时CAT活性显著高于NPK处理，随着SOD和POD活性的升高，清除活性氧的能力提高，MDA含量在拔节期和大喇叭口期略有下降。

　　NPKM处理的株高、茎粗、生物量高于NPK处理。与NPK相比，偏施肥（PK、NP、NK）玉米株高、茎粗、生物量都有不同程度的降低。褐潮土玉米籽粒产量：NPKM > NPK > PK > NP > NK > CK。

　　总体上，有机无机肥配施均能较大程度地提高褐潮土玉米产量，氮、磷、钾营养元素均衡施用对于提高玉米产量具有明显效果。

参考文献

李秀英，李燕婷，赵秉强，等.2006.褐潮土长期定位不同施肥制度土壤生产功能演化研究［J］.作物学报，5（5）：683-689.

鲁如坤.1998.土壤—植物营养学原理和施肥［M］.北京：北学工业出版社.

吕贻忠，李保国.2006.土壤学［M］.北京：中国农业出版社.

钦绳武，顾益初，朱兆良.1998.潮土肥力演变与施肥作用的长期定位试验初报［J］.土壤学报，35（3）：367-375.

宋永林，袁锋明，姚造华.2001.北京褐潮土长期施肥条件下对冬小麦产量及产量变化趋势影响的定位研究［J］.北京农业科学（1）：29-32.

王伯仁，徐明岗，文石林.2005.长期不同施肥对旱地红壤性质和作物生长的影响［J］.水土保持学报，2（1）：29-32.

宇万太，赵鑫，张璐，等.2007.长期施肥对作物产量的贡献［J］.生态学杂志，26（12）：2 040-2 044.

第十二章　湖南祁阳红壤长期不同施肥对冬小麦与夏玉米的物质生产及生理特性的影响

　　红壤地区降水丰沛，土壤淋溶作用强，故钾、钠、钙、镁积存少，而铁、铝的氧化物较丰富，故土壤颜色呈红色，一般酸性较强，土性较黏。但红壤分布地区气候条件优越，光热充足，生长季节长，适于发展亚热带经济作物、果树和林木，且作物一年可两熟至三熟。土地的生产潜力很大。我国很早就重视解决红壤的生产问题，20世纪60年代中国农业科学院设立祁阳红壤站，进行土壤肥力、增产效果的研究。本章的研究内容即依托祁阳红壤站，探究长期不同施肥对于冬小麦和夏玉米物质生产及生理特性的影响，以达到提高土壤肥力，实现作物稳产高产的目的。

第一节　长期不同施肥处理对冬小麦、夏玉米生长发育的影响

一、长期不同施肥处理对冬小麦生长发育的影响

（一）小麦株高

　　由图12-1可以发现，NPKM处理的小麦株高及增长速度在整个生育期内较之其他处理均为最高，说明有机无机配施能为植物提供全面的营养，促进植株的生长发育。在红壤上，不同施肥处理的株高顺序为：PK>NPK>CK>NP>NK，由于N素造成土壤pH值降低，土壤酸化作用较大，故PK处理的小麦株高略高于NPK处理，但未到达显著差异水平。NP、NK处理的株高则均低于对照，其中缺P的NK处理最为明显，说明N、P养分元素是主要影响因子。

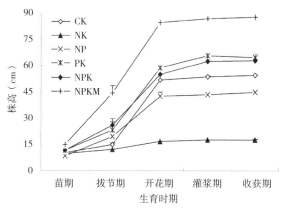

图12-1　长期施肥对红壤小麦株高的影响

（二）小麦生物量

由图12-2可见，NPKM处理的植株干物质积累量及积累速度在整个生育期均为最高，表明有机无机配施对小麦干物质积累有积极的促进作用。以收获期的小麦干物重积累量来看，红壤上干物质的积累量表现为：PK>NPK>CK>NP>NK。由于在红壤上长期单一偏施用无机氮肥，土壤pH值降低，土壤酸化明显，对根的毒害作用很大，小麦根系生长受到抑制，从而造成小麦出现酸毒害症状，故NPK处理的干物质积累量要低于缺N的PK处理，但两处理未达到显著差异水平。缺P的NK处理的干物重积累量最少，明显低于对照处理（CK），而缺K的NP处理的干物质积累量与对照处理（CK）差异不大，由此可以发现，2009年对红壤小麦干物质积累的影响上，N素和P素是关键影响因子。因此，红壤上要适当控制无机氮肥的施入，且要做好肥料地合理搭配，尤其是要增施有机肥。

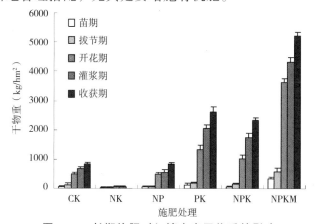

图12-2　长期施肥对红壤小麦干物重的影响

二、长期不同施肥处理对夏玉米生长状况的影响

(一) 玉米株高

从图12-3中可以看出，随着生育期的进行各处理株高均呈增长的趋势。NPKM处理在开花期达到最高值，而乳熟期略有下降，但下降幅度较小，其株高增长速度的高值期为拔节至开花期，整个生育期其株高均显著高于其他处理。与NPKM相比，NPK处理株高增长速度缓慢，在乳熟期达到最高值，其增长速度没有明显的高值期。PK处理虽然在开花前的株高显著低于NPK处理，但在乳熟期两者之间无显著差异，说明缺氮对株高的影响主要是在花期前。相比于缺氮，缺钾（NP）对株高的影响较大，开花期以及乳熟期都显著小于NPK处理，与CK处理无差异。而NK处理的株高整个生育期都显著小于其他处理，到乳熟期已无株高，因此缺磷对株高的影响最大。

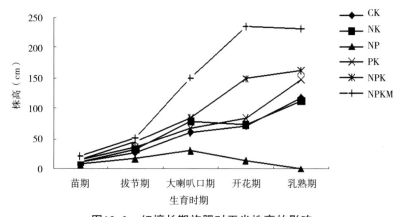

图12-3　红壤长期施肥对玉米株高的影响

(二) 玉米茎粗

从图12-4中可以看出，NPKM以及NPK处理茎粗均随生育期的进行呈先增后减的趋势，NPKM处理苗期至拔节期茎粗迅速增加，大口至开花期缓慢下降。NPK处理茎粗在开花期达到最高值，不过增长速度要低于NPKM处理，开花期两处理之间无显著差异，而花后迅速下降乳熟期其茎粗显著小于NPKM处理。除苗期外，NP与PK处理茎粗整个生育期低于NPK处理，且茎粗增长速度也小于NPK处理，到大喇叭口期达到最大值，此后没有显著的变化，NP处理只在乳熟期显著高于CK，而PK处理已与CK处理无差异。而NK处理茎粗整个生育期都处于较低水平从大喇叭口期就已经显著低于CK处理，到乳熟期植株已死亡。

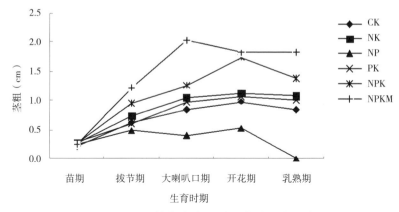

图12-4　红壤长期施肥对玉米茎粗的影响

（三）玉米生物量

从表12-1中可以看出，除NK处理之外，其他处理地上部以及地下部生物量均随生育期的进行呈增加的趋势。除了苗期外，NPKM处理地上部生物量显著高于NPK处理，营养生长期（开花前）玉米根系吸收的营养主要用于植株茎叶的生长，此阶段NPKM处理地上部生物量比NPK处理高出98%，而生殖生长阶段主要是籽粒干重的增加，到乳熟期NPKM处理已经高出NPK处理227.77%；两者的地下部生物量在苗期和拔节期无显著差异，而从拔节至大喇叭口期NPKM处理的地下部生物量迅速增长，而NPK处理的增长的高值是在大喇叭口期至开花期，在地下部生物量迅速增长的时期两者的地上部生物量也相应地迅速增加，说明此阶段为玉米营养生长期的关键时期，而且开花后NPKM处理的灌浆速度较快，开花期到乳熟期生物量已提高了153.88%，而NPK处理仅提高了53.37%。NP处理与NPK处理相比地上部与地下部生物量的差异均出现在开花期，乳熟期两者之间无差异，说明NP处理生物量迅速增长的时间出现的较晚。而PK处理地上部以及地下部生物量增长的高值也出现在开花至乳熟期，到乳熟期虽然与NPK无差异，但地上部以及地下部分别降低了37.5%、49.87%。NK处理地上部生物量在整个生育期都处于较低水平，到乳熟期已经无生物量，说明NK处理的土壤养分已不能满足植株正常生长所需要的养分，因此先满足其根系的生长，这与前人的报道相一致。

表12-1　红壤长期施肥对不同生育期玉米各部位生物量的影响（g/plant）

生育时期	处理	地上	地下	根冠比
苗期	CK	0.068bc	0.087b	1.27b
	NP	0.097a	0.11b	1.22b
	NK	0.061c	0.2a	3.18a
	PK	0.087ab	0.075b	0.85b
	NPK	0.09a	0.123b	1.35b
	NPKM	0.105a	0.092b	0.86b
拔节期	CK	0.045d	0.12d	0.29b
	NP	0.184bc	0.54a	0.28b
	NK	0.36d	0.27bcd	0.74a
	PK	1.1cd	0.18cd	0.17c
	NPK	2.24b	0.36abc	0.16c
	NPKM	3.33a	0.46ab	0.14c
大喇叭口期	CK	2.7bc	0.61bc	0.23bc
	NP	5.27bc	0.88bc	0.17cd
	NK	0.41c	0.21c	0.51a
	PK	3.31bc	0.45c	0.14d
	NPK	7.3b	1.7b	0.24b
	NPKM	39.43a	9.71a	0.25b
开花期	CK	9.53cd	1.22c	0.12b
	NP	17.69c	4.75b	0.28a
	NK	1.18d	0.36c	0.31a
	PK	11.97cd	1.44c	0.12b
	NPK	38.62b	12.24a	0.32a
	NPKM	76.47a	13.2a	0.17b
乳熟期	CK	24.37cd	2.13bc	0.088a
	NP	50.44b	4.3bc	0.08a
	NK	0d	0c	0b
	PK	38.08bc	3.7bc	0.092a
	NPK	59.23b	7.38b	0.124a
	NPKM	194.14a	15.31a	0.078a

注：同一列中不同的字母表示差异达到显著水平（$p < 0.05$）

第二节　长期不同施肥处理对冬小麦、夏玉米叶片光合生理特性的影响

一、长期不同施肥处理对冬小麦光合特性的影响

（一）小麦叶面积系数（LAI）

由长期施肥对红壤上小麦叶面积系数（LAI）的影响发现（图12-5），

从小麦的整个生育期来看，施NPKM肥均能显著提高小麦的叶面积系数，尤其是进入灌浆期后，能将小麦叶面积系数维持在较高水平上（>2.5），这样有利于小麦的光合作用，增加生物产量，从而提高小麦籽粒产量。在无机养分平衡施用（NPK）条件下，其叶面积系数进入灌浆期后下降，且变化趋势与PK处理基本一致，这样不利于光合产物的增加，减少了籽粒干物质的积累。缺素处理（PK、NP、NK）的叶面积系数在整个生育期都维持在较低水平，且以开花期为转折点，前期缓慢增长，后期降低，说明缺素可以导致小麦叶片提前失绿，不能保证有足够的绿叶面积用于光合作用，不利于更高产量的形成。其中，缺P处理（NK）表现最为明显，整个生育期内的叶面积系数均低于对照处理（CK），说明在已经酸化的红壤上，再缺施P素，能造成小麦叶面积系数的急剧降低。由长期缺素施肥对小麦叶面积系数的影响可以发现，2009年各种无机养分的影响顺序为：P素>K素>N素。

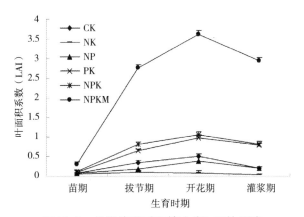

图12-5　长期施肥对红壤小麦LAI的影响

（二）小麦叶片叶绿素含量

由图12-6可以发现，小麦全生育期的叶片叶绿素含量以开花期为转折点，呈现"先增后减"的变化趋势。施NPKM肥均有利于小麦旗叶的叶绿素含量在进入开花期后保持在较高水平，且能有效地减缓叶片叶绿素在进入灌浆期后的降解速度，从而有利于保持小麦光合作用的进行，为增加小麦产量提供保障。在红壤上，均施无机肥时的叶绿素含量在3.0mg/g以下，与之前潮褐土相比较，对叶绿素含量的影响上，单纯无机养分平衡施用在褐潮土上的效果要强于在红壤上。在红壤上，由于无机N造成的土壤酸化，造成无机肥处理进入灌浆期后，小麦旗叶叶绿素含量在1.5~3.0mg/g，整体上低于褐潮土上。其中缺P的NK处理，由于土壤酸化及缺少P素，其旗叶叶绿素含量在整个生育期内均最低，且显著低于对照处理（CK），说明在缺少P素和土壤酸化的双重作用，对红壤上旗叶的叶绿素含量总量及降解速度有较大的负面作用。

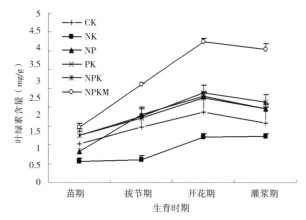

图12-6　长期施肥对红壤小麦叶绿素含量的影响

（三）小麦叶片净光合速率

由表12-2结果可以看出，有机无机均衡施肥（NPKM）能显著提高两种土壤类型上的小麦第一片展开叶的净光合速率，且该施肥处理的净光合速率显著高于其他施肥处理，在红壤上，由于长期偏施无机氮肥，造成了土壤酸化，小麦出现酸毒害症状，故缺P的NK处理的净光合速率显著低于对照处理（CK），缺K的NP处理的净光合速率与对照处理（CK）基本一致，缺N的PK处理的净光合速率则显著高于对照处理（CK）及其他两缺素处理（NP、NK）。从中可以发现，在N素导致土壤酸化的基础上，缺少P素，施无机肥则会阻碍小麦的生长及生理活动，尤其对旗叶净光合速率的副作用较大，且是对资源的一种浪费。

表12-2　红壤下长期施肥对小麦净光合速率的影响

处理	拔节期	灌浆期
CK	14.55c	18.91d
NK	3.051e	4.17e
NP	11.27d	18.65d
PK	16.73b	20.04c
NPK	15.20c	20.82b
NPKM	20.67a	22.33a

注：同一列中不同的字母表示差异达到显著水平（$p < 0.05$）

　　灌浆期是小麦形成产量的关键时期，而灌浆期小麦的光合作用是产量形成的物质基础。由表12-3通过对灌浆期土壤速效养分与小麦旗叶的净光合速率进行逐步回归分析，由直接通径系数可以发现，在红壤上的直接作用顺序依次为碱解氮、有效磷和速效钾。其中，有效磷含量对旗叶净光合速率表现为正效应，即灌浆期间的土壤有效磷含量每提高一个标准单位，小麦的旗叶净光合速率将平均增加0.5503个标准单位；碱解氮和速效钾则表现为负效应，即土壤碱解氮每提高一个标准单位，小麦的旗叶净光合速率平均降低0.7038个标准单位；土壤速效钾每提高一个标准单位，小麦的旗叶净光合速率将平均降低0.1557个标准单位。在红壤上土壤氮素和钾素对灌浆期小麦的旗叶净光合速率起着副作用；而P素对灌浆期小麦的旗叶净光合速率有着显著的正效应。

表12-3　土壤养分与小麦旗叶净光合速率的直接通径系数（逐步回归）

光合速率	X_1	X_2	X_3	R^2	Pe
红壤净光合速率	−0.7038	0.5503	−0.1557	0.96677	0.18229

注：X_1，碱解氮；X_2，有效磷；X_3，速效钾；R^2，决定系数；Pe，剩余通径系数

（四）小麦旗叶净光合速率日变化

　　光合作用与作物产量密切相关，叶片具有较高的光合速率是作物获得高产的一个重要因素。不同施肥处理的灌浆期小麦旗叶光合速率（Pn）的日变化整体上表现为先升高，在10:00~12:00达到最大值，然后开始持续下降，16:00以后光合速率已经下降到很低（图12-7）。由于施肥影响到小麦生长，因此不同施肥处理的旗叶光合能力也不同。红壤上，有机无机配施处理（NPKM）的旗叶光合能力仍为最强，而由于N素造成土壤酸化，对小麦有一定的毒害作用，故无机均施处理（NPK）的旗叶光合速率与缺N处理（PK）基本一致。均衡施肥处理的中午光合速率虽有所降低，但绝对值依然较大，能够保持相对稳定的光合速率。在光合速率最大时（10:00~12:00），有机无机配施处理（NPKM）和无机均施处理（NPK）的旗叶净光合速率与对照处理（CK）相比，红壤上分别提高26.16%、18.13%。由上可见，均衡施肥能够显著提高并维持小麦旗叶的光合能力。与均衡施肥相比，不均衡施肥处理（PK、NP、NK）不同程度地降低了小麦旗叶的光合能力，其中以缺P处理（NK）最为明显。在光合速率最大时（10:00~12:00），NK处理的旗叶净光合速率与对照处理（CK）相比，红壤上降低了75.24%。由此可见，缺P素显著降低了灌浆期小麦的旗叶光合性能。

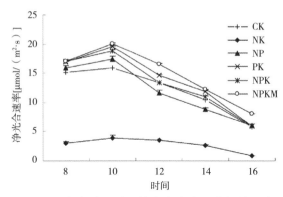

图12-7 长期施肥对红壤小麦光合日变化的影响

（五）小麦旗叶气孔导度日变化

气孔导度表示的是气孔张开的程度，影响小麦叶片的光合作用，呼吸作用及蒸腾作用。由图12-8可知，不同施肥处理对小麦灌浆期气孔导度的日变化规律影响不同。早上随着太阳光照的增强，气孔导度急速下降，然后从12:00~14:00 缓慢下降至相对稳定的值，到12:00后有一个较小幅度的降低，这是因为正午高温、强光照、低湿度造成的气孔部分关闭而产生午休现象。在14:00之后红壤上气孔导度有略微降低。有机无机配施处理（NPKM）的气孔导度高于其他处理，说明在生产中合理搭配施肥可使气孔导度增大，有利于气孔与外界CO_2交换，有利于灌浆期小麦光合作用地进行。无机均施（NPK）在红壤上其提高的程度低于施PK肥。不均衡施肥处理（PK、NP、NK）中，NK处理的小麦旗叶气孔导度最低，且日变化幅度较小，说明在红壤上缺P对小麦旗叶气孔导度影响较大，不利于灌浆期小麦光合作用的展开，最终导致低产量。

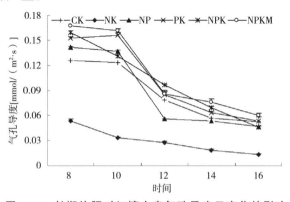

图12-8 长期施肥对红壤小麦气孔导度日变化的影响

（六）小麦旗叶蒸腾速率日变化

　　叶片蒸腾作用在一定程度上反映根系对无机营养和水分的吸收和上运效率，对维持叶片的光合生理功能具有重要作用。由图12-9可见，不同施肥处理的小麦灌浆期蒸腾速率日变化过程总体趋势相同，与旗叶气孔导度变化趋势基本一致，均在日出后随着光照的增强而急速上升，随着气孔导度的部分关闭而降低。从8:00~12:00蒸腾速率上升到最大，其中10:00~12:00是全天蒸腾速率最强的时段，12:00以后开始下降。12:00~18:00小麦旗叶的蒸腾速率相对较低，出现不同程度地降低，这是由于正午高温、强光照、低湿度导致叶片失水较多，使叶片气孔出现部分关闭所引起的蒸腾速率降低。不同施肥处理间表现明显差异，以有机无机配施（NPKM）的旗叶蒸腾速率最高，表明有机无机配施的旗叶蒸腾速率总体上优于其他施肥。在红壤上，无机均施（NPK）处理的旗叶蒸腾速率与PK处理差异不大。不均衡施肥处理（PK、NP、NK）中，以NK处理的旗叶蒸腾速率最低，且总体上低于对照处理（CK）。

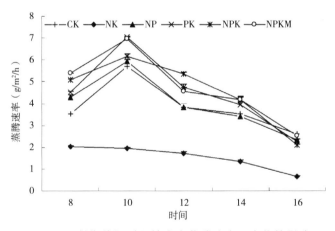

图12-9　长期施肥对红壤小麦蒸腾速率日变化的影响

（七）小麦叶片可溶性蛋白质含量

　　植物体内的可溶性蛋白质大多数是参与各种代谢的酶类，测定其含量是了解植物体总代谢的一个重要指标。由图12-10可见，小麦的叶片蛋白含量呈现先增后降的变化趋势，说明进入灌浆期后，小麦受到水、肥等外界条件以及自身衰老的影响，叶片蛋白含量有着明显的下降趋势。有机无机配施（NPKM）处理在红壤上也能显著提高小麦第一片展开叶的可溶性蛋白质含量，且能有效的减缓叶片可溶性蛋白质的降解速度，说明有机无机配施

（NPKM）能够提高小麦叶片酶蛋白含量，促进小麦抵抗水、肥等不良条件的胁迫，从而获得稳产。无机养分平衡施用（NPK）对小麦叶片可溶性蛋白质含量的影响来看，红壤上，NPK施肥能够在一定程度上促进叶片可溶性蛋白质含量，但是进入灌浆期后，其叶片可溶性蛋白质加速降解，可溶性蛋白含量与对照处理（CK）的差异较小，且未达到显著差异水平。缺素处理（PK、NP、NK）在整个生育期内，叶片可溶性蛋白质含量均低于均衡施肥处理（NPKM、NPK），且达到显著差异水平。说明不均衡施肥对小麦叶片可溶性蛋白质含量影响较大，使得小麦不能有效地缓解外界环境的不良胁迫以及自身衰老的影响，最终不能形成较高的产量。

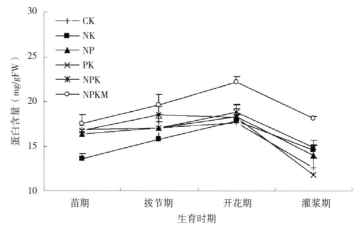

图12-10　长期施肥对红壤下小麦可溶性蛋白质含量的影响

二、长期不同施肥处理对夏玉米光合特性的影响

（一）玉米单株叶面积

从图12-11可以看出，随着生育进程各施肥处理单株叶面积呈先增后减的趋势，在开花期达到最大值。苗期各处理差异较小，拔节期至乳熟期各处理叶面积大小顺序均为：NPKM＞NPK＞NP＞PK＞CK＞NK。整个生育期内NPKM处理的叶面积显著高于其他处理，而且开花前增长速度快，开花后下降缓慢，开花至乳熟期仅下降了7.83%。与NPKM处理相比，NPK处理玉米单株叶面积苗期至大喇叭口期增长缓慢，大喇叭口期至开花期迅速增长，而花后叶面积下降迅速，开花至乳熟期叶面积下降了47.16%，这说明红壤不施有机肥虽然在开花期具有较大的叶面积，但是不利于花后叶面积高值的维持。而NP处理虽然开花期的叶面积要显著高于PK处理，但花后迅速下降，

到乳熟期两处理之间差异不显著。而NK处理叶面积均处于较低水平，显著低于其他几个处理，而且到乳熟期已经没有绿叶面积，说明长期不施磷肥而只施氮钾肥不利于玉米叶面积的增加，其效果还不如不施肥的处理。

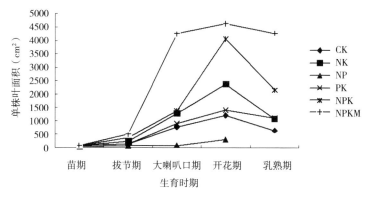

图12-11　红壤长期施肥对玉米单株叶面积的影响

（二）玉米叶片净光合速率

从表12-4中可以看出，除了NK处理外，各处理玉米叶片净光合速率苗期至大喇叭口期逐渐增大，到乳熟期有所下降，而NK处理从苗期开始光合速率就逐渐降低，到乳熟期已无光合速率。NPKM处理营养生长期叶片净光合速率显著高于其他处理，这为其前期叶面积的增加提供了基础。苗期至大喇叭口期NP与NPK处理之间无差异，而乳熟期两者之间差异显著，说明缺钾对生育前期的光合速率影响较小，主要是影响了花后的光合速率。而PK处理除了大喇叭口期的光合速率与NPK处理不显著之外，其他时期光合速率均小于NPK处理，而且其光合速率仅在乳熟期高于CK处理，说明相对于缺钾，缺氮对红壤上玉米叶片光合速率的影响更大。

表12-4　红壤长期施肥对不同生育期玉米光合速率的影响 [μmol/（m²·s）]

处理	苗期	拔节期	大喇叭口期	乳熟期
CK	22.15d	30.1bc	38.22b	24.3c
NP	25.17b	31.58b	38.6b	19.38d
NK	24.45bc	18.03d	11.39c	0e
PK	22.4cd	26.84c	37.12b	26.15bc
NPK	26.3b	32.2b	39.38b	37.43a
NPKM	32.23a	37.96a	46.2a	30.03b

注：同一列中不同的字母表示差异达到显著水平（ $p < 0.05$ ）

（三）玉米叶片气孔导度、胞间二氧化碳浓度以及蒸腾速率

气孔导度以及蒸腾速率的变化趋势与光合速率大致相同，而胞间二氧化碳浓度从拔节至大喇叭口期均呈上升的趋势，与光合速率以及气孔导度的变化趋势相同，说明在这一阶段光合速率受气孔因素限制，而到乳熟期各处理胞间二氧化碳浓度增大，与光合速率的变化趋势相反，说明此阶段主要是受非气孔因素限制（表12-5至表12-7）。

表12-5　红壤长期施肥对玉米不同生育期叶片气孔导度的影响[µmol/（m²·s）]

处理	苗期	拔节期	大喇叭口期	乳熟期
CK	0.118c	0.146bc	0.235b	0.177b
NP	0.127bc	0.15bc	0.208b	0.08c
NK	0.126bc	0.095c	0.072c	0d
PK	0.127bc	0.141bc	0.208b	0.166b
NPK	0.145ab	0.166b	0.23b	0.319a
NPKM	0.153a	0.241a	0.316a	0.19b

注：同一列中不同的字母表示差异达到显著水平（$p < 0.05$）

表12-6　红壤长期施肥对玉米不同生育期叶片胞间二氧化碳浓度的影响（µmol/L）

处理	苗期	拔节期	大喇叭口期	乳熟期
CK	48.07b	56.65b	76.2b	123.9b
NP	49.03b	58.03b	68.78b	226.3a
NK	93.7a	152.93a	185.4a	0c
PK	46.23b	55.2b	66.53b	92.13b
NPK	53.63b	64.53b	73.38b	135.65b
NPKM	54.33b	62.03b	69.95b	106.9b

注：同一列中不同的字母表示差异达到显著水平（$p < 0.05$）

表12-7　红壤长期施肥对玉米不同生育期叶片蒸腾速率的影响[mmol/（m²·s）]

处理	苗期	拔节期	大喇叭口期	乳熟期
CK	3.59bc	4.59bc	5.4b	5.55b
NP	3.24c	4.26c	4.98b	1.55c
NK	3.54bc	2.95d	2.46c	0c
PK	3.35c	4.16c	5.09b	5.34b
NPK	4.12b	5.09b	5.84ab	8.46a
NPKM	4.9a	6.2a	6.7a	6.01b

注：同一列中不同的字母表示差异达到显著水平（$p < 0.05$）

（四）玉米叶片可溶蛋白含量

随着生育时期的进行，除了CK与NK处理之外，各处理玉米叶片可溶性蛋白含量均呈先减后增再减的趋势，其中NPK与NPKM处理整个生育期差异不显著。与NPK相比，PK处理整个生育期都处于较小的水平，显著低于NPK处理，甚至在苗期和拔节期都显著小于CK，说明缺氮对蛋白质合成产生不利

影响。NP处理在拔节以及大喇叭口期都显著低于NPK处理，其他时期差异不显著。NK在苗期至大喇叭口期下降的幅度较小，说明NK受到的胁迫较为严重，需要产生大量的蛋白质来合成保护酶（表12-8）。

表12-8　红壤长期施肥对玉米不同生育期叶片可溶性蛋白含量的影响　　　（mg/g）

处理	苗期	拔节期	大喇叭口期	乳熟期
CK	8.13c	6.28b	4.74e	4.95b
NP	12.2ab	6.24b	8.27cd	8.29a
NK	10bc	9.71a	9.69bc	0c
PK	4.59d	3.16c	6.49de	5.23b
NPK	14.54a	11.39a	11.38ab	7.31a
NPKM	14.61a	10.65a	13.61a	6.92a

注：同一列中不同的字母表示差异达到显著水平（$p < 0.05$）

（五）玉米叶片叶绿素含量

随着生育期的进行，各处理的叶绿素a，叶绿素b以及叶绿素a+b均呈先减后增的趋势，在拔节期达到最小值。NPKM与NPK处理玉米叶片叶绿素含量生育前期差异不显著，乳熟期NPK处理显著高于NPKM，这与光合速率的变化趋势大致相同。PK和NP处理玉米叶片叶绿素含量整个生育期都低于NPK处理，与CK处理无显著差异。NK处理则在拔节期显著低于NPK处理，乳熟期植株已死亡（表12-9）。

表12-9　红壤长期施肥对玉米不同生育期叶片叶绿素含量的影响　　　（mg/g）

生育时期	处理	叶绿素 a	叶绿素 b	叶绿素（a+b）
苗期	CK	1.426a	0.534a	1.959ab
	NP	1.501a	0.444ab	1.945ab
	NK	1.409a	0.498a	1.907ab
	PK	1.154a	0.295b	1.449b
	NPK	1.956a	0.483a	2.439a
	NPKM	1.846a	0.518a	2.365ab
拔节期	CK	0.412b	0.272a	0.684b
	NP	0.449b	0.147ab	0.596b
	NK	0.435b	0.137b	0.572b
	PK	0.566b	0.151ab	0.717b
	NPK	0.925a	0.226ab	1.151a
	NPKM	0.803a	0.167ab	0.969a

生育时期	处理	叶绿素 a	叶绿素 b	叶绿素（a+b）
大喇叭口期	CK	0.957ab	0.267a	1.224ab
	NP	1.152ab	0.319a	1.471ab
	NK	1.15ab	0.38a	1.53ab
	PK	0.788b	0.238a	1.026b
	NPK	1.546a	0.39a	1.936a
	NPKM	1.287ab	0.31a	1.597ab
乳熟期	CK	1.2d	0.317b	1.517d
	NP	1.805bc	0.467b	2.271bc
	NK	0e	0c	0e
	PK	1.294cd	0.35b	1.645cd
	NPK	3.064a	0.779a	3.843a
	NPKM	1.892b	0.731a	2.623b

注：同一列中不同的字母表示差异达到显著水平（$p < 0.05$）

第三节　长期不同施肥处理对冬小麦、夏玉米叶片保护酶系统的影响

一、长期不同施肥处理对冬小麦叶片保护酶系统的影响

（一）小麦叶片过氧化物酶（POD）活性

过氧化物酶（POD）是活性氧酶清除系统的关键酶之一，其作用是以过氧化氢（H_2O_2）为底物的氧化过程，清除H_2O_2。由图12-12的结果发现，施肥对小麦叶片过氧化物酶（POD）活性有明显的影响，在红壤上POD活性变化为持续增加。以灌浆期来看，有机无机肥配施（NPKM）及无机养分平衡施用（NPK），能够显著提高小麦叶片的POD活性，且与缺素处理（PK、NP、NK）达显著差异水平。缺素处理（PK、NP、NK）间，三缺素处理间的POD活性差异均达到显著水平，其叶片POD活性表现为：NP>PK>NK，且均显著高于对照处理（CK）。因此，在红壤上，无机养分对叶片POD活性的影响上表现为：P素>N素>K素。

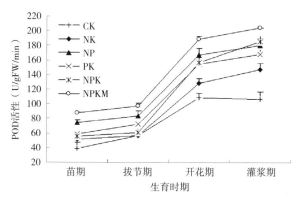

图12-12　长期施肥对红壤小麦叶片POD活性的影响

（二）小麦叶片过氧化氢酶（CAT）活性

过氧化氢酶（CAT）位于过氧化物酶体和乙醛酸循环体中，能将过氧化氢（H_2O_2）分解成H_2O，也是活性氧酶清除系统的关键酶。由图12-13可见，小麦第一片展开叶的CAT活性变化与POD活性变化相反，即波峰值都出现在小麦的拔节期和灌浆期，波谷值出现在小麦开花期，红壤上各处理的CAT活性降低幅度要大于在褐潮土上。以灌浆期来看，均衡施肥（NPKM、NPK）处理的叶片CAT活性高于其他无机施肥处理，且达到显著差异水平。施无机肥处理间，随着养分种类的增多，叶片CAT活性呈明显的上升趋势。红壤上，缺P处理（NK）的叶片CAT活性最低，其次为PK、NP，说明在红壤上对叶片CAT活性影响上，P素>N素>K素。

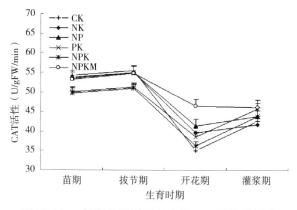

图12-13　长期施肥对红壤小麦CAT活性的影响

（三）小麦叶片超氧化物歧化酶（SOD）活性

超氧化物歧化酶（SOD）是植物细胞中活性氧酶清除系统中最主要的酶

之一，其主要作用是将超氧阴离子自由基（O_2^-）歧化为H_2O_2和O_2，从而解除超氧阴离子自由基的毒害。由图12-14可知，红壤上小麦第一片展开叶的SOD活性呈现出先减后增的变化趋势，与叶片丙二醛（MDA）含量变化一致。其中，以灌浆期来看，有机无机配施（NPKM）处理和缺N处理（PK）的叶片SOD活性显著低于NP、NK处理，由此可见，由N素引起的土壤酸化对小麦叶片胁迫较大。不均衡施肥（PK、NP、NK）处理的SOD活性以缺P处理（NK）最高，说明在红壤上P素与小麦第一片展开叶的SOD活性有密切联系。

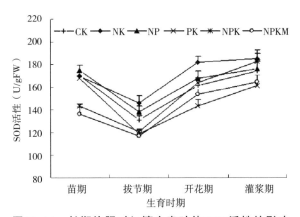

图12-14 长期施肥对红壤小麦叶片SOD活性的影响

（四）小麦叶片丙二醛（MDA）含量

丙二醛（MDA）是植物细胞膜脂过氧化作用的产物，反映了细胞膜受损程度。在小麦的整个生育期内，小麦第一片展开叶的MDA积累量是逐渐增多的，由开花期进入灌浆期时增幅较大（图12-15）。由均衡施肥（NPKM、NPK）处理与单施无机肥处理的叶片MDA含量的比较可以发现，随施入养分种类的增多，叶片MDA含量呈明显下降趋势，表明不同种类养分的混合施用能降低小麦叶片膜脂过氧化作用程度，尤其是灌浆期，有利于维护灌浆期小麦旗叶的正常生理活性，其中以NPKM施肥处理降低程度最为明显。但当养分配合不当（NK、NP处理）时，小麦叶片MDA含量明显上升，即在红壤上与潮褐土上有着相同的规律，NK和NP处理的叶片MDA含量显著高于其他处理，表明两处理的叶片的膜脂过氧化作用较强，细胞膜受损严重。在红壤上，由于N素造成土壤pH值的降低，对叶片有一定的损害作用，故PK处理的叶片MDA含量低于NPK处理。

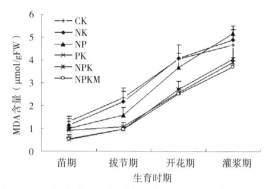

图12-15　长期施肥对红壤小麦叶片MDA含量的影响

二、长期不同施肥处理对夏玉米叶片保护酶系统的影响

（一）玉米叶片丙二醛含量

从表12-10中可以看出，从苗期至大喇叭口期各处理玉米叶片MDA含量均呈下降的趋势，到乳熟期大幅度提升。NK处理整个生育期玉米叶片MDA含量均处于较高水平，到乳熟期植株已死亡，说明红壤缺磷促进了膜脂过氧化作用，从而使其生理生化代谢紊乱，抗氧化系统失去平衡，保护酶活性大幅度下降，导致活性氧积累，膜质过氧化作用加强，这意味着植物体整个活性氧防御体系的崩溃。NPKM处理的生育前期MDA含量均小于NPK处理，这说明有机无机肥配施能够减少生育前期膜质过氧化作用，而在乳熟期其含量却大于NPK处理，这可能是因为NPKM使生育期提前的原因。而PK处理的变化趋势与NPK处理相似，乳熟期比NPK处理高出35.2%，说明缺氮主要增加了生育后期的玉米叶片MDA含量。NP处理在拔节期以及乳熟期的MDA含量均高于NPK处理，缺钾对生育前期以及生育后期的MDA含量均有影响。而CK处理生育前期玉米叶片MDA含量仅低略于NK处理，而显著高于其他处理，而乳熟期显著高于其他处理。

表12-10　红壤长期施肥对玉米不同生育期叶片丙二醛含量的影响　　　　（μmol/g）

处理	苗期	拔节期	大喇叭口期	乳熟期
CK	15.83bc	16a	10.09ab	22.21a
NP	17.17ab	10.59ab	9.05b	14.58ab
NK	20.53a	17.29a	13.03a	0c
PK	12.29cd	8.12b	4.88c	16.13ab
NPK	13.03cd	10.62ab	9.71b	11.93b
NPKM	10.36cd	6.52b	5.71c	14.44ab

注：同一列中不同的字母表示差异达到显著水平（$p < 0.05$）

（二）玉米叶片过氧化氢酶活性

从表12-11中可以看出，NPKM处理玉米叶片CAT活性在苗期至拔节期与NPK处理差异不显著，而在大喇叭口期显著高于NPK处理，乳熟期低于NPK处理，这可能是因为NPKM使生育期提前造成的。而PK处理除了拔节期与NPK处理的差异不显著之外，其他时期均显著低于NPK处理，与CK处理无显著差异，这主要因为缺氮使叶片蛋白质含量降低，从而影响保护酶的合成。NP处理苗期玉米叶片CAT活性显著高于NPK处理，这主要是因为前期所受胁迫较大（MDA含量较高），叶片需要合成较多CAT来分解活性氧，从而维持细胞正常的生理功能，然而大喇叭口期却有一定程度的下降，这可能是因为此时SOD以及POD活性较高，从而使MDA处于较低水平的缘故，乳熟期与NPK处理无显著差异。而NK处理则一直较为平稳，到乳熟期植株已死亡。CK与NPK处理在苗期与拔节期无显著差异，而大喇叭口期和乳熟期都显著低于NPK处理。

表12-11　红壤长期施肥对玉米不同生育期叶片过氧化氢酶活性的影响（U/gFW/min）

处理	苗期	拔节期	大喇叭口期	乳熟期
CK	6.86c	10a	3.42d	11.23c
NP	18.11a	12.83a	5.06d	27.26a
NK	10.82b	11.28a	10.15c	0d
PK	2.55d	8.23a	4.58d	14.31c
NPK	7.22c	10.64a	12.88b	24.71ab
NPKM	6.58c	11.42ab	15.1a	15.88bc

注：同一列中不同的字母表示差异达到显著水平（$p < 0.05$）

（三）玉米叶片过氧化物酶活性

从表12-12中可以看出，随着生育时期的进行各处理POD活性均逐渐增加的趋势。NPKM处理的POD活性在苗期以及拔节期均低于NPK处理，不过差异不显著，大喇叭口期显著高于NPK处理，乳熟期两者差异不显著。PK处理整个生育期POD含量均低于NPK处理器中拔节期与乳熟期差异达到显著水平，与CK的差异较小。而NP处理POD活性在苗期至大喇叭口期均高于NPK处理，乳熟期显著低于NPK处理。而NK处理苗期与各处理差异不显著，拔节至大喇叭口期均显著高于其他处理，说明NK处理为了清除高的活性氧，POD活性迅速升高，此时防御酶已经紊乱，到了崩溃的边缘。

表12-12　红壤长期施肥对玉米不同生育期叶片过氧化物酶活性的影响（U/gFW/min）

处理	苗期	拔节期	大喇叭口期	乳熟期
CK	12.85ab	13.79de	25bc	39.69c
NP	13.64a	25.73b	35.13b	112.4b
NK	8.86abc	32.43a	59.48a	0d
PK	2.83c	7.89e	6.99d	49.87c
NPK	6.12abc	20.88bc	19.52cd	138.56a
NPKM	3.37bc	15.54cd	37.53b	130.92ab

注：同一列中不同的字母表示差异达到显著水平（$p < 0.05$）

（四）玉米叶片超氧化物歧化酶活性

从表12-13中可以看出，除了NK处理之外，各处理玉米叶片SOD活性均随着生育时期的进行呈先增后减的趋势，大喇叭口期达到最大值，其中NPKM处理整个生育期与NPK处理差异不显著，说明有机无机肥配施对玉米叶片SOD活性的影响不大。而PK处理叶片SOD活性仅在乳熟期显著小于NPK处理，而营养生长期与其差异不显著。NP处理苗期至拔节期均高于NPK处理，大喇叭口期以及乳熟期均低于NPK处理。NK处理在苗期与拔节期都高于NPK，大喇叭口期与其差异不显著。

表12-13　红壤长期施肥对玉米不同生育期叶片超氧化物歧化酶活性的影响（U/gFW）

处理	苗期	拔节期	大喇叭口期	乳熟期
CK	94.12a	132.37ab	136.94cd	67.12b
NP	98.97a	103.43abc	124.19d	92.91ab
NK	94.6a	157.01a	168.66a	0c
PK	84.74ab	86.96bc	160.94ab	73.43b
NPK	83.39ab	94.8bc	146.69bc	120.9a
NPKM	72.61b	69.27c	159.68ab	112.53ab

注：同一列中不同的字母表示差异达到显著水平（$p < 0.05$）

第四节　长期不同施肥处理对冬小麦、夏玉米产量及产量构成因素的影响

一、长期不同施肥处理对冬小麦产量及产量构成因素的影响

（一）冬小麦产量

由表12-14和表12-15结果可以看出，红壤上NP、PK、NPK和NPKM施肥处理都能不同程度的增加小麦产量，这与19年的平均产量结果相一致。其

中以NPKM处理的增幅最大，与对照处理（CK）相比，在旱地红壤上NPKM施肥处理增产788.32%，说明有机无机均衡配施能较大程度地提高红壤上的小麦产量。与19的平均产量（表12-15）相比发现，长期施NPKM肥有效地提高土壤生产力，保证作物的高产、稳产。旱地红壤上，均施无机肥处理（NPK）施肥处理的小麦产量低于PK处理，与对照处理（CK）相比，其增产幅度仅为154.81%。结合19年的平均产量来看，长期施NPK肥对红壤的土壤生产力起到副作用。此外，从表12-15还可以看出，不均衡施用无机肥对小麦产量影响较大，长期不施P处理（NK）造成冬小麦的减产，这基本符合19年的小麦平均产量的变化规律。2009年NK处理的小麦产量与对照处理（CK）相比，在旱地红壤上表现为绝产，这是因为在红壤上长期单一施用氮肥，土壤pH值从1990年的5.7降到2009年的4.02，土壤酸化趋势明显，土壤交换氢和交换性铝比对照处理（CK）相比有较大幅度地增加（王伯仁等，2005）。而过多的Al^{3+}是酸性土壤中影响植物生长的主要障碍因子，对根的毒害作用很大，小麦根系生长受到抑制，造成小麦出现酸毒害症状（Foy C D，1983；Delhaize E et al，1995）。在红壤上长期不施N处理（PK）的小麦产量高于不施K处理（NP），这与孔宏敏等（2004）的研究结果一致。

表12-14　2009年红壤下施肥对小麦产量和肥料贡献率的影响

处理	产量（kg/hm²）	增产幅度（%）	肥料对产量贡献率（%）
CK	254.26c	—	—
NK	0d	−100	—
NP	254.01c	−0.3	−0.3
PK	1 065.05b	318.88	76.13
NPK	647.78bc	154.81	60.75
NPKM	2 258.61a	788.32	88.74

注：同一列中不同的字母表示差异达到显著水平（$p < 0.05$）

表12-15　1990—2009年红壤下长期施肥对小麦平均产量及产量变化的影响

处理	产量（kg/hm²）	增产幅度（%）	肥料对产量贡献率（%）
CK	381.51e	—	—
NK	370.26ef	−2.95	−3.04
NP	930.42c	143.88	58.99
PK	836.92d	119.37	54.41
NPK	1 139.99b	198.81	66.53
NPKM	1 669.68a	337.65	77.15

注：同一列中不同的字母表示差异达到显著水平（$p < 0.05$）

总体来看，有机无机均衡配施能较大程度地提高红壤的小麦产量。旱地红壤上，控制N肥施用，增施P、K肥及有机肥对于提高小麦产量具有重要作用。

（二）肥料贡献率

肥料贡献率能够反映当年投入肥料的生产能力（宇万太，2007）。红壤上有机无机配合施用（NPKM）处理的肥料贡献率最高，达88.74%。均施无机肥处理（NPK）肥料贡献率低于PK处理。同样，不均衡施用无机肥对红壤肥料贡献率影响较大，在所有偏施肥处理中，不施N肥的PK处理的肥料贡献率在红壤上表现较高。不施K肥的NP处理的肥料贡献率在旱地红壤上为−0.3%，而缺施P处理（NK）的肥料贡献率在红壤上最低。总之，2009年在红壤上增施磷肥对小麦产量贡献率的影响要高于钾肥和氮肥。

（三）小麦产量构成因素

从红壤上小麦产量构成因素结果（表12-16）可以看出，与对照处理（CK）和其他施肥处理相比，有机无机配施（NPKM）处理均能最大幅度地提高小麦的亩穗数、穗粒数及千粒重。无机均衡施肥NPK处理的小麦穗粒数、千粒重均低于PK处理。说明在旱地红壤上应适当控制氮肥施入量，增施磷肥和有机肥，改善土壤条件，从而达到增产的目的。偏施肥处理中，缺施N处理（PK）能提高小麦的亩穗数、穗粒数及千粒重，且在亩穗数、穗粒数、千粒重上都高于缺施K处理（NP）。红壤上缺施K处理（NP），由于无机N肥造成土壤的酸化，施NP肥对小麦亩穗数、穗粒数及千粒重起副作用。缺施P处理（NK）均不同程度地降低小麦产量构成因素，说明施肥对小麦产量构成因素的影响上，磷肥的影响效果要高于钾肥和氮肥。

表12-16 在红壤上施肥对小麦产量及产量构成因子的影响（2009年）

施肥处理	亩穗数（万穗）	穗粒数（粒）	千粒重（g）	理论产量（kg/hm²）	实际产量（kg/hm²）
CK	7.54ab	14.37c	30.85b	501.45	254.26c
NK	—	—	—	—	—
NP	5.52b	15.40bc	27.59c	351.6	254.01c
PK	8.07ab	32.14ab	34.58a	1344.6	1065.05b
NPK	9.11a	22.33bc	29.15bc	889.65	647.78bc
NPKM	10.50a	44.80a	34.33a	2422.5	2258.61a

注：同一列中不同的字母表示差异达到显著水平（$p < 0.05$）

二、长期不同施肥处理对夏玉米产量及产量构成因素的影响

从表12-17中可以看出，不同施肥处理玉米的产量差异显著，其籽粒产量顺序为NPKM > NPK > NP > PK > CK > NK。其中NK处理已绝产，相比于不施肥的处理（CK），其他施肥处理均有一定的增产效果。NPKM处理比NPK处理高出366.66%，产量构成三因素都显著高于NPK处理，从而使生物产量以及经济系数都高于NPK处理，说明有机肥对红壤玉米产量的重要性。NP以及PK处理与NPK产量的差异主要体现在百粒重以及穗粒数上，NP处理产量与NPK无显著差异，而PK处理的产量则显著低于NPK处理，与CK处理差异不显著。而各处理秸秆产量以及生物产量的顺序也与籽粒产量相同，处理间经济系数的影响也达到显著水平，说明玉米产量增加的主要原因是既有生物产量的提高也有经济系数的提高。三个偏施肥产量的大小顺序为NP > PK > NK，说明不施磷对产量的影响最大。结合前几年的研究成果可知，在本试验的前19年（1990—2009年），春玉米年平均产量的顺序为：NPKM > NPK > NP > NK > PK > CK，有机无机配施要大于只施有机肥的处理，施氮的处理要高于不施氮处理，但是从前19年产量变化趋势来看，有机无机配施产量呈升高的趋势，每年增加129kg/hm²，而施化学氮肥处理的产量呈减小的趋势，其中NP处理每年减少114.58kg/hm²，NPK处理每年减少70.39kg/hm²，而从1990—2002年NK处理的产量以每年265.8kg/hm²的速度减少，以至于从2002年开始绝产，并且此后一直无产量；PK处理的产量基本保持不变，而CK处理虽然年均产量较小，但其每年的减少量也小，因此经过19年仍能保持一定的产量。说明红壤旱地长期施氮肥产量明显降低，尤以不施磷肥的处理（NK）最为明显，经过19年长期施肥其效果还不如不施肥，这与前人的报道一致（孔宏敏，2004）。

表12-17　红壤长期施肥对玉米产量以及部分农艺性状的影响

处理	籽粒产量（kg/hm²）	秸秆产量（kg/hm²）	生物产量（kg/hm²）	经济系数	穗粒数	百粒重（g）	每公顷穗数
CK	185.09cd	612.28cd	797.37cd	0.244b	54.9	14.73	18 450
NP	862.93bc	1 214.05bc	2 076.98bc	0.416ab	110	15.56	23 400
NK	0d	0d	0d	0c	0	0	0
PK	552.78cd	1 285.78bc	1 838.55c	0.309b	99	14.83	20 475
NPK	1 350.68b	2 002.22b	3 352.9b	0.402ab	254.2	21.37	23 430
NPKM	6 303.15a	5 089.01a	11 392.16a	0.554a	403.4	27.37	54 000

注：同一列中不同的字母表示差异达到显著水平（$p < 0.05$）

第五节　土壤养分、保护酶、产量构成因素与作物产量的通径分析

一、土壤养分、保护酶、产量构成因素与冬小麦产量的通径分析

（一）土壤养分与小麦产量的通径分析

土壤pH值及养分含量对小麦产量的通径分析结果见表12-18。在旱地红壤上直接作用的顺序依次为有机质、土壤pH值、全氮、速效磷。即有机质对旱地红壤小麦产量的直接影响最大$X_2 \to y = 0.7954$，说明有机质含量每提高一个标准单位，旱地红壤小麦产量平均增加0.7954个标准单位；而全氮$X_3 \to y = -0.1994$，即全氮含量每提高一个标准单位，旱地红壤小麦产量平均降低0.1994个标准单位。因此，南方旱地红壤上，增施有机肥，减施无机氮肥，改善土壤条件，提高土壤pH值，才能有效地提高小麦产量。

表12-18　土壤养分与小麦产量的直接通径系数（逐步回归）

因子	X_1	X_2	X_3	X_4	X_5	X_6	X_7	R^2	Pe
红壤产量（y）	0.4315	0.7954	−0.1994				0.1449	0.99995	0.00724

注：X_1，土壤pH值；X_2，有机质；X_3，全氮；X_4，全磷；X_5，碱解氮；X_6，有效磷；X_7，速效钾；y，产量；R^2，决定系数；Pe，剩余通径系数

（二）叶片保护酶活性与小麦产量的通径分析

灌浆期是小麦叶片生产和积累的有机物质运输到籽粒中去，形成产量的关键时期。因此本试验采用灌浆期小麦旗叶的保护酶活性与产量进行逐步回归分析。由表12-19直接通径系数可以看出，红壤上旗叶酶活性对产量的直接作用顺序依次为CAT、SOD、POD。灌浆期旗叶过氧化氢酶（CAT）活性对小麦产量的直接影响最大，即小麦旗叶CAT活性每提高一个标准单位，红壤上的小麦产量平均增加1.314个标准单位。而过氧化物酶（POD）活性对小麦产量是负效应，即小麦旗叶POD活性每提高一个标准单位，红壤上的小麦产量平均降低0.0983个标准单位。

因此，从理论上说，由于POD活性对红壤的小麦产量的负效应较小，因此适当提高小麦旗叶CAT、SOD活性，就能对小麦产量起积极的促进作用。

表12-19 叶片保护酶活性与小麦产量的直接通径系数（逐步回归）

因子	X_1	X_2	X_3	R^2	Pe
红壤产量（y）	1.314	−0.0983	0.4641	0.81022	0.43564

注：X_1，CAT；X_2，POD；X_3，SOD；y，产量；R^2，决定系数；Pe，剩余通径系数

（三）叶片光合速率与小麦产量的相关分析

光合作用与作物产量密切相关。由表12-20可以发现，在红壤小麦的两个时期上，拔节期以NPK处理的叶片净光合速率与产量的相关系数高，但未达到显著相关。灌浆期以PK处理的相关系数高，且达到极显著相关。灌浆期均施处理（NPK、NPKM）的旗叶净光合速率与产量也达到显著相关。由表12-20还可以发现，灌浆期小麦旗叶净光合速率与产量的相关系数高于拔节期，因此灌浆期的旗叶净光合速率对提高小麦产量更有利。

表12-20 红壤下叶片净光合速率与小麦产量的相关分析

处理	拔节期	灌浆期
CK	0.31	0.81
NK	—	—
NP	0.42	0.90*
PK	0.24	0.98**
NPK	0.56	0.95*
NPKM	0.39	0.94*

注：*：$p < 0.05$；**：$p < 0.01$

（四）产量构成因素与小麦产量的通径分析

通过产量构成要素与产量的逐步回归分析可以看出（表12-21），旱地红壤上的6个长期施肥处理（NK处理绝产），小麦产量与穗粒数关系最密切，且表现为正效应，其次为千粒重和亩穗数。因此，旱地红壤上应提高小麦的穗粒数，从而更加有效地提高小麦产量。

表12-21 产量构成因素与产量的直接通径系数（逐步回归）

因子	X_1	X_2	X_3	R^2	Pe
红壤产量	0.1734	1.2530	−0.5759	0.98124	0.13698

注：X_1，亩穗数；X_2，穗粒数；X_3，千粒重；R^2，决定系数；Pe，剩余通径系数

二、夏玉米产量与产量构成因素的通径分析

通过玉米产量构成要素与产量的逐步回归分析可以看出（表12-22），在昌平玉米产量与穗粒数和百粒重关系密切，且表现为正效应。在祁阳和封丘玉米产量与穗粒数关系最密切且表现为正效应，其次为百粒重。因此，提高不同地区玉米产量的措施是有所差异的，在昌平应以提高玉米穗粒数和百粒重并重，从而达到提高产量的目的。在祁阳和封丘提高玉米产量应该以提高穗粒数为主。

表12-22　2009年玉米产量构成因素与玉米产量的直接通径系数

因子	穗粒数	百粒重	R^2	Pe
祁阳玉米产量	1.2223	−0.3434	0.8646	0.3679

注：R^2，决定系数；Pe，剩余通径系数

第六节　本章小结

一、红壤长期不同施肥处理对冬小麦生长及生理特性的影响

有机无机配施（NPKM）为小麦提供全面的营养，能够显著促进小麦生长，提高小麦的干物质积累速率及积累量。无机均施（NPK）也能在一定程度上促进小麦生长，但低于有机无机配施（NPKM）。缺素对小麦生长的影响显著。无机N素造成土壤酸化，缺P处理（NK）的小麦株高和干物质积累量显著低于对照处理（CK）。缺N、K素（PK、NP）对小麦生长的影响要低于缺P处理（NK），与NK处理达到显著差异水平。

长期有机无机肥配施（NPKM）与施无机肥相比，小麦的叶片净光合速率（Pn）、叶绿素含量（SPAD）以及叶面积系数（LAI）高，且进入灌浆期后，上述参数下降趋势较慢，小麦的群体最大光合性能（$Pn×LAI$和$SPAD×LAI$）也明显高于无机肥处理，最终产量水平高。在施无机肥处理中，缺施P处理（NK），土壤营养元素不均衡，甚至还造成红壤明显的酸化，对小麦植株生长产生不利影响，旗叶和群体光合性能以及叶绿素含量（SPAD）和叶面积系数（LAI）降低，且进入灌浆期后，降低速度快，最终造成减产。因此，有机无机长期配合施用与单施无机肥相比，叶片光合性能及光合面积扩大，能形成更高的产量；而不均衡施入无机养分，特别是P素缺乏而N、K素充足时，会导致小麦植株生长不良，叶片（及群体）光合效能

和叶面积系数（LAI）降低，导致产量下降。

有机无机配合施用（NPKM）与单施无机肥相比，其叶片保护酶活性高，旗叶膜脂过氧化作用低，最终产量高。在单施无机肥各处理中，无机肥均施（NPK）处理的膜脂过氧化作用低于不均衡施肥处理（PK、NP、NK），缺P处理（NK）的小麦旗叶膜脂过氧化作用高，且高于对照处理（CK），最终籽粒产量最低。

红壤上有机无机肥配施（NPKM）能够显著提高小麦产量，增产达788.32%，对产量形成的贡献率达88.74%，符合19年的平均产量变化，说明长期施NPKM肥有效地提高土壤生产力，保证作物的高产、稳产。无机均衡施肥NPK处理下的小麦产量要低于PK施肥处理。不均衡施肥处理中，PK、NP处理的小麦产量高于对照处理（CK），缺施P处理（NK）的小麦在红壤上会绝产。由此可见，长期施用NK肥，能造成土壤生产力的不断降低，甚至失去生产功能。因此，旱地红壤上，控制N肥施用，增施P、K肥及有机肥对于提高小麦产量具有重要作用。有机无机配施（NPKM）处理能最大幅度地提高小麦的亩穗数、穗粒数及千粒重。无机均衡施肥（NPK）也能提高小麦的产量构成因素，但提高程度有较大差异。偏施肥处理中，缺施P处理（NK）均不同程度地降低小麦产量构成因素。由此发现，施肥对小麦产量构成因素的影响上，P肥的影响效果要高于K肥和N肥。

二、红壤长期不同施肥处理对夏玉米生长及生理特性的影响

NPKM处理能够迅速扩大玉米叶面积，达到最高值后下降速度慢，这为花后籽粒灌浆打下良好基础，符合高产玉米叶面积的发展动态（前快，中稳，后衰慢）；与NPK处理相比，红壤NP以及PK处理导致玉米叶面积减小，光合速率减小，但并未改变叶面积的发展动态。营养生长期NK处理玉米没有足够的叶面积和光合速率来进行物质生产，导致植株正常的生长发育受阻，乳熟期植株已死亡。

长期施肥对保护酶系统以及膜脂过氧化作用的影响不同，与NPK处理相比，红壤上PK大喇叭口期受到胁迫较少，保护酶活性也较低，乳熟期受胁迫增加，保护酶以被动忍受为主。缺磷NK使玉米营养生长期受到胁迫较为严重，产生大量活性氧，保护酶活性迅速升高，以抵御膜脂过氧化带来的危害，当自由基活性氧浓度超过"阈值"后，保护酶则以被动忍耐为主，致使生育后期植株的死亡。NP处理苗期膜脂过氧化作用较高，自由基活性氧浓度未超过伤害"阈值"，保护酶表现出积极应对，此时CAT活性显著高于NPK

处理，随着SOD和POD活性的升高，清除活性氧的能力提高，MDA含量在拔节期和大喇叭口期略有下降。与NPK处理相比，红壤上NPKM大喇叭口期活性氧的能力较强（POD、CAT活性较高），膜脂过氧化作用降低，而乳熟期NPKM处理植株已衰老，膜脂过氧化作用加强，影响了保护酶生成。

与NPK处理相比，红壤地区19年NPKM土壤养分含量全面提升，促使土壤pH值趋向中性变化，因此提倡有机无机肥配施是农业生产调节土壤酸碱性反应的重要措施；长期偏施肥（PK、NP、NK）造成相应的土壤养分含量下降，红壤缺磷（NK）造成土壤养分比例严重失衡，土壤酸化加剧（pH值4.1）。

NPKM处理的株高、茎粗、生物量高于NPK处理。与NPK相比，偏施肥（PK、NP、NK）玉米株高、茎粗、生物量都有降低，NK处理的玉米植株生长缓慢，乳熟期植株已死亡。

红壤上玉米籽粒产量顺序为NPKM > NPK > NP > PK > CK > NK；红壤长期不施磷肥（NK）造成玉米绝产，长期不施肥仍能维持较低的产量水平。

总体上，有机无机肥配施能较大程度地提高红壤玉米产量，在红壤上的作用更为明显，长期偏施肥中NK处理含量最低，不同的是在红壤上已经绝产，其效果不如CK处理。因此，在南方红壤上，控制氮肥施用，增施磷肥和有机肥对于改善土壤肥力、提高玉米产量具有重要作用。

参考文献

黄绍敏，宝德俊，皇甫湘荣.2000.施氮对潮土土壤及地下水硝态氮含量的影响［J］.农业环境保护，19（4）：228-229，241.

王伯仁，徐明岗，文石林.2005.长期不同施肥对旱地红壤性质和作物生长的影响［J］.水土保持学报，2（1）：29-32.

孔宏敏，何圆球，吴大付，等.2004.长期施肥对红壤旱地作物产量和土壤肥力的影响［J］.应用生态学报，15（5）：782-786.

宇万太，赵鑫，张璐，等.2007.长期施肥对作物产量的贡献［J］.生态学杂志，26（12）：2 040-2 044.

Delhaize E，Raye P R.1995. Aluminum toxicity and tolerance in plant［J］. Plant physiol，107：315-321.

Foy C D. 1983.The physiology of adaptation to mineral stress［J］. Lowa State Journal of Research，57：355-392.

第十三章　三种土壤类型长期不同施肥对冬小麦与夏玉米水肥利用效率影响差异比较

我国地域广阔，土壤类型多样，不同土壤对水肥的利用状况必然有一定的差异（温延臣，李燕青等，2015）。本章以北京昌平站、河南封丘站、湖南祁阳站长期定位施肥试验为基础，通过测定长期不同施肥处理下小麦、玉米在主要生长阶段的土壤水分、养分等基础参数，比较分析三种土壤类型长期不同施肥处理的水肥利用效率，探明三种土壤类型长期定位施肥对水肥利用的影响差异，从而为我国作物高产稳产和资源高效利用协调发展提供基础。

第一节　三种土壤长期不同施肥处理对冬小麦、夏玉米产量影响差异比较

基于3个不同年降水量试验区（北京昌平站、河南封丘站、湖南祁阳站）的小麦—玉米一年两熟制下长期定位肥料试验，试验站点情况详见表13-1，基本探明了三种土壤类型域长期不同施肥处理的水肥交互效应的异同点。

表13-1　三种土壤气候区旱地长期施肥试验情况

站点	经纬度	年均温（℃）	年均降水量（mm）	选取的施肥处理	轮作系统	土壤	试验开始时间
昌平	40°13′N 116°14′E	11.0	600.0	CK、NK、NP、PK、NPK、NPKM	小麦—玉米	褐潮土	1990
封丘	35°04′N 113°10′E	13.9	615.1	CK、NK、NP、PK、NPK、NPKM	小麦—玉米	潮土	1989
祁阳	26°45′N 111°52′E	18.0	1250.0	CK、NK、NP、PK、NPK、NPKM	小麦—玉米	红壤	1990

一、长期不同施肥处理对小麦产量及产量构成的影响比较

（一）小麦产量

从各个站点的2009年小麦产量和19年小麦平均产量来看（表13-2），

与CK处理相比，长期施NP、PK、NPK和NPKM均能够显著提高小麦产量。与NPK处理相比，NPKM处理能够显著提高小麦产量，2009年在昌平上增产30.31%，在祁阳上增产248.67%，在封丘上增产5.84%，增产效果表现为祁阳＞昌平＞封丘，19年小麦平均产量也表现出相似的规律，但在祁阳化肥有机肥配施处理小麦平均产量的增产效果不如2009年明显。

表13-2　不同土壤类型区长期施肥对2009年小麦产量和19年小麦平均产量的影响

站点	处理	2009 年产量（kg/hm²）	增产率（%）	19 年平均产量（kg/hm²）	增产率（%）
昌平	CK	410e	—	529	—
	NK	345ef	−15.86	790	49.32
	NP	1 550c	248.78	2 659	402.85
	PK	1 430d	278.05	1 077	103.74
	NPK	2 920b	612.2	3 268	517.94
	NPKM	3 805a	828.05	3 691	597.97
封丘	CK	360e	—	668	—
	NK	371e	3.06	701	4.94
	NP	4 367c	1113	5 373	704.34
	PK	1 036d	187.88	1 304	95.21
	NPK	4 983b	1 284.08	5 641	744.46
	NPKM	5 274a	1 364.92	5 483	720.81
祁阳	CK	254d	—	382	—
	NK	0e	−100	370	−2.95
	NP	254d	−0.3	930	143.88
	PK	1 065b	318.88	837	119.37
	NPK	648c	154.81	1 140	198.81
	NPKM	2 259a	788.32	1 670	337.65

注：同一列中不同的字母表示差异达到显著水平（$p < 0.05$）

与NPK处理相比，在昌平和封丘不均衡施肥（NK、NP、PK）小麦产量降低，而在祁阳NPK处理小麦产量反而显著低于PK处理，这可能是由于酸化造成的。在偏施肥处理中NK处理产量为最低，说明磷是各试验点小麦产量的限制因素，在昌平和封丘NK处理小麦与CK无显著差异，在祁阳NK处理小麦已绝产，结合19年平均产量可以看出在祁阳NK处理的小麦产量与CK相当，说明2009年NK处理的绝产可能是由于长期的养分供给不平衡和土壤酸化造成的。缺钾影响不同区域小麦增产，在封丘NP处理2009年小麦产量比NPK处理低12.36%，19年平均产量低4.75%，在昌平和祁阳NP处理2009年小麦产量分别低46.92%和60.8%，19年平均产量分别降低22.22%和27.632%，说明补钾对这些地区小麦增产还有一定潜力。总体来看，昌平、封丘缺素对小麦产量的影响排序为：P＞N＞K，而祁阳为：P＞K＞N。

（二）小麦产量构成因素

从各个站点的2009年小麦产量构成因素来看（表13-3），与CK处理相比，三个站点PK、NPK和NPKM处理的小麦产量构成因素均有不同程度的增加，而NP处理小麦产量构成因素在昌平、封丘表现为明显增加，在祁阳站点则出现下降。有机无机肥配施影响小麦产量构成因素，在昌平和祁阳，NPKM处理的小麦穗粒数和千粒重显著高于NPK处理，两处理的小麦公顷穗数无显著差异；在封丘NPKM处理小麦产量构成三要素与NPK处理差异不显著。

表13-3 不同土壤类型区长期施肥对小麦产量构成因素的影响（2009年）

站点	处理	公顷穗数（万穗/hm²）	穗粒数（粒/穗）	千粒重（g）	产量（kg/hm²）	增产率（%）
昌平	CK	201.45cd	12.00c	30.06e	410e	—
	NK	204.15cd	11.94c	31.75d	345ef	−15.86
	NP	273.60b	27.78b	32.83c	1 550c	248.78
	PK	222.90c	28.33b	42.57b	1 430d	278.05
	NPK	311.10ab	30.20b	41.95b	2 920b	612.2
	NPKM	354.15a	41.60a	44.59a	3 805a	828.05
封丘	CK	181.82c	8.53d	35.07c	360e	—
	NK	188.59c	11.26d	32.83c	371e	3.06
	NP	493.03a	29.70b	39.78ab	4 367c	1 113
	PK	242.74b	19.62c	38.20b	1 036d	187.88
	NPK	502.89a	32.74a	40.86ab	4 983b	1 284.08
	NPKM	486.45a	32.53a	42.92a	5 274a	1 364.92
祁阳	CK	113.10ab	14.37c	30.85b	254d	—
	NK	—	—	—	0e	−100
	NP	82.80b	15.40bc	27.59c	254d	−0.3
	PK	121.05ab	32.14ab	34.58a	1 065b	318.88
	NPK	136.65a	22.33bc	29.15bc	648c	154.81
	NPKM	157.50a	44.80a	34.33a	2 259a	788.32

注：同一列中不同的字母表示差异达到显著水平（$p < 0.05$）

不均衡施肥影响小麦产量构成因素，与NPK处理相比，三个站点缺氮（PK）处理均降低小麦公顷穗数，但祁阳站点差异不显著，另外PK处理降低昌平和封丘站点的小麦穗粒数，但祁阳站点则相反。与NPK处理相比，三个站点缺磷（NK）处理均明显降低小麦构成三要素，而三个站点缺钾（NP）处理也降低小麦公顷穗数、穗粒数和千粒重，但与NPK处理相比差异不显著。

（三）小麦产量与产量构成因素的通径分析

通过小麦产量构成要素与产量的逐步回归分析可以看出（表13-4），在昌平和封丘小麦产量与公顷穗数关系最密切，且表现为正效应，其次为千粒重和穗粒数。在祁阳小麦产量与穗粒数关系最密切，且表现为正效应，其次为千粒重和公顷穗数。因此，提高不同地区小麦产量的措施是有所差异的，在昌平和封丘上应提高小麦的分蘖数，保证亩穗数的增加，从而达到提高产量的目的；在祁阳则应提高小麦的穗粒数，从而更加有效地提高小麦产量。

表13-4　不同土壤类型区2009年小麦产量构成因素与小麦产量的直接通径系数

因子	公顷穗数	穗粒数	千粒重	R^2	Pe
昌平小麦产量	0.763	−0.1257	0.4412	0.9953	0.069
封丘小麦产量	0.9531	−0.1407	0.1962	0.9865	0.116
祁阳小麦产量	0.1734	1.253	−0.5759	0.9812	0.137

注：R^2：决定系数；Pe：剩余通径系数

二、长期不同施肥处理对玉米产量及产量构成因素的影响比较

（一）玉米产量

从各个站点的2009年玉米产量和19年平均产量来看（表13-5），与CK处理相比，长期施NP、PK、NPK和NPKM均能够显著提高玉米产量。与NPK处理相比，2009年在昌平和祁阳NPKM处理能够显著提高玉米产量，分别增加32.36%和366.66%，而封丘NPKM处理玉米产量与NPK处理差异并不大，19年玉米平均产量也表现出相似的规律，总体来看，施用有机肥增产效果表现为祁阳＞昌平＞封丘。

与NPK处理相比，不均衡施肥（NK、NP、PK）降低玉米产量，其中NK处理的玉米产量表现为最低，在封丘和昌平NK处理玉米产量与CK相当，而在祁阳NK处理玉米已无产量，说明磷同样是各试验点玉米产量的限制因素。另外，2009年封丘缺钾（NP）处理小麦产量仅比NPK处理低8.84%，19

年平均产量低5.56%，说明该地区施钾肥对玉米增产作用较小，而在昌平和祁阳NP处理2009年玉米产量分别低34.00%和36.12%，19年平均产量分别降低23.78%和38.95%，说明补钾对这些地区玉米增产还有一定潜力。这与在小麦上得到的结论类似。总体来看，昌平、封丘和祁阳缺素对玉米产量的影响排序为：P＞N＞K。

表13-5　不同土壤类型区长期施肥对2009年玉米产量和19年玉米平均产量的影响

站点	处理	2009年产量（kg/hm²）	增产率（%）	19年平均产量（kg/hm²）	增产率（%）
昌平	CK	1 161d	—	1 631	—
	NK	2 816cd	142.57	2 255	38.26
	NP	3 133c	169.85	3 717	127.9
	PK	3 634c	213.01	2 730	67.38
	NPK	4 747b	308.86	4 877	199.02
	NPKM	6 283a	441.19	5 596	243.1
封丘	CK	1 345d	—	905	—
	NK	1 437d	6.88	1 006	11.16
	NP	8 387b	523.71	7 643	744.53
	PK	2 536c	88.58	1 731	91.27
	NPK	9 303a	591.81	8 093	794.25
	NPKM	9 276a	589.78	7 971	780.77
祁阳	CK	185cd	—	290	—
	NK	0d	-100	932	221.38
	NP	863bc	366.22	1 859	541.03
	PK	553cd	198.65	542	86.9
	NPK	1 351b	629.74	3 045	950
	NPKM	6 303a	3 305.45	5 141	1 672.76

注：同一列中不同的字母表示差异达到显著水平（$p < 0.05$）

（二）玉米产量构成因素

从各个站点的2009年玉米产量构成因素来看（表13-6），与CK处理相比，三个站点NP、PK、NPK和NPKM处理的玉米产量构成因素均有不同程度的增加，其中NP处理玉米产量构成因素表现与小麦相反。有机无机肥配施影响玉米产量构成因素，在昌平和祁阳NPKM处理的玉米穗粒数和百粒重均显著高于NPK处理，而在封丘两处理的玉米穗粒数和百粒重差异不显著，这与产量的结果相对应。

不均衡施肥影响玉米产量构成因素，祁阳和封丘不施氮的PK处理穗粒数和百粒重显著低于NPK处理，而在昌平PK处理玉米百粒重显著低于NPK处理，而穗粒数差异不大。不施钾肥在玉米产量构成因素上不同地区也表现不同，在昌平NP处理的玉米百粒重显著低于NPK处理，在祁阳NP处理的百粒重和穗粒数显著低于NPK处理，而在封丘NP处理的穗粒数显著低于NPK处理。在昌平和封丘不施磷的NK处理穗粒数和百粒重均显著低于NPK处理，而在祁阳NK处理已无产量构成因素，再次说明磷素是玉米高产的主要限制因素。

表13-6 不同土壤类型区长期施肥对玉米产量、产量构成因素的影响（2009年）

站点	处理	穗粒数 （粒/穗）	百粒重 （g）	产量 （kg/hm²）	增产率 （%）
昌平	CK	237.1d	14.01d	1 161.03d	—
	NK	326.2c	15.98d	2 816.26cd	142.57
	NP	368.9b	16.98cd	3 133.05c	169.85
	PK	345.2bc	20.78c	3 634.19c	213.01
	NPK	380.9b	28.3b	4 747.01b	308.86
	NPKM	428.7a	43.31a	6 283.34a	441.19
封丘	CK	171.0d	23.52c	1 344.75d	—
	NK	180.0d	24.74c	1 437.30d	6.88
	NP	594.7b	36.30a	8 387.40b	523.71
	PK	238.7c	30.76b	2 535.90c	88.58
	NPK	624.29a	36.97a	9 303.15a	591.81
	NPKM	608.3ab	37.51a	9 275.85a	589.78
祁阳	CK	54.9d	14.73c	185.09cd	—
	NK	0e	0d	0d	−100
	NP	110c	15.56c	862.93bc	366.22
	PK	99c	14.83c	552.78cd	198.65
	NPK	254.2b	21.37b	1 350.68b	629.74
	NPKM	403.4a	27.37a	6 303.15a	3 305.45

注：同一列中不同的字母表示差异达到显著水平（$p < 0.05$）

（三）玉米产量与产量构成因素的通径分析
通过玉米产量构成要素与产量的逐步回归分析可以看出（表13-7），在昌平玉米产量与穗粒数和百粒重关系密切，且表现为正效应。在祁阳和封丘玉米产量与穗粒数关系最密切且表现为正效应，其次为百粒重。因此，提高不同地区玉米产量的措施是有所差异的，在昌平应以提高玉米穗粒数和百粒重并重，从而达到提高产量的目的。在祁阳和封丘提高玉米产量应该以提高穗粒数为主。

表13-7　不同土壤类型区2009年玉米产量构成因素与玉米产量的直接通径系数

因子	穗粒数	百粒重	R^2	Pe
昌平玉米产量	0.5359	0.5107	0.9843	0.1252
封丘玉米产量	0.9687	0.0313	0.9973	0.0515
祁阳玉米产量	1.2223	−0.3434	0.8646	0.3679

注：R^2，决定系数；Pe，剩余通径系数

综合三个地区小麦和玉米的产量可以看出，磷素是限制三个地区作物产量增长的主要因素，在昌平和封丘不施磷肥的NK处理的作物产量与CK处理相当或略高于CK处理，而在祁阳NK处理作物无产量，说明在祁阳红壤上更应该注重磷肥的施用；与施氮磷钾处理相比，化肥有机肥配施能够大幅度提高祁阳地区作物产量，而在昌平增产作用要小于祁阳，在封丘化肥有机肥配施的作物产量与施氮磷钾处理相当。因此在祁阳红壤上要加大有机肥的施用量，减少化肥的施用，而在封丘则应以施化肥为主；在祁阳只施化学氮肥的处理（NP、NK、NPK）产量均处于较低水平，其中NPK处理的小麦产量甚至低于不施氮肥PK处理，因此祁阳红壤上应减少氮肥用量；在封丘，施钾肥作物增产作用较小，因此可适当减少该地区钾肥的施用。

三、长期不同施肥处理对小麦玉米周年产量的影响比较

从各个站点的2009年小麦玉米周年产量和19年平均产量来看（表13-8），与CK处理相比，长期施NP、PK、NPK和NPKM均能够显著提高小麦玉米周年产量。与NPK处理相比，NPKM处理能够显著提高昌平和祁阳小麦玉米周年产量，2009年在昌平上增产31.58%，在祁阳上增产328.31%，而在封丘上两者差异不大，增产效果表现为祁阳＞昌平＞封丘，19年小麦玉米周年平均产量也表现出相似的规律。

与NPK处理相比，三个站点不均衡施肥（NK、NP、PK）均造成小麦玉米周年产量降低。在偏施肥处理中NK处理产量均为最低，说明磷是各试验点小麦玉米周年产量的限制因素，2009年在昌平和封丘NK处理小麦玉米周年产量与CK差异不大，而在祁阳NK处理已绝产。缺钾影响不同区域小麦玉米周年增产，在封丘NP处理2009年小麦玉米周年产量与NPK处理差异不大，而在昌平和祁阳NP处理2009年小麦玉米周年产量分别低38.92%和44.12%，说明补钾对这些地区小麦玉米周年增产还有一定潜力。2009年昌平、封丘和祁

阳三个站点缺氮（PK）处理均降低小麦玉米周年产量，与NPK处理相比分别降低33.95%、74.99%和19.06%。从19年平均产量总体来看，昌平、封丘和祁阳缺素对小麦玉米周年产量的影响排序为：P＞N＞K。

表13-8　不同土壤类型区长期施肥对2009年小麦玉米周年产量和19年平均产量的影响

站点	处理	2009年作物产量（kg/hm²）	增产率（%）	19年平均产量（kg/hm²）	增产率（%）
昌平	CK	1 571.0	—	2 160.0	—
	NK	3 161.0	101.21	3 045.0	40.97
	NP	4 683.0	198.09	6 376.0	195.19
	PK	5 064.0	222.34	3 807.0	76.25
	NPK	7 667.0	388.03	8 145.0	277.08
	NPKM	10 088.0	542.14	9 287.0	329.95
封丘	CK	1 705.0	—	1 573.0	—
	NK	1 808.0	6.04	1 707.0	8.52
	NP	12 754.0	648.04	13 016.0	727.46
	PK	3 572.0	109.50	3 035.0	92.94
	NPK	14 286.0	737.89	13 734.0	773.11
	NPKM	14 550.0	753.37	13 454.0	755.31
祁阳	CK	439.0	—	672.0	—
	NK	0	−100.00	1 302.0	93.75
	NP	1 117.0	154.44	2 789.0	315.03
	PK	1 618.0	268.56	1 379.0	105.21
	NPK	1 999.0	355.35	4 185.0	522.77
	NPKM	8 562.0	1 850.34	6 811.0	913.54

注：同一列中不同的字母表示差异达到显著水平（$p < 0.05$）

第二节　三种土壤长期不同施肥处理对水分利用的影响差异比较

一、长期不同施肥处理对冬小麦水分利用效率的影响差异

与CK处理相比，长期施NP、PK、NPK和NPKM处理明显提高了小麦农田总供水量（降水+灌溉水）和田间水分利用效率，而NK处理与CK处理差异不大，甚至出现下降（表13-9）。在昌平和祁阳NPKM处理的农田总供水利用效率和田间水分利用效率明显高于NPK处理，在昌平和祁阳两指标分别增加30.22%和53.62%，247.62%和255.56%。而在封丘NPKM和NPK处理的两

个指标差异不明显，这与在产量上得到的结论相似。有机肥总体效果表现为祁阳＞昌平＞封丘。

表13-9 不同土壤类型区2009年长期不同施肥对小麦水分利用效率的影响

站点	处理	降水量（mm）	灌溉量（mm）	耗水量（mm）	小麦产量（kg/hm²）	农田总供水利用效率[kg/（hm²·mm）]	田间水分利用效率[kg/（hm²·mm）]
昌平	CK	9.61	315.0	426.11	410e	1.26	0.96
	NK	9.61	315.0	421.41	345ef	1.06	0.82
	NP	9.61	315.0	449.51	1 550c	4.77	3.45
	PK	9.61	315.0	454.81	1 430d	4.41	3.14
	NPK	9.61	315.0	503.81	2 920b	9.00	5.80
	NPKM	9.61	315.0	426.91	3 805a	11.72	8.91
封丘	CK	127.8	225.0	374.8	360e	1.02	0.96
	NK	127.8	225.0	363.8	371e	1.05	1.02
	NP	127.8	225.0	383.8	4 367c	12.38	11.38
	PK	127.8	225.0	376.8	1 036d	2.94	2.75
	NPK	127.8	225.0	386.8	4 983b	14.12	12.88
	NPKM	127.8	225.0	394.8	5 274a	14.95	13.36
祁阳	CK	618.8	0	576.7	254d	0.41	0.44
	NK	618.8	0	551.1	0	0	0
	NP	618.8	0	567.2	254d	0.41	0.45
	PK	618.8	0	541.2	1 065b	1.72	1.97
	NPK	618.8	0	553.7	648c	1.05	1.17
	NPKM	618.8	0	542.7	2 259a	3.65	4.16

注：同一列中不同的字母表示差异达到显著水平（$p < 0.05$）

偏施肥（NP、NK、PK）处理影响小麦季农田总供水和田间水分利用效率，其中以长期不施磷肥的NK处理在三个站点均表现最低，说明磷素的缺乏对农田总供水和田间水分利用效率的影响最大；而长期不施氮肥的PK处理的两指标在三个站点表现不同，与NPK相比，封丘和昌平PK处理降低小麦季农田总供水和田间水分利用效率，而祁阳则提高两指标，这与小麦产量表现类似；在封丘、昌平和祁阳不施钾肥的NP处理小麦农田总供水量和田间水分利用效率也比NPK处理低，其中祁阳表现更为明显。总体来看，昌平、封丘缺素对小麦农田总供水和田间水分利用效率的影响排序为：P＞N＞K，而祁阳为：P＞K＞N。

二、长期不同施肥处理对玉米水分利用效率的影响差异

与CK处理相比，长期施NP、PK、NPK和NPKM均能够显著提高玉米季农田总供水和田间水分利用效率（表13-10）。与NPK处理相比，2009年在昌平和祁阳NPKM处理能够显著提高玉米季农田总供水和田间水分利用效率，两指标分别增加32.37%和37.27%、367.40%和374.49%，而封丘NPKM处理玉米季农田总供水和田间水分利用效率与NPK处理差异并不大，总体来看，施用有机肥效果表现为祁阳＞昌平＞封丘，这与在小麦上得到结论相似。

表13-10　不同土壤类型区2009年长期不同施肥对玉米水分利用效率的影响

站点	处理	降水量（mm）	灌溉量（mm）	耗水量（mm）	玉米产量（kg/hm²）	农田总供水利用效率 [kg/（hm²·mm）]	田间水分利用效率 [kg/（hm²·mm）]
昌平	CK	110.85	0	225.15	1 161.03d	10.47	5.16
	NK	110.85	0	165.25	2 816.26cd	25.41	17.05
	NP	110.85	0	139.85	3 133.05c	28.26	22.40
	PK	110.85	0	220.25	3 634.19c	32.78	16.50
	NPK	110.85	0	244.75	4 747.01b	42.82	19.40
	NPKM	110.85	0	235.95	6 283.34a	56.68	26.63
封丘	CK	262.0	75.0	381.0	1 344.75d	3.99	3.53
	NK	262.0	75.0	393.0	1 437.30d	4.26	3.66
	NP	262.0	75.0	370.0	8 387.40b	24.89	22.67
	PK	262.0	75.0	377.0	2 535.90c	7.52	6.73
	NPK	262.0	75.0	398.0	9 303.15a	27.61	23.37
	NPKM	262.0	75.0	382.0	9 275.85a	27.52	24.28
祁阳	CK	594.1	0	579.8	185.09cd	0.31	0.32
	NK	594.1	0	531.7	0d	0	0
	NP	594.1	0	591.2	862.93bc	1.45	1.46
	PK	594.1	0	539.0	552.78cd	0.93	1.03
	NPK	594.1	0	546.4	1 350.68b	2.27	2.47
	NPKM	594.1	0	537.8	6 303.15a	10.61	11.72

注：同一列中不同的字母表示差异达到显著水平（$p < 0.05$）

三个站点偏施肥（NP、NK、PK）处理玉米农田总供水和田间水分利用效率明显低于NPK处理，其中以不施磷肥的NK处理最低，在封丘NK处理的上述两指标与CK处理的差异不明显，在祁阳明显低于CK处理，在昌平明显高于CK处理，说明磷素的缺乏对三个地区玉米农田总供水利用效率和田间

水分利用效率的影响最大。另外，昌平和封丘NP处理的玉米农田总供水和田间水分利用效率仅比NPK处理低10.93%和3.09%，而祁阳PK处理的玉米农田总供水和田间水分利用效率明显低于NPK处理，这与在小麦上得到的结论相反。总体来看，昌平、封丘和祁阳缺素对玉米田间水分利用效率的影响排序为：P＞N＞K。

三、长期不同施肥处理对小麦玉米周年水分利用效率的影响差异

与CK处理相比，长期施NP、PK、NPK和NPKM均能够明显提高小麦玉米周年农田总供水利用效率和田间水分利用效率（表13-11）。与NPK处理相比，在昌平和祁阳NPKM处理明显增加小麦玉米周年农田总供水利用效率和田间水分利用效率，在昌平和祁阳两指标分别增加31.52%和48.63%，327.88%和335.16%，而在封丘上两者差异不大，总体效果表现为祁阳＞昌平＞封丘。说明长期化肥有机肥配施在祁阳红壤上的作用更为明显。

表13-11 不同土壤类型区2009年长期不同施肥对小麦玉米周年水分利用效率的影响

站点	处理	降水量（mm）	灌溉量（mm）	耗水量（mm）	周年产量（kg/hm²）	农田总供水利用效率[kg（hm²·mm）]	田间水分利用效率[kg（hm²·mm）]
昌平	CK	120.5	315.0	651.24	1 571.03	3.61	2.41
	NK	120.5	315.0	586.64	3 161.26	7.26	5.39
	NP	120.5	315.0	589.45	4 683.05	10.75	7.94
	PK	120.5	315.0	675.08	5 064.19	11.63	7.50
	NPK	120.5	315.0	748.51	7 667.01	17.61	10.24
	NPKM	120.5	315.0	662.84	10 088.34	23.16	15.22
封丘	CK	389.8	300	755.8	1 704.75	2.47	2.26
	NK	389.8	300	756.8	1 808.3	2.62	2.39
	NP	389.8	300	753.8	12 754.4	18.49	16.92
	PK	389.8	300	753.8	3 571.9	5.18	4.74
	NPK	389.8	300	784.8	14 286.15	20.71	18.20
	NPKM	389.8	300	776.8	14 549.85	21.09	18.73
祁阳	CK	1 212.9	0	1 156.5	439.09	0.36	0.38
	NK	1 212.9	0	1 082.8	0	0	0
	NP	1 212.9	0	1 158.4	1 116.93	0.92	0.96
	PK	1 212.9	0	1 080.2	1 617.78	1.33	1.50
	NPK	1 212.9	0	1 100.1	1 998.68	1.65	1.82
	NPKM	1 212.9	0	1 080.5	8 562.15	7.06	7.92

三个地区偏施肥（NP、NK、PK）处理的小麦玉米周年农田总供水和田间水分利用效率明显低于NPK处理，其中以长期不施磷肥的NK处理最低，在封丘NK处理的上述两指标与CK处理的差异不明显，在祁阳明显低于CK处理，而在昌平明显高于CK处理，说明磷素的缺乏对三个地区玉米农田总供水利用效率和田间水分利用效率的影响最大。另外，在封丘NP处理的农田总供水和田间水分利用效率仅比NPK处理小10.72%和7.03%，说明该地区钾对农田总供水和田间水分利用效率影响较小，而在昌平和祁阳NP处理降低了小麦玉米周年农田总供水和田间水分利用效率，说明补钾对这些地区提高小麦玉米农田总供水和田间水分利用效率还有一定潜力。昌平、封丘和祁阳三个站点缺氮（PK）处理均降低小麦玉米周年农田总供水和田间水分利用效率。总体来看，昌平、封丘缺素对小麦玉米周年农田总供水和田间水分利用效率的影响排序为：P＞N＞K，而祁阳表现为P＞K＞N。

第三节　三种土壤长期不同施肥处理对土壤养分利用的影响差异比较

一、长期不同施肥处理对土壤养分的影响差异

从三个站点来看，长期施肥均能明显提高土壤有机质含量，以NPKM处理为最高，而化肥处理（NP、NK、PK和NPK）土壤有机质含量也有一定程度的增加（表13-12），这可能是因为作物的生物量较高，归还土壤的根茬，枯枝落叶等残留有机物也相应增加，在所有施化肥的处理中NPK处理的土壤有机质含量最高。

长期施化肥（NP、NK、NPK和PK）土壤pH值降低，在祁阳施氮肥（NP、NK、NPK）的处理土壤酸化严重，pH值已接近4.0，明显低于CK处理，而不施氮肥的PK土壤pH值仅略低于CK处理。在封丘长期施化肥土壤pH值降低的幅度较小；在昌平和封丘长期化肥有机肥配施土壤pH值分别降低0.72和0.11个单位，在祁阳土壤pH值增加0.42个单位，因此化肥有机肥配施是促使土壤pH值趋向中性变化，调节土壤酸碱性反应的重要措施。

长期施氮肥（NP、NK、NPK和NPKM）土壤全氮和碱解氮增加，以化肥有机肥配施处理（NPKM）和无机均施化肥处理（NPK）最高；而长期不施氮肥的PK处理土壤全氮、碱解氮并未表现出明显的耗竭作用，与CK处理

差异较小，这可能与土壤有机质的增加有关。

从不同施肥处理土壤全磷及有效磷含量来看， 3个站点均以有机无机均衡施肥处理（NPKM）最高；而长期不施P处理（NK）由于作物收获带走了土壤中的磷素，土壤中的全磷和有效磷含量明显低于其他处理。此外，施P处理（NP、PK、NPK）土壤中的磷素均有大幅增加，说明增施磷肥对增加土壤磷素含量的效果显著；但在3个站点上不同施磷处理对土壤全磷及有效磷影响有一定差异，在昌平和封丘NPK处理表现出较高的土壤全磷含量，而不施N处理（PK）土壤有效磷含量较高；在祁阳红壤上，NP处理土壤全磷及有效磷含量均高于PK、NPK处理。

表13-12　不同土壤类型区2008年长期施肥对土壤主要养分的影响

站点	处理	pH 值	有机质（g/kg）	全氮（g/kg）	全磷（P）（g/kg）	碱解氮（mg/kg）	速效磷（P）（mg/kg）	速效钾（K）（mg/kg）
昌平	CK	8.5	18.86	0.51	0.59	51.82	7.5	40.2
	NK	8.13	21.48	0.76	0.52	57.96	7.43	50.38
	NP	8.27	21.64	0.76	0.72	57.28	11.67	40.32
	PK	8.09	19.57	0.58	0.72	52.91	17.06	60.65
	NPK	7.59	22.04	0.93	0.74	64.78	13.36	50.4
	NPKM	7.78	25.5	0.94	1.28	72.28	102.49	70.69
封丘	CK	8.54	6.54	0.41	0.5	9.08	1.34	58.9
	NK	8.52	6.74	0.47	0.49	9.48	1.5	244.6
	NP	8.45	8.69	0.56	0.64	12.03	6.51	45.7
	PK	8.49	7.73	0.47	0.71	11.07	18.63	231.5
	NPK	8.42	9.31	0.58	0.63	11.71	6.52	131.4
	NPKM	8.43	11.01	0.71	0.61	17.44	9.04	124.3
祁阳	CK	5.2	15.94	0.84	0.44	57.28	4.62	40.5
	NK	4.02	18.04	0.98	0.33	83.01	4.5	122.17
	NP	4.05	22.01	1.04	0.89	84.55	39.32	30.21
	PK	4.98	20.35	0.73	0.78	68.19	30.98	132.05
	NPK	4.09	24.32	1.11	0.87	87.28	26.67	91.26
	NPKM	5.62	30.01	1.18	0.97	95.46	63.5	142.01

长期施钾肥（PK、NK、NPK和NPKM）土壤速效钾含量增加，在昌平褐潮土和祁阳红壤上以NPKM、PK处理为最高，在封丘潮土上以NK、PK处理为最高；而长期不施钾肥的NP处理土壤速效钾含量明显低于CK处理。

二、土壤养分与小麦、玉米产量的通径分析

土壤养分对小麦产量的直接通径系数见表13-13，在昌平，养分含量直接作用的顺序为全磷 > 速效磷 > pH值 > 全氮。其中全磷和速效磷对小麦产量影响较大，即全磷含量每增加1个标准单位，则小麦产量增加1.5572个标准单位。

表13-13 不同土壤类型区土壤养分与小麦产量的直接通径系数

	pH值	有机质	全氮	全磷	碱解氮	速效磷	速效钾	R^2	Pe
昌平	−0.2797	—	0.1948	1.5572	—	−0.9548	—	0.9905	0.0973
祁阳	0.4315	0.7954	−0.1994	—	—	—	0.1449	0.9999	0.0072
封丘	−0.6039	—	0.5558	—	−0.2356	—	−0.2344	1	0.0008

注：R^2，决定系数；Pe，剩余通径系数

在祁阳养分含量对小麦产量直接作用的顺序为有机质 > pH值 > 全氮 > 速效钾，其中有机质和pH值对小麦产量影响较大，即有机质含量每增加1个标准单位，则小麦产量增加0.7954个标准单位，pH值每增加1个标准单位，则小麦产量增加0.4315个标准单位。

在封丘养分含量对小麦产量直接作用的顺序为pH值 > 全氮 > 碱解氮 > 速效钾。其中pH值和全氮对小麦产量影响较大，即pH值每增加1个标准单位，则小麦产量降低0.6039个标准单位，全氮每增加1个标准单位，则小麦产量增加0.5558个标准单位。

土壤养分对玉米产量的直接通径系数见表13-14，在昌平，养分含量直接作用的顺序为全磷 > 速效磷 > 速效钾 > 全氮。其中全磷和速效磷对玉米产量影响较大，即全磷含量每增加1个标准单位，则玉米产量增加0.9731个标准单位。

表13-14 不同土壤类型区土壤养分与玉米产量的直接通径系数

	pH值	有机质	全氮	全磷	碱解氮	速效磷	速效钾	R^2	Pe
昌平	—	—	0.4929	0.9731	—	−0.8645	−0.5461	0.9996	0.0191
祁阳	0.7682	0.1057	—	—	0.7594	—	−0.1131	0.9983	0.0414
封丘	—	0.1988	—	0.0195	−0.3148	1.0138	—	1	0.0018

在祁阳养分含量直接作用的顺序为pH值 > 碱解氮 > 速效钾 > 有机质，其中pH值和碱解氮对玉米产量影响较大，即有机质含量每增加1个标准单位，

则玉米产量增加0.7682个标准单位。

在封丘养分含量直接作用的顺序为速效磷＞碱解氮＞有机质＞全磷。其中速效磷对玉米产量影响较大，即速效磷每增加1个标准单位，则玉米产量增加1.0138个标准单位。

因此在昌平褐潮土上应注重磷肥施用，增加土壤全磷含量，增加土壤磷库，促进作物产量的增加。在祁阳应增施有机肥，减少无机氮肥的投入，改善土壤条件提高土壤pH值，提高作物产量。在封丘应注重小麦季氮肥的投入，适当降低土壤pH值，玉米季增加磷肥的投入，才能有效地提高作物产量。

第四节　本章小结

1. 与NPK处理相比，NPKM处理能够显著提高小麦产量，施用有机肥增产效果表现为祁阳红壤＞昌平褐潮土＞封丘潮土，在祁阳红壤和昌平褐潮土NPKM处理主要增加穗粒数和千粒重。缺素对昌平褐潮土、封丘潮土小麦产量的影响排序为：P＞N＞K，而祁阳红壤为：P＞K＞N。缺磷（NK）处理主要因降低小麦产量构成三要素造成产量降低。

施用有机肥玉米增产效果表现为祁阳红壤＞昌平褐潮土＞封丘潮土，在祁阳红壤和昌平褐潮土NPKM处理主要增加玉米穗粒数和百粒重。昌平褐潮土、封丘潮土和祁阳红壤缺素对玉米产量的影响排序为：P＞N＞K。缺磷（NK）处理主要因降低玉米穗粒数和百粒重造成产量降低。与小麦有所不同，祁阳红壤玉米上施用氮肥增加产量。

增施有机肥小麦玉米周年增产效果表现为祁阳红壤＞昌平褐潮土＞封丘潮土，19年小麦玉米周年平均产量也有相似规律从19年平均产量总体来看，缺素对三个站点小麦玉米周年产量的影响排序为：P＞N＞K。

总体来看，化肥有机肥配施能够大幅度提高小麦、玉米产量以及周年产量，其中降水量高的祁阳站红壤其增产效果要好于昌平褐潮土和封丘潮土。磷素是限制三个站点小麦、玉米产量以及周年产量增长的主要因素，尤其在祁阳红壤更应该注重磷肥的施用。

2. 与NPK处理相比，NPKM处理能够明显提高小麦田间水分利用效率，施用有机肥增加效果表现为祁阳红壤＞昌平褐潮土＞封丘潮土。缺素对昌平褐潮土、封丘潮土小麦田间水分利用效率的影响排序为：P＞N＞K，而祁阳红壤为：P＞K＞N。

施用有机肥玉米季农田水分利用效率增加效果表现为祁阳红壤＞昌平褐

潮土＞封丘潮土，这与在小麦上得到结论相似。昌平褐潮土、封丘潮土和祁阳红壤缺素对玉米田间水分利用效率的影响排序为：P＞N＞K。

施用有机肥小麦玉米周年田间水分利用效率的增加效果表现为祁阳红壤＞昌平褐潮土＞封丘潮土。缺素对昌平褐潮土、封丘潮土小麦玉米周年田间水分利用效率的影响排序为：P＞N＞K，而祁阳红壤为：P＞K＞N。

3. 昌平褐潮土养分含量对小麦产量直接作用顺序：全磷＞速效磷＞pH值＞全氮；封丘潮土养分含量对小麦产量直接作用顺序：pH值＞全氮＞碱解氮＞速效钾；祁阳红壤养分含量对小麦产量直接作用顺序：有机质＞pH值＞全氮＞速效钾。

昌平褐潮土养分含量对玉米产量直接作用顺序：全磷＞速效磷＞速效钾＞全氮；封丘潮土养分含量对玉米产量直接作用顺序：速效磷＞碱解氮＞有机质＞全磷；祁阳红壤养分含量对玉米产量直接作用顺序：pH值＞碱解氮＞速效钾＞有机质。

总体来看，昌平褐潮土应增加土壤全磷含量，封丘潮土应注重小麦季氮肥的投入，玉米季增加磷肥的投入。祁阳红壤应增施有机肥，减少无机氮肥的投入，提高土壤pH值，提高作物产量（徐明岗等，2006）。

参考文献

温延臣，李燕青，袁亮，等.2015.长期不同施肥制度土壤肥力特征综合评价方法［J］.农业工程学报，07：91-99.

徐明岗，梁国庆，张夫道.2006.中国土壤肥力演变［M］.北京：中国农业出版社.